Marc Fengel · Speicher am Niederspannungsnetz

de-FACHWISSEN

Die Fachbuchreihe
für Elektro- und Gebäudetechniker
in Handwerk und Industrie

Marc Fengel

Speicher am Niederspannungsnetz

Planung, Errichtung und Betrieb von Batteriespeichern in elektrischen Anlagen

Hüthig · München/Heidelberg

Produktbezeichnungen sowie Firmennamen und Firmenlogos werden in diesem Buch ohne Gewährleistung der freien Verwendbarkeit benutzt.
Von den im Buch zitierten Vorschriften, Richtlinien und Gesetzen haben stets nur die jeweils letzten oder die zum Zeitpunkt der Errichtung gültigen Ausgaben verbindliche Gültigkeit.

Autor und Verlag haben alle Texte und Abbildungen mit großer Sorgfalt erarbeitet bzw. überprüft. Dennoch können Fehler nicht ausgeschlossen werden. Deshalb übernehmen weder Autor noch Verlag irgendwelche Garantien für die in diesem Buch gegebenen Informationen. In keinem Fall haften Autor oder Verlag für irgendwelche direkten oder indirekten Schäden, die aus der Anwendung dieser Informationen folgen.

Maßgebend für das Anwenden der Normen sind deren Fassungen mit den neuesten Ausgabedaten, die bei der VDE-Verlag GmbH, Bismarckstraße 33, 10625 Berlin und der Beuth Verlag GmbH, Burggrafenstraße 6, 10787 Berlin erhältlich sind.

Bibliografische Information der Deutschen Bibliothek
Die Deutsche Bibliothek verzeichnet diese Publikation in der Deutschen Nationalbibliografie; detaillierte bibliografische Daten sind im Internet über https://portal.dnb.de/ abrufbar.

Möchten Sie Ihre Meinung zu diesem Buch abgeben?
Dann schicken Sie eine E-Mail an das Lektorat
im Hüthig Verlag:
buchservice@huethig.de
Autor und Verlag freuen sich über Ihre Rückmeldung.

ISBN 978-3-8101-0537-0

Printed in Germany
Titelbild, Layout, Satz, Zeichnungen: schwesinger, galeo:design
Titelfotos: Hintergrund: © shutterstock 581412322, Alberto Masnovo
Vordergrund: © shutterstock 1058522012, Elizabeth Foster
Rechts: Zentraler NA-Schutz VMD 460, Firma Bender GmbH & Co. KG
Druck: Westermann Druck Zwickau GmbH

Vorwort

Mit dem Boom der Photovoltaik Anfang der 2000er-Jahre wurde der Grundstein für die Energiewende gelegt. Seitdem wird die Dezentralisierung der elektrischen Energieerzeugung ausgebaut. Was vor zehn bis zwanzig Jahren eine reine Investition in die Kapitalanlage Photovoltaik war, ist heute eine Art neue Lebenseinstellung geworden – dank der Mobilitätswende und der damit verbundenen Förderung von Elektrofahrzeugen, der Steigerung des Eigenverbrauchs hin zur autarken Stromversorgung sowie dem Anschluss von Wärmepumpen. Damit liegt der Schlüssel zur Energiewende in den Kundenanlagen selbst. Die Energiewende „von unten" ist in vollem Gange. Hierzu haben auch die Ereignisse des Jahres 2022 beigetragen. Mit der Energiewende und den neuen Technologien befinden sich auch das Elektrohandwerk und die damit verbundenen Ausbildungsinhalte im ständigen Wandel.

Mit der Überarbeitung der derzeit gültigen Ausgabe der Anwenderregel VDE-AR-E 2510-2 (Februar 2021) wurden die Anforderungen an den Netzparallel- und Inselbetrieb an die neuen Anforderungen für den Anschluss am Niederspannungsnetz angepasst. Die Anwenderregel ist auch Gegenstand des VDE-Auswahlordners für das Elektrohandwerk und damit fester Bestandteil der Werkstattausrüstungsrichtlinie. Sie ist damit vor allem in Kombination mit der Errichtungsnorm DIN VDE 0100-712 für Photovoltaikanlagen das relevante Regelwerk für den Anwender. Zudem wurden neue Konzepte erarbeitet, wie Speicher in vorhandene und neue Kundenanlagen integriert werden können. Bei der zweijährigen Erarbeitung der Anwenderregel standen wir vor der Herausforderung, Anforderungen an die Sicherheit aller Betriebsphasen zu erarbeiten, was uns letztlich gelungen ist. Bei der Integration von Speichern in bestehende und neue Kundenanlagen steht der Anwender dann vor weiteren Herausforderungen, die auf den ersten Blick nicht unbedingt ersichtlich sind.

Ende 2019 wurde ich im Rahmen der Expertenrunde „Speicher" in Berlin vom Hüthig Verlag angefragt, an einem Fachbuch zum Thema Speicher am Niederspannungsnetz mitzuwirken. Aus der Mitwirkung wurde ich schließlich über ein paar Umwege zum Autor und Herausgeber dieses Buches.

Im Rahmen meiner Tätigkeiten im Bereich Aus- und Weiterbildung sowie als Sachverständiger werde ich laufend mit vielen Fragen von Kunden, Handwerksbetrieben und Meisterschülern konfrontiert. Daraus ergab sich ein Sammelsurium an offenen Fragen, die alleine mit diesem Buch nicht abschließend geklärt werden können. So wird dieses Werk mit weiteren Auflagen immer wieder angepasst und erweitert werden.

Danken möchte ich Frau *Sarah Neumann* und Herrn *Ulf Sundermann* vom Hüthig Verlag für die konstruktive Zusammenarbeit und Unterstützung bei der Umsetzung dieses Projekts. Mein Dank gilt auch meinem fachlichen Netzwerk, Kollegen, Kunden, Schülern und den verschiedenen Fachkreisen, die mir für dieses Buch durch interessante und informative Fachdiskussionen einen wichtigen Input zu den fachlichen Inhalten gegeben haben. Einen besonderen Dank gilt den Personen in meinem privaten und familiären Umfeld, die mir durch Verzicht an meiner Person an unzähligen Abenden, Wochenenden und Feiertagen über drei Jahre den Rücken für die notwendigen Schreibarbeiten freigehalten und damit erst dieses Buch ermöglich haben.

Ich wünsche Ihnen viel Spaß beim Lesen.

Marc Fengel

Inhaltsverzeichnis

1 Einleitung

1.1 Historischer Rückblick auf die Entwicklung der Elektrizität und des VDE

Keine andere technische Erfindung hat unsere Welt so geprägt, wie die Erfindung der Elektrizität. Was uns heute in Form von elektrischer Energie mit all den Annehmlichkeiten zur Verfügung steht, musste erst einmal entdeckt und die physikalischen Zusammenhänge begriffen und beschrieben werden. Im 17. Jahrhundert fand der Ingenieur *Otto von Guericke* als einer der ersten Forscher heraus, dass man durch Reibung Elektrizität erzeugen kann. Die Urkraft der Elektrizität waren Mitte des 18. Jahrhunderts Blitze. Im Jahr 1752 wies *Benjamin Franklin* die Elektrizität von Blitzen nach. Hierzu ließ er während eines Gewitters einen Drachen mit einem metallenen Schlüssel daran steigen. Franklins Experiment führte zur Erfindung des Blitzableiters in Form einer Metallstange, die auf dem Dach von Gebäuden die Blitze sozusagen anzieht und in den Boden ableitet. Man könnte demnach sagen, dass damit der Grundstein der Erkenntnisse der Elektrizität und der damit erforderlichen Vorkehrungen zum Beherrschen der Gefahren gelegt wurde. Im Jahr 1800 wurde von *Alessandro Volta* (Italien) die erste Batterie, die Volta-Säule, entwickelt. Sie bestand aus vielen übereinander geschichteten Kupfer- und Zinkplättchen, zwischen denen sich in bestimmter regelmäßiger Folge elektrolytgetränkte Papp- oder Lederstücke befanden. Fast zeitgleich wurden von *Johann Samuel Halle* (1792) und *Humphry Davy* (1802) der Effekt des Lichtbogens beobachtet und zur Beleuchtung verwendet. Mit Voltas erster Batterie, der Volta-Säule, wurde damit eine elektrische Beleuchtung mit Bogenlampe realisiert. Die Anwendung der Elektrizität für Licht war geboren. In den darauffolgenden Jahrzehnten folgten weitere Erfindungen: 1821 der Elektromotor, 1831 der Generator und Transformator. 1878 erfand *Thomas Edison* (USA) und zeitgleich *Joseph Swan* (England) die Glühlampe. 1882 ging das erste kommerzielle Kraftwerk mit Stromzähler ans Netz.

Parallel erfolgte in den Jahren 1847 bis 1931 der berühmte Stromkrieg zwischen *Thomas Edison* und *Goerge Westinghouse*. Während Edison die Gleichspannung favorisierte, bevorzugte Westingshouse die Wechselspannung als die geeignetere Technik für die großflächige Versorgung mit elektrischer Energie. Bereits in diesen Jahren stellte sich die erste Frage, welche Technik sich langfristig durchsetzen würde. Es war zum damaligen Zeitpunkt den Pionieren der Elektrotechnik klar, dass die Anwendung von Elektrizität auch mit Risiken für Menschen und Sachgüter verbunden ist. Im Jahr 1881 wurde der Zahnarzt *Alfred P. Southwick* zufällig Zeuge eines Unfalls, bei dem ein betrunkener Mann einen Stromgenerator berührte und sofort starb. Im Zuge des Stromkriegs zwischen Edison und Westinghouse versuchte Edison, die von Westinghouse favorisierte Wechselspannung als lebensgefährlich darzustellen, worauf *Harold P. Brown*, ein Mitarbeiter von Edison, den elektrischen Stuhl als Hinrichtungsmaschine entwickelte.

Der Nutzen der neuen Energieform zog mit der Frage der sicheren Anwendung einher. Hierfür mussten klare Regeln für die Anwendung gefunden werden. Hierzu kam die neue Fachwelt in Deutschland am 21./22. Januar 1893 in Berlin zusammen und gründete den VDE. An der Gründerkonferenz nahmen 37 Delegierte der Elektrotechnischen Vereine Deutschland teil. Den ersten Verein gab es bereits seit 1879. Im September des gleichen Jahres hatte der VDE in Köln seine erste Jahresversammlung. Im Rahmen der Jahresversammlung wurde die erste technische Kommission des VDE gebildet. Ihre Aufgabe bestand darin, Vorschriften für elektrische Anlagen zu erarbeiten. Im Jahr 1895 wurde als Ergebnis die erste „VDE Vorschrift", die VDE 0100, zur sicheren Erstellung elektrotechnischer Anlagen verabschiedet. Die elektrotechnische Normung, so wie wir sie heute kennen, war geboren.

1.2 Neue Herausforderungen für das Elektrohandwerk

Speicher bieten viele Vorteile:
„Die Batterie übernimmt die Ergänzung des über die einzelnen Tagesstunden sehr ungleichmäßig verteilten Strombedarfes von Beleuchtungsanlagen, bei denen sonst die Betriebsmaschine zu gewissen Zeiten einiger weniger Glühlampen wegen mit nur schwacher Belastung, also unökonomisch im Betrieb sein müsste [...]

Eine Akkumulatorenbatterie von entsprechender Größe ermöglicht auch die vollkommene Ausnutzung überschüssiger vorhandener Kraft, z.B. Wasserkraft während der Nacht. In der Nacht wird die Batterie geladen und unterstützt dann tagsüber den hydraulischen Motor beim Betriebe der betreffenden Fabrik [...]

Vorteile der Akkumulatoren:

- *Rationelle Ausnutzung und die Verkleinerung der Maschinenanlage, welche bei beschränkter und günstig gelegenen Betriebszeiten stets mit gleichmäßiger Belastung arbeitet.*
- *[...] zu jeder Zeit ganz unabhängig vom Maschinenbetriebe, z. B. während der Nacht, Lampen brennen zu können.*
- *Erzeugung von gleichmäßig helle brennendem Licht [...]*
- *[...] sichere Reserve bei Betriebsunfällen an der Maschinenanlage.*
- *[...] Möglichkeit zur Vergrößerung vorhandener Beleuchtungsanlagen ohne Vergrößerung der Betriebsmaschine [...]"*

Die genannten Vorteile sind nicht neu. Die Zitate stammen aus der Erstauflage einer dreibändigen Fachbuchreiche: „Die Schule des Elektrotechnikers" von *Alfred Holzt* aus dem Jahr 1896 (**Bild 1.1**). Bereits damals zum Ende des Stromkriegs zwischen Westinghouse und Edison machten sich Ingenieure um die effiziente, autarke und sichere Nutzung elektrischer Anlagen Gedanken. Heute kennen wir die genannten Vorteile und Begriffe:

- Wirtschaftlichkeit,
- effiziente Energienutzung,
- Leistungsreserve,
- Netzstabilität,
- Versorgungssicherheit,
- Verfügbarkeit.

Bild 1.1 Die Schule des Elektrotechnikers, Band 1–3, von *Alfred Holzt* (1. Auflage 1896)

Die wirtschaftliche Energienutzung in elektrischen Anlagen am Niederspannungsnetz findet mit der im Oktober 2015 neu erschienen DIN VDE 0100-801 Entsprechung, die die DIN VDE 0100-Reihe um den Aspekt der Funktionalität und der Energieeffizienz erweiterte. Damit sind Planern und Errichtern auch die effiziente Energienutzung unter wirtschaftlichen Aspekten wie der Anforderung von Lastschwerpunkten, die Auswahl der Leiterquerschnitte zur Minimierung von Leitungsverlusten und die Abschaltung von nicht benötigten Verbrauchern bekannt. Neben der effizienten Energieanwendung seitens der elektrischen Anlage ist das Gebäude im gesamtenergetischen Kontext zu betrachten. Betriebsmittel, wie Steckdosen und Schalter, werden in Dosen installiert und Leitungen werden durch Wände, darunter auch Außenwände, verlegt. Diesen Aspekt nahm erstmals die DIN 18015-5 für die Planung elektrischer Anlagen in Wohngebäuden – Teil 5: Luftdichte und wärmebrückenfreie Elektroinstallation auf, womit die Planungsgrundlagen für Wohngebäude und Gebäude mit ähnlichen Zwecken um einen neuen Teil erweitert wurde. Mit den Anfangsjahren der Photovoltaik und dem Höchststand der EEG-Einspeisevergütungen ab dem Jahr 2008 nahm die Installation dieser Anlagen auf privaten und gewerblichen Immobilien Fahrt auf. Jeder wollte seinen selbst erzeugten Strom selber nutzen. Dabei entpuppte sich dieses Versprechen als Halbwahrheit. In Wahrheit wurde der Strom für die Verbraucherpfade aus dem Netz des örtlichen Verteilnetzbetreibers bezogen, während die eingespeiste elektrische Energie der Photovoltaikanlage über einen separaten Zähler als reine netzgekoppelte Erzeugungsanlage zu betrachten sind. Speicher führen den Endkunden ein Stück weiter in Richtung Autarkie. Durch den Speicher kann die elektrische Energie zum gewünschten Zeitpunkt dort verbraucht werden, wo sie erzeugt wird. Nämlich im bzw. auf dem eigenen Haus. Damit werden die Lastflüsse über den Netzanschlusspunkt optimiert. Zudem dienen Speicher heute zur Netzstabilisierung. Neben der optimalen Nutzung der eigens erzeugten und gespeicherten elektrischen Energie federn Speicher Lastspitzen ab und tragen so zur Stabilität der Netze bei.

Heute sind Speicher (**Bild 1.2**) am Niederspannungsnetz normativ zum einen in der DIN VDE 0100-Reihe eingegliedert. Größere Speicher, Batterieräume und Sicherheitsanforderungen an die Akkumulatoren sind hingegen in der DIN VDE 510-Reihe zu finden. Dazu gibt es verschiedene Anwenderregeln, die dem Anwender, als auch dem Planer oder dem Installateur, eine praktische Hilfestellung bieten. Darüber hinaus hat neben weiteren Errichtungsbestimmungen, z. B. an den Brandschutz, den Aufstellort etc. der Errichter die entsprechenden Anforderungen an den Anschluss am Niederspannungsnetz zu beachten. Unsere Normen und Anforderungen resultieren somit aus Überlegungen, die bereits Ende des 19. Jahrhunderts die Ingenieure vor Herausforderungen stellten. Es handelt sich deshalb nicht um neue Herausforderungen für das Elektro, sondern vielmehr um eine bereits über 125 Jahre dauernde Optimierungsphase.

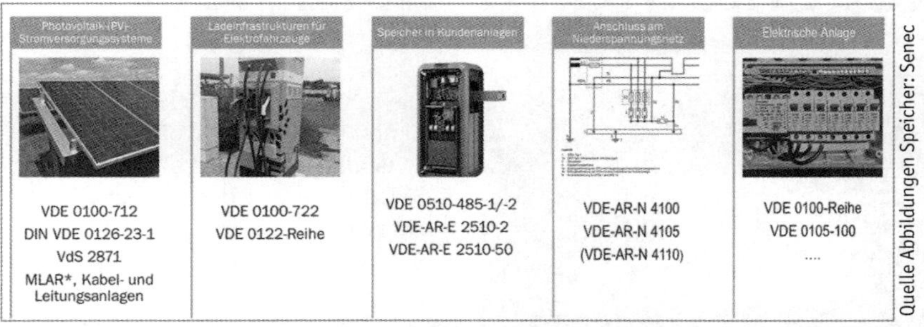

Bild 1.2 Speicher im normativen Gesamtkontext von elektrischen Anlagen am Niederspannungsnetz

Regelkonform installiert

Die Zahl der installierten PV-Anlagen nimmt ständig zu und die Tendenz ist deutlich steigend. Prüfer dieser Anlagen stellen jedoch immer wieder eine Vielzahl von Mängeln fest, die die Funktionstüchtigkeit der Anlagen beeinträchtigen. Folgen sind erhebliche Schäden bei Naturereignissen oder durch den langjährigen Betrieb.

In der aktualisierten 3. Auflage wurden alle aktuellen Normen, Vorschriften und Richtlinien berücksichtigt.

Dieses Buch informiert den Installateur u.a. über:

- Vorbereitende Maßnahmen bei der Installation einer PV-Anlage,
- die Auswahl der Produkte,
- Montagevorschriften,
- die elektrotechnischen Installationsrichtlinien,
- die regelmäßige Überprüfung,
- die Instandhaltung von PV-Systemen.

Ihre Bestellmöglichkeiten auf einen Blick:

	Fax: +49 (0) 89 2183-7620
@	E-Mail: buchservice@huethig.de
	www.shop.elektro.net

Hier Ihr Fachbuch direkt online bestellen!

2 Grundlagen

2.1 Anwendung von Speichern

Speicher kommen vermehrt in gewerblichen Gebäuden und Industrieanlagen zur Anwendung. Mit Beginn der Energiewende und dem Wegfall der Einspeisevergütung für Photovoltaikanlagen werden Speicher auch im privaten Bereich immer attraktiver. Während in Industrieanlagen, gewerblichen Gebäuden und öffentlichen Einrichtungen Speicher in Batterieanlagen der Stromversorgung sicherheitstechnischer Einrichtungen, wie Sicherheitsbeleuchtungsanlagen etc. dienen, dient der Heimspeicher der Steigerung der Autarkie und Eigenverbrauchsquote. Bei den genannten Bereichen gibt es demnach einige Unterschiede, die in den folgenden Abschnitten behandelt werden.

2.1.1 Heimanwendung

Von Heimanwendung spricht man, wenn die Verwendung des Gebäudes zu Wohnzwecken errichtet wurde. Dies umfasst neben den Wohnbereichen auch die zugehörigen Flächen wie Gemeinschaftsbereiche, Garagen, Gärten und Sondereigentum. Beim Betrieb der elektrischen Anlagen ist zwischen den Eigentums- und Mietverhältnissen zu unterscheiden:

- Eigentümergemeinschaft,
- Eigentümer (selbstgenutzte Immobilie),
- Mieter.

Bei Anwendung im Heimbereich handelt es sich in der Regel um kompakte elektrische Energiespeicher. Diese werden ergänzend zur Erhöhung der Eigenverbrauchsquote in Kombination mit bestehenden Photovoltaik-(PV)-Stromversorgungssystemen betrieben. Speicher für Heimanwendungen sind in der Regel kompakte Speichersysteme, die Teil eines kompakten Bestandteils eines bestehenden Umrichtersystems, zum Beispiel von PV-Wechselrichter, sind. Sie können jedoch auch als eigenständige Erzeugungsanlage in der Kundenanlage angeschlossen und im Parallelbetrieb bei weiteren Erzeugungsanlagen betrieben werden.

2.1.2 Gewerbliche und industrielle Anwendung

Gewerbliche und industrielle Anlagen sind Gebäude, die für gewerbliche sowie Herstellungs- und Verarbeitungszwecke errichtet wurden. Sowohl gewerbliche als auch Gebäude für Industrieanlagen verfolgen den Zweck eines gewerblichen Betriebs. Während es sich bei gewerblichen Anlagen meist um Büros, Geschäfte, öffentliche Gebäude, Banken, Hotels, Krankenhäuser und Schulen handelt, sind in Industrieanlagen durch die Herstellungsprozesse und Verarbeitung von Materialien andere Gefahrenfelder zu betrachten. In öffentlich zugänglichen Gebäuden sind im Vergleich zu gewerblichen und Industrieanlagen auch ortsunkundige Personen, zum Beispiel bei Versammlungsstätten, anwesend.

In diesen Bereichen sind Speicher in separaten Bereichen untergebracht. Im Gegensatz zu Heimspeichern handelt es sich nicht um kompakte Energiespeicher, sondern vielmehr um einen Teil der ortsfesten elektrischen Anlagen. Speicheranlagen in gewerblichen und öffentlichen Bereichen werden im Rahmen einer ordentlichen Planung durch Installation und Anschluss der einzelnen Betriebsmittel – Sekundärzellen, Wechselrichter, Laderegler sowie Schutz- und Hilfseinrichtungen – zu einem System komplettiert. Dieses ist Teil der elektrischen Kundenanlage und somit Teil der Elektroinstallation. Diese Speicher sind in Containern in und außerhalb von Gebäuden oder in separaten Räumen untergebracht. Während bei Heimspeicheranwendungen die Erhöhung der Autarkie im Vordergrund steht, verfolgen Speicher in gewerblichen und öffentlichen Bereichen den Zweck der Versorgungssicherheit. Zum einen unterstützen die Speicher im Netzparallelbetrieb energieintensiven Verbrauch. Zum anderen können mit Speichern bei Netzausfällen die Versorgungssicherheit und damit der Betrieb von Anlagen, Maschinen oder sicherheitstechnischen Funktionen über eine bestimmte Zeit aufrechterhalten werden. Zu unterscheiden sind hierbei

- Ersatzstromversorgungsanlagen und
- elektrische Anlagen für Sicherheitszwecke.

2.1.2.1 Ersatzstromversorgungsanlagen

Ersatzstromversorgungsanlagen sind Stromversorgungsanlagen, die dazu bestimmt sind, die Funktion einer elektrischen Anlage oder von einem Teil oder mehreren Teilen einer Anlage bei einer Unterbrechung der üblichen Stromversorgung aus anderen Gründen als für Sicherheitszwecke aufrechtzuerhalten. Die Ersatzstromquelle ist in diesem Fall dazu bestimmt, die Versorgung der elektrischen Anlage oder einem Teil davon den bestimmungsgemäßen fehlerfreien Betrieb aufrechtzuerhalten.

2.1.2.2 Elektrische Anlagen für Sicherheitszwecke

Elektrische Anlagen für Sicherheitszwecke sind dazu bestimmt, die Funktion von elektrischen Betriebsmitteln aufrechtzuerhalten, die von wesentlicher Bedeutung für die Sicherheit und Gesundheit von Menschen und Nutztieren sowie zur Vermeidung von Umweltschäden und Schäden an Betriebsmitteln sind. Ihr Betrieb hat den Zweck,

- Brände zu erkennen und zu melden,
- eine Evakuierung im Brand- oder Havariefall zu ermöglichen und
- Lösch- und Rettungsarbeiten für eine bestimmte Zeit durchführen zu können.

Die Notwendigkeit solcher Anlagen ist in den zutreffenden nationalen Verordnungen geregelt. Einrichtungen für Sicherheitszwecke sind zum Beispiel:

- Notbeleuchtung (Sicherheitsbeleuchtung),
- Feuerlöschpumpen,
- Feuerwehraufzüge,
- Brandmeldeanlagen,
- CO-Warnanlagen,
- Einbruchmeldeanlagen,
- Evakuierungsanlagen,
- Entrauchungsanlagen und
- wichtige medizinische Systeme.

Die Stromversorgung solcher Einrichtungen ist entsprechend den Anforderungen der DIN VDE 0100-560 auszuführen. Die Stromquelle für Sicherheitszwecke ist dazu bestimmt, den Teil einer elektrischen Anlage für Sicherheitszwecke zu versorgen. Hierzu sind nach DIN VDE 0100-560 u.a. wiederaufladbare Batterien zulässig.

2.1.3 Sektorkopplung

Ein neues Anwendungsfeld von Speichern ist die sogenannte Sektorkopplung. Unter Sektorkopplung versteht man die Kombination mehrerer Erzeuger, Verbraucher und Speicher, die im Sektor als Kollektiv zusammenwirken. Hierzu wurde die DIN VDE 0100-Reihe um die Gruppe 800 mit der DIN VDE 0100-801 und der DIN VDE 0100-802 erweitert. Während die

DIN VDE 0100-801 Anforderungen an die Energieeffizienz elektrischer Anlagen festlegt, legt die DIN VDE 0100-802 zusätzliche Anforderungen an kombinierte Erzeugungs- und Verbrauchsanlagen fest.

Im Rahmen der Energiewende und der Dezentralisierung von elektrischen Anlagen wird auch der Begriff des intelligenten Elektrizitätsversorgungssystems – oder kurz SMART GRID – geprägt. Innerhalb eines SMART GRIDS erfolgt ein Austausch von Informationen, wie Steuer- und Regelsignale der zugehörigen Erzeugungsanlagen, Speicher und Verbraucherpfade, um das Verhalten und die Aktionen der Nutzer des Versorgungssystems und anderer Teilnehmer unter dem Aspekt der Energieeffizienz und Wirtschaftlichkeit sicherzustellen.

Kundenanlangen bestehen demnach nicht mehr aus einer zentralen Versorgung über das öffentliche Stromversorgungsnetz, sondern auch aus einzelnen Erzeugungsanlagen innerhalb der Kundenanlage. Diese kombinierten Erzeugungs-/Verbraucheranlagen (**p**rosumers **e**lectrical **i**nstallations = PEI) können sowohl im Netzparallelbetrieb wie auch im Inselbetrieb betrieben werden. Im Netzparallelbetrieb dient die Kommunikation zwischen den Erzeugungsanlagen, Speichern und Verbraucherpfaden dazu, die über das öffentliche Stromversorgungsnetz bezogene elektrische Energie zu minimieren. Hierfür wirken innerhalb des SMART GRIDS bzw. der Kundenanlage die Teilnehmer zusammen.

Innerhalb einer Kundenanlage (individuelle PEI, **Bild 2.1**) optimiert das SMART GRID die vom Netz bezogene elektrische Energie. Die Grenze des SMART GRIDS ist demnach der Zähler der Anschlussnutzeranlage. Werden mehrere individuelle PEI, also mehrere kombinierte Erzeugungs- und Ver-

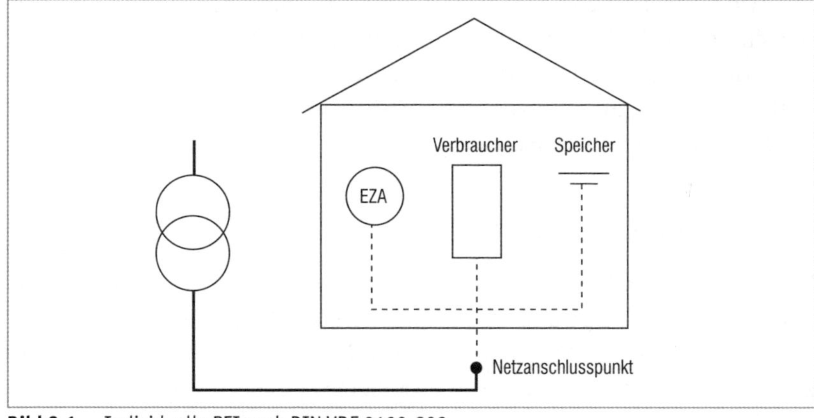

Bild 2.1 Individuelle PEI nach DIN VDE 0100-802

braucheranlagen an einem gemeinsamen öffentlichen Verteilnetz angeschlossen, wie es in Mehrfamilienhäusern zum Beispiel der Fall ist, können sich diese gemeinsame Erzeugungsanlagen und Speicher teilen. Typischerweise wird in Mehrfamilienhäusern hierzu als Gemeinschaftseigentum eine Photovoltaikanlage oder ein BHKW betrieben. Nutzen mehrere Verbraucheranlagen gemeinsam die an ein öffentliches Verteilnetz angeschlossenen Speicher und lokalen Erzeugungsanlagen, wird dies als „kollektive PEI" (**Bild 2.2**) bezeichnet.

Während die bisherigen Konzepte darauf basieren, die elektrische Energie dort zu erzeugen und zu speichern, wo sie auch verbraucht wird, basiert das Konzept der sogenannten Sektorkopplung auf der gemeinsamen Nutzung einzelner kombinierter Erzeugungs-/Verbraucheranlagen. Bei den gemeinsam genutzten PEIs (**Bild 2.3**) werden mehrere individuelle PEIs, die gemeinsam an ein öffentliches Verteilnetz angeschlossen sind, ihre dezentral erzeugte und gespeicherte elektrische Energie mit anderen individuellen PEIs teilen. Die Teilnehmer (Anschlussnehmer und Anschlussnutzer) sind demnach nicht mehr in reine Erzeugungsanlagen und Verbraucheranlagen unterteilt, sondern agieren im Kollektiv als sogenannter „Prosumer".

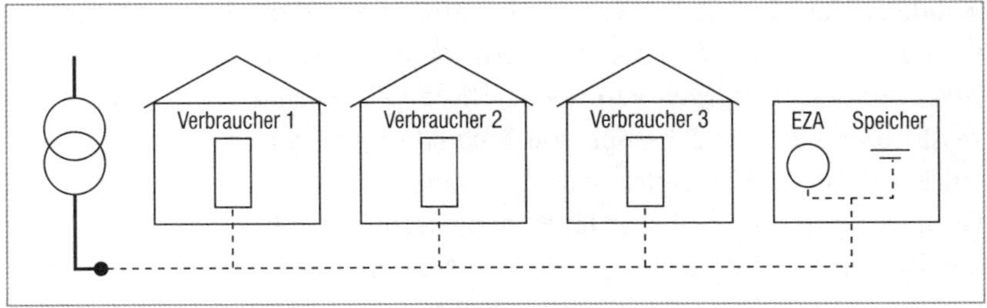

Bild 2.2 Kollektives PEI nach DIN VDE 0100-802

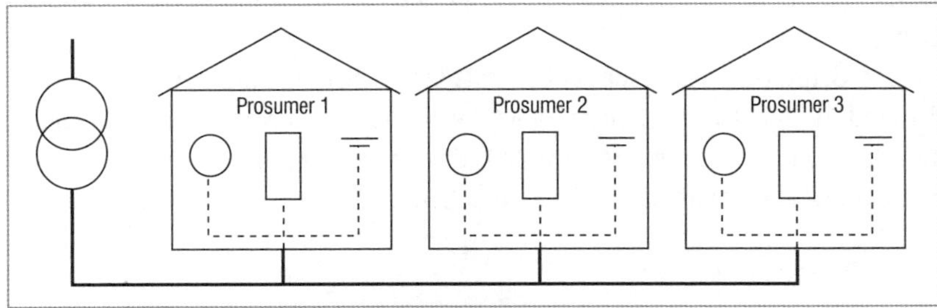

Bild 2.3 Gemeinsam genutzte PEI nach DIN VDE 0100-802

2.2 Begriffe aus der Energietechnik

In der Energietechnik wird zwischen folgenden Lastformen unterschieden:

- Grundlast, Mittellast, Spitzenlast,
- Benutzungs- und Ausnutzungsdauer und
- Autarkie und Eigenverbrauch.

2.2.1 Grundlast, Mittellast, Spitzenlast

Die Auslastung der elektrischen Energieversorgung wird in die drei Stufen Grundlast, Mittellast und Spitzenlast eingeteilt.

2.2.1.1 Grundlast

Als Grundlast wird in der elektrischen Energieversorgung der Anteil der elektrischen Leistung bezeichnet, der andauernd benötigt wird. Im elektrischen Energieversorgungsnetz entsteht die Grundlast vorwiegend durch die Netzübertragungsverluste und Transformatorverluste. Die Grundlast ist damit für die Aufrechterhaltung der öffentlichen Energieversorgung ein notwendiges Übel dezentraler Versorgungsstrukturen. In der Industrie wird die Grundlast über die Summe der permanent eingeschalteten Verbraucher bzw. Verbraucheranlagen verursacht. Diese wird beispielsweise in der Prozesstechnik oder beim Betrieb von Produktionsanlagen und Prozessen, die lange An- und Abfahrzeiten haben, benötigt. In Wohngebäuden wird die Grundlast durch Verbraucher im Standby-Betrieb (Kühlschränke und Geräte der Kommunikationstechnik, z. B. WLAN-Router, Homeserver etc.) verursacht. Die Grundlast, sowohl auf Erzeugerseite als auch auf Verbraucherseite, ist somit in allen Bereichen zum Erhalt von Grundfunktionen erforderlich.

Die Grundlast ist ausschließlich saisonalen Schwankungen unterworfen. Sie ändert sich auf die Summe aller Verbraucher im Stromversorgungsnetz nur langsam, sodass in dezentralen Energieversorgungsnetzen Grundlastkraftwerke ausschließlich saisonalen Schwankungen unterworfen sind.

2.2.1.2 Mittellast

Als Mittellast werden Verbraucher bezeichnet, die über einen Zeitraum von einem Tag in bestimmten Intervallen zugeschaltet werden. Typische Mittellastverbraucher sind beispielsweise die Lastspitzen in Haushalten am Mittag und am Abend. Diese Verbraucher sind vorhersehbar. Zur Bereitstellung der

Leistung werden sogenannte Mittellastkraftwerke eingesetzt. Hierbei handelt es sich um Kraftwerke, die innerhalb einer planbaren Zeit an- und abgefahren werden können. Im Vergleich zu Grundlastkraftwerken liegen diese Vorgänge im Minutenbereich. Bei Mittellastkraftwerken handelt es sich in erster Linie um Steinkohlekraftwerke und GuD-Kraftwerke (Gas- und Dampfkraftwerke).

2.2.1.3 Spitzenlast

Zur Mittellast ergeben sich innerhalb einer Tageslastkurve die sogenannte Spitzenlast. Als Spitzenlast gelten alle auf der Mittellast aufgesetzten Verbraucher. Im Gegensatz zur Mittellast handelt es sich bei Lastspitzen und Lasteinbrüchen um nicht planbare Schwankungen über einen sehr kurzen Zeitraum von wenigen Sekunden bis hin zu einigen Minuten. Spitzenlasten entstehen durch schnelle Lastwechsel und typischerweise durch Schalthandlungen. Hierfür müssen die Energieerzeuger innerhalb eines Netzes die sogenannte Regelleistung zur Verfügung stellen.

Die Spitzenlast wird durch sogenannte Spitzenlastkraftwerke abgedeckt. Diese können innerhalb kürzester Zeit mit ihrer vollen Leistung hochgefahren werden. Typische Spitzenlastkraftwerke sind Gasturbinen und Pumpspeicherkraftwerke.

Die Regelleistung wird hier benötigt, um die Waage zwischen Energieangebot und Energiebedarf in einem Stromversorgungsnetz im Gleichgewicht zu halten. Die Regelleistung wird auch als Regelreserve und Leistungsreserve bezeichnet. Die Regelleistung besitzt je nach Leistungsbedarf oder Leistungsmangel innerhalb eines Stromversorgungsnetzes ein positives oder negatives Vorzeichen.

Fallen leistungsstarke Erzeuger innerhalb eines Stromversorgungsnetzes plötzlich aus, liegt bei gleichbleibenden Verbrauchern plötzlich ein Leistungsmangel im Netz vor. Es wird mehr elektrische Energie benötigt, als erzeugt wird. Zum Ausgleich des Leistungsmangels müssen die Spitzenlasterzeuger dieses Defizit ausgleichen und demnach Leistung im Netz bereitstellen. Aufgrund der Zählpfeilkonvention des Erzeugerzählpfeilsystems spricht man hier von einer positiven Regelleistung. Fallen hingegen leistungsstarke Verbraucher plötzlich aus, besteht ein Leistungsüberschuss im Stromversorgungsnetz. Es wird mehr über die Erzeuger eingespeist, als von den Verbrauchern benötigt wird. Dieser Vorgang wird auch als Lastabwurf bezeichnet. Zur Wiederherstellung der Leistungsbilanz müssen logischerweise entweder Spitzenlastkraftwerke schnell abgeschaltet oder Verbraucher schnell zugeschaltet werden. Da jedoch Spitzenlastkraftwerke in der Regel über einen schlechten Wirkungsgrad verfügen, ist den Energieversorgern daran gelegen, die Betriebszeiten möglichst gering zu halten. Infolgedessen muss negative Regelleistung, wie das Herstellen der Leistungsbilanz bei Leistungsüberschuss, vom Energieversorger vorgehalten werden. Die Regelung erfolgt durch Zuschaltung von Verbrauchern im Netz. Eine Möglichkeit ist, dass mit der überschüssigen Leistung in Pumpspeicherkraftwerken das Wasser vom Tal zurück in den Stausee gepumpt wird. Pumpspeicherkraftwerke sind durch die bidirektionale Umwandlung von potentieller Energie und kinetischer Energie typische Energiespeicher.

2.2.2 Fluktuierende Einspeiser

Neben den Kraftwerken gibt es in elektrischen Stromversorgungssystemen auf allen Spannungsebenen sogenannte fluktuierende Einspeiser. Hierbei handelt es sich um dezentral im Stromversorgungsnetz angeordnete Erzeugungsanlagen. Typische fluktuierende Erzeugungsanlagen sind zum Beispiel:

- Photovoltaikanlagen,
- Windkraftanlagen,
- Blockheizkraftwerke,
- Biogasanlagen.

Das Leistungsangebot hängt damit von stochastischen Faktoren, wie der Sonneneinstrahlung und den lokalen Windverhältnissen, ab. Deshalb sind die genannten Erzeugungsanlagen nicht grundlastfähig.

Im Sinne der Energiewende stellt uns dieser Umstand vor neue Herausforderungen. Auf der einen Seite gibt es das Netz, in dem die Energieversorger ihren Grundlast-, Mittellast- und Spitzenlastbedarf decken und so die Netzspannung und Netzqualität innerhalb der vorgegebenen Grenzen halten. Auf der anderen Seite wächst mit steigenden Erzeugungsanlagen der Anteil der fluktuierenden Einspeiser erheblich, sodass einerseits die Energie günstiger und von jedermann selbst erzeugt werden kann, andererseits die Sicherstellung der Netzstabilität und Versorgungssicherheit den Netzbetreibern obliegen.

2.2.3 Wirkungsgrad und Nutzungsgrad

Erzeugungsanlagen bzw. Einspeiser in elektrischen Verteilnetzen sind abhängig vom Primärenergieträger und dessen System der elektrischen Energieumwandlung. Die Umwandlung kann über folgende Prozesse stattfinden:

- chemische Prozesse,
- Verbrennung,
- physikalische Prozesse.

Der Wirkungsgrad ist das Verhältnis aus abgegebener bzw. nutzbarer Leitung zur zugeführten Leitung. Der Wirkungsgrad ist demnach eine Momentaufnahme eines Energieumwandlungssystems. Der Nutzungsgrad hingegen ist das Verhältnis von abgegebener bzw. genutzter Energie zur zugeführten Energie. Im Vergleich zum Wirkungsgrad gibt der Nutzungsgrad die Effizienz eines Energieumwandlungssystems über einen bestimmten Betrachtungszeitraum an.

Wirkungsgrad $\eta = \frac{P_{ab}}{P_{zu}}$

Nutzungsgrad $n = \frac{W_{ab}}{W_{zu}}$

2.2.4 Ausnutzungsdauer und Benutzungsdauer

In der Energietechnik kursieren die Begriffe „Ausnutzungsdauer" und „Benutzungsdauer". Bei beiden Größen handelt es sich um eine Zeitangabe. Bei der Ausnutzungsdauer werden innerhalb eines Betrachtungszeitraums – in der Regel ein Jahr oder ein Monat – die von einem Erzeuger in ein elektrisches Energieversorgungsnetz eingespeiste elektrische Energie summiert und durch die innerhalb des Betrachtungszeitraums maximal aufgetretene Leistung des Erzeugers dividiert.

Die Ausnutzungsdauer wird über folgende Formel berechnet:

$$T_A = \frac{W_{ges}}{P_{max}} = \frac{\sum_{t}^{t+T} P_i\,(t_i) \cdot t_i}{P_{max}}$$

T_A Ausnutzungsdauer in Stunden [h]

W_{ges} eingespeiste elektrische Energie an den Netzanschlussklemmen einer Erzeugungsanlage [kWh]

P_i mittlere Leistung einer Erzeugungsanlage an den Netzanschlussklemmen innerhalb eines Intervalls [kW] oder [W]

t_i Zeitintervall, in dem die Mittelwertbildung P_i messtechnisch gebildet wird. In der Regel handelt es sich um Intervalle von 15 min

P_{max} höchste mittlere Leistung aus den im Betrachtungszeitraum gebildeten Mittelwerten P_i innerhalb eines Betrachtungszeitraums [kW] oder [W]

Grafisch werden die einzelnen Leistungs-Zeit-Intervalle innerhalb eines Betrachtungszeitraums der Größe nach geordnet. Die Leistungs-Zeit-Intervalle werden von links der Größe nach absteigend in einem Leistungs-Zeit-Diagramm angeordnet.

Stellt man sich die vom Erzeuger in ein Netz eingespeiste elektrische Energie innerhalb eines Betrachtungszeitraums als Rechteckfläche mit den Seiten P_{max} und T_A vor, hat diese die gleiche Fläche aus der Summe aller Leistungs-Zeit-Intervalle.

Aus der Umstellung der Formel ergibt sich demnach folgender Zusammenhang zwischen den Flächen:

$$T_A \cdot P_{max} = \sum_{t}^{t+T} P_i\,(t_i) \cdot t_i$$

Die Ausnutzungsdauer ist demnach die Zeit, die eine Erzeugungsanlage mit ihrer maximalen Leistung, die in einem Betrachtungszeitraum erreicht wird, betrieben werden muss, um dieselbe elektrische Energie einzuspeisen, wie im gesamten Betrachtungszeitraum.

Ein Beispiel zum Veranschaulichen:
Nehmen wir an, eine Erzeugungsanlage speist innerhalb eines Monats im 24-Stunden-Betrieb mit konstanter Leistung in ein Stromversorgungsnetz ein. In diesem wären die geordneten Leistungs-Zeitblöcke gleich. Die Ausnutzungsdauer würde demnach dem Betrachtungszeitraum entsprechen.

Fluktuierende Erzeugungsanlagen, wie Photovoltaik-(PV)-Stromversorgungssysteme und Windkraftanlagen, sind nicht in der Lage, über einen Zeitraum eine konstante Leistung zu erbringen. Hier kann, in Kombination von Speichern, die ins Netz eingespeiste Leistung hinsichtlich der Ausnutzungsdauer durch Glättung der Leistungskurven optimiert werden.

Ein weiterer wichtiger Begriff in der Energietechnik ist die Benutzungsdauer. Im Vergleich zur Ausnutzungsdauer wird die Summe der Leitungs-Zeitblöcke innerhalb eines Betrachtungszeitraums nicht auf die maximale Leistung innerhalb dieses Zeitraums, sondern auf die installierte Leitung (P_i) des Erzeugers bezogen.

Die Benutzungsdauer wird über folgende Formel berechnet:

$$T_B = \frac{W_{ges}}{P_i} = \frac{\sum_{t}^{t+T} P_i\,(t_i) \cdot t_i}{P_i}$$

Die Ausnutzungsdauer gibt an, wie lange ein Erzeuger innerhalb eines Betrachtungszeitraums mit einer Auslastung von 100 % betrieben werden muss, um dieselbe elektrische Energie an den Anschlussklemmen innerhalb des Betrachtungszeitraums zu erzeugen. Die Ausnutzungsdauer (**Tabellen 2.1** und **2.2**) ist demnach die maßgebende Größe für die Einteilung von Erzeugungsanlagen und Kraftwerken und Grundlast, Mittellast und Spitzenlast.

Laststufe	Jahresausnutzungsdauer in h
Grundlast	5.000 bis 8.000
Mittellast	3.000 bis 5.000
Spitzenlast	0 bis 3.000

Tabelle 2.1 Jährliche Benutzungsdauer Kraftwerke

Energiequelle	Jahresausnutzungsdauer in h
Wind	1.500 bis 3.500
Wasser	3.500 bis 6.000
Photovoltaik	800 bis 1.700
Biomasse	6.000 bis 8.000

Tabelle 2.2 Jährliche Benutzungsdauer regenerativer Energien

2.2.5 Belastungsgrad

Der Belastungsgrad, oder auch Benutzungsgrad genannt, ist das Verhältnis der mittleren Last, bezogen auf die maximale mögliche Last innerhalb eines Betrachtungszeitraums. Er beschreibt den zeitlichen Verlauf des Stroms innerhalb eines Betrachtungszeitraums von 24 Stunden. Als zeitlicher Verlauf werden in der Regel die 15-Minuten-Mittelwerte verwendet. Im Gegensatz zur Benutzungsdauer ist der Belastungsgrad einheitslos.

$$\text{Belastungsgrad} = \frac{I_{\text{Mittel}}}{I_{\max}}$$

Der Belastungsgrad ergibt sich damit durch die Fläche unterhalb der mittleren Belastung und dem Betrachtungszeitraum.

Der Belastungsgrad beschreibt analog zur Ausnutzungsdauer und der Lastfähigkeit von Erzeugern das Lastverhalten der Verbraucher.

- Dauerlast: 1
- Industrielast: 0,8 ... 0,9
- EVU-Last: 0,7

Speicher und Erzeugungsanlagen am Niederspannungsnetz können durch eine hohe Belastung von Leitungen, Transformatoren und anderen Betriebsmitteln mit hohen Lasten Spannungsschwankungen verursachen. Der Netzbetreiber überprüft daher die Übertragungsfähigkeit der Netzbetriebsmittel im Hinblick auf die angeschlossenen Erzeugungsanlagen und Speicher nach den einschlägigen Bemessungsvorschriften.

Nach VDE-AR-N 4100 Abs. 5.2 ist die maximale Summenscheinleistung aller Erzeugungsanlagen und Speicher mit einem Belastungsgrad $m = 1$ zu berechnen. Ausnahme sind erdverlegte Kabel für den Anschluss von PV-Anlagen. Hier gilt ein Belastungsgrad $m = 0{,}7$.

Es gilt:

$$\Sigma S_{\text{A max}} = \Sigma S_{\text{A Erzeuger}} = \Sigma S_{\text{A Speicher}}$$

Bei PV-Anlagen mit erdverlegten Kabeln gilt:

$$\Sigma S_{\text{A max}} = 0{,}7 \cdot \Sigma S_{\text{A Photovoltaikanlagen}}$$

2.3 Autarkie und Eigenverbrauch

Mit Wirkungsgrad eines ESS-Systems in Kombination mit einer Verbraucheranlage kursieren neben dem Systemwirkungsgrad auch die Begriffe Eigenverbrauchsquote und Autarkiegrad. Während die Betrachtungsgrenzen des Wirkungsgrads eines BESS-Systems die Effizienz am Klemmenverhalten, dem PEC, beschreibt, kennzeichnen Eigenverbrauchsquote und Autarkiegrad die Effizienz des gesamten Systems, bestehend aus Erzeugungsanlagen, Speichern, Verbrauchern und externen Energiequellen.

Die Eigenverbrauchsquote innerhalb eines Betrachtungszeitraums wird berechnet aus dem Quotienten aus Eigenverbrauch zur Produktion der Erzeugungsanlage. Bezieht sich die Produktion auf mehrere Erzeugungsanlagen aus denselben oder unterschiedlichen Primärenergieträgern, sind diese mit allen Erzeugungsanlagen zu summieren.

$$\text{Eigenverbrauchsquote [\%]} = \frac{\text{Eigenverbrauch [Wh]}}{\text{Produktion [Wh]}} \cdot 100\,\%$$

Der Autarkiegrad ist das Verhältnis von Eigenverbrauch zu Gesamtverbrauch einer Kundenanlage innerhalb eines Betrachtungszeitraums.

$$\text{Autakie [\%]} = \frac{\text{Eigenverbrauch [Wh]}}{\text{Gesamtverbrauch [Wh]}} \cdot 100\,\%$$

Der Gesamtverbrauch ist die Summe aller dezentralen Erzeugungsanlagen innerhalb der Kundenanlage bzw. des zu betrachtenden Clusters und der extern zugeführten Energie, z. B. durch den örtlichen Energieversorger.

$$\text{Autakie} = \frac{\text{Eigenverbrauch [Wh]}}{\text{Eigenverbrauch [Wh]} + \text{Verbrauch}_{\text{EVU}}\text{ [Wh]}}$$

Wird der Gesamtverbrauch in der Summe auch Eigenverbrauch und Verbrauch durch eine externe Energieversorgung, z. B. durch das örtliche EVU, kann der Eigenverbrauch aus Zähler und Nenner herausgekürzt werden. Damit ergibt sich eine Funktion der Autarkie in Abhängigkeit des Verhältnisses aus extern zugeführter Energie zum Eigenverbrauch.

Wird am Zähler der EVU-Last kein externer Verbrauch gemessen, ist das Verhältnis der beiden Größen Null. Damit liegt die Autarkie einer Kundenanlage bei 100 %. Die gesamte Kundenanlage ist dadurch vom externen Stromversorgungsnetz unabhängig.

Verfügt eine Kundenanlage über keine eigene Erzeugungsanlage, muss der gesamte Energiebedarf vom örtlichen Netzbetreiber bezogen werden. Der Eigenverbrauch ist folglich Null. Damit geht das Verhältnis vom externen Verbrauch zum Eigenverbrauch gegen unendlich, sodass die Eigenverbrauchsquote asymptotisch gegen Null geht. Die Wahrheit netzgekoppelter Kundenanlagen bzw. Cluster liegt irgendwo dazwischen.

Zur Erhöhung der Autarkie muss demnach der Anteil des Eigenverbrauchs der dezentralen Erzeugungsanlagen innerhalb der Kundenanlage bzw. des Clusters gegenüber dem externen Strombezug erhöht werden.

Es gilt folgende Beziehung:

$$\text{Eigenverbrauch [Wh]} = \frac{\text{Autarkie}_{\text{Soll}}}{1 - \text{Autarkie}_{\text{Soll}}} \cdot \text{Verbrauch}_{\text{EVU}} \text{ [Wh]}$$

Beispiel:

Möchte man eine Autarkie von 80 % erreichen, muss der Eigenverbrauch mindestens vierfach höher sein, als der externe Energiebezug durch ein EVU. Bei einer angestrebten Autarkie von 60 % muss der Eigenverbrauch nur noch 1,5-fach höher sein, als der externe Energiebezug.

Setzt man die Autarkie zur Eigenverbrauchsquote ins Verhältnis, kürzt sich der Eigenverbrauch heraus. Damit ist zwischen Autarkie und Eigenverbrauchsquote folgende Beziehung abzuleiten:

$$\frac{\text{Autarkie}}{\text{Eigenverbrauchsquote}} = \frac{\text{Gesamtverbrauch [Wh]}}{\text{Produktion [Wh]}}$$

$$\text{Autakie} = \text{Eigenverbrauchsquote} \cdot \frac{\text{Gesamtverbrauch [Wh]}}{\text{Produktion [Wh]}}$$

2.4 Begriffe: Elektrische Anlagen und Betriebsmittel

2.4.1 Spannungsebenen

Elektrische Anlagen und Betriebsmittel sind in die Spannungsbereiche Hochspannung, Niederspannung und Kleinspannung eingeteilt. Die Einstufung der Spannungsbereiche bestimmt im Wesentlichen die Art der Anwendung sowie die Anwendung der Schutzmaßnahmen. Während im Niederspannungsbereich der Schutz gegen elektrischen Schlag im Allgemeinen durch einen Basisschutz und Fehlerschutz sichergestellt wird, sind in Hochspannungsanlagen besondere Maßnahmen durch die Erdungsanlage in Kombination mit organisatorischen Maßnahmen zu beachten. Demnach dürfen sich in Hochspannungsanlagen ausschließlich speziell geschulte und befugte Personen aufhalten, während Niederspannungsanlagen größtenteils allgemein zugänglich sind.

Die Spannungsbereiche nach DC- und AC-Systemen sind durch die Art der Erdverbindung zu unterscheiden. Bei Wechselspannungssystemen (AC-Systeme) wird grundsätzlich der Effektivwert der Wechselspannung angegeben. Der Effektivwert einer Wechselspannung gibt die Höhe einer Gleichspannung an, die im Wirkwiderstand gleiche Stromwärmeverluste verursacht, wie im Gleichstrom. In Wechselspannungs- und Gleichspannungssystemen wird die Spannung zwischen dem Außenleiter bzw. einem Pol gegen Erde angegeben. In mehrphasigen Wechselspannungssystemen (AC-Systemen) ist zudem die Spannung zwischen den Außenleitern anzugeben. Bei isolierten oder nicht wirksam geerdeten Stromversorgungssystemen wird die Spannung zwischen den Außenleitern bzw. zwischen den Polen angegeben. Stromversorgungssysteme sind in folgende Spannungsebenen unterteilt:

- Hochspannung,
- Niederspannung.

2.4.1.1 Hochspannung

Die Hochspannung umfasst alle Nennspannungen über 1.000 V Wechselspannung und 1.500 V Gleichspannung: Der Hochspannungsbereich, die Mittelspannung, die Hochspannung und die Höchstspannung. Normativ ist der Begriff der Hochspannung definiert. Die anderen Spannungsbereiche der Hochspannung wurden im Laufe der Zeit aufgrund der Vielzahl der unterschiedlichen Spannungen in diesem Bereich definiert. Mittelspannungsnetze kommen typischerweise in Ortsnetzen und zur Versorgung von Stadtteilen zur Anwendung, während Hoch- und Höchstspannungsnetze zur Übertragung elektrischer Energie über weitere Strecken dienen.

2.4.1.2 Niederspannung

Der Niederspannungsbereich umfasst alle elektrischen Anlagen und Betriebsmittel bis 1.000V Wechselspannung und 1.500V Gleichspannung. Der Kleinspannungsbereich ist im Allgemeinen auf 50V Wechselspannung und 120V Gleichspannung begrenzt. Laut DIN VDE 0140-1 sind im Kleinspannungsbereich die Wechselspannungen bei einer Frequenz von 50Hz und einem Oberwellenanteil von höchstens 10% angegeben. In Bereichen, in denen mit einem niedrigen Körperwiderstand des Menschen zu rechnen ist, ist der Spannungsbereich bis 25V AC und 60V DC begrenzt. Dies ist typischerweise in Stromkreisen der Fall, die in unmittelbarer Nähe zu Schwimmbecken oder in medizinisch genutzten Bereichen errichtet sind. In Schwimmbecken ist aufgrund des Wassers mit einem extrem niedrigen Körperwiderstand zu rechnen. Hier ist die höchst zulässige Spannung auf < 25V AC bzw. < 60V DC begrenzt. Wenn die Nennspannung 25V AC oder 120V DC beträgt, oder wenn die Betriebsmittel in Wasser eingetaucht sind, ist ein Basisschutz durch eine Basisisolierung oder durch Abdeckung oder Umhüllung nach DIN VDE 0100-410 Anhang A erforderlich. Ausnahmen sind für die zutreffenden Anwendungsfälle in der Gruppe 700 der DIN VDE 0100-Reihe festgelegt. Neben den Errichtungsbestimmungen elektrischer Anlagen ist für elektrische Betriebsmittel die Niederspannungsrichtlinie zu beachten. Im Gegensatz zu den nationalen VDE-Bestimmungen richten sich die europäischen Richtlinien an Hersteller im europäischen Wirtschaftsraum. Elektrische Betriebsmittel sind in Deutschland auf Grundlage der ersten Verordnung zum ProdSG unter Beachtung der Niederspannungsrichtlinie 2014/35/EU am Markt bereitzustellen. Der Anwendungsbereich der Niederspannungsrichtlinie erstreckt sich für Betriebsmittel bis 1.000V Wechselspannung und 1.500V Gleichspannung. Damit unterscheiden sich die oberen Spannungsbereiche vom Begriff der Niederspannung im Kontext der elektrischen Anlage nicht. Im unteren Spannungsbereich beginnt allerdings der Anwendungsbereich der Niederspannungsrichtlinie bei 50V Wechselspannung und 75V Gleichspannung.

In der **Tabelle 2.3** sind die typischen Gleich- und Wechselspannungsebenen und deren Anwendung zusammengefasst.

Spannungsbereiche		AC	DC
Hochspannung (HV)	Höchstspannung[1]	über 1.000 V	über 1.500 V
		220 kV, 380 kV …	HGÜ[3]
	Hochspannung	60 kV, 110 kV	
	Mittelspannung[1]	3 kV, 6 kV, 10 kV, 20 kV, 30 kV	
Niederspannung (LV)		bis 1.000 V	bis 1.500 V
		ab 50 V[2]	ab 75 V[2]
	Kleinspannung (ELV)	bis 50 V	bis 120 V

1 umgangssprachliche Begriffe
2 Anwendungsbereich der Niederspannungsrichtlinie
3 HGÜ: Hochspannungs-Gleichstromübertragung

Tabelle 2.3 Übersicht über die Spannungsebenen

2.5 Allgemeine Begriffe

2.5.1 Die elektrische Anlage

Mit Anwendungsbeginn der VDE-AR-N 4100: April 2019 (TAR Niederspannung) gelten zudem folgende Begrifflichkeiten, die im Kontext der VDE-AR-E 2510-2 angepasst wurden. Da die Anwenderregel sowie die Regeln zum Anschluss am Niederspannungsnetz sowohl für Errichter als auch Betreiber gelten, wurden diese definiert. Als Anlagenbetreiber gelten demnach (juristische) Personen, die eine elektrische Anlage im Sinne des Energiewirtschaftsgesetzes errichten, erweitern oder ändern. Die Errichtung umfasst gemäß der Definition in Anlehnung an VDE-AR-N 4105 Abs. 3.1.2 auch die Arbeiten der Instandhaltung. Entgegen der allgemeinen Auffassung eines Errichters wurde gemäß der VDE-AR-N 4105 Abs. 3.1.2 auch die Instandhaltung dem Errichter zugeordnet. Damit wird die Herstellung des ursprünglichen Zustands im Rahmen der Instandhaltung sowie Maßnahmen zur Verbesserung der Verfügbarkeit und Effizienz mit einer Neuerrichtung, Änderung oder Erweiterung gleichgesetzt.

2.5.1.1 Kundenanlage

Die Kundenanlage ist die Gesamtheit aller elektrischen Betriebsmittel hinter der Übergabestelle, mit Ausnahme der Messeinrichtung. Sie besteht aus dem Hauptstromversorgungssystem und der/den Anschlussnutzeranlage(n). Das Hauptstromversorgungssystem umfasst die Hauptleitungen und Betriebsmittel hinter der Übergabestelle (Hausanschlusskasten). Damit umfasst das Hauptstromversorgungssystem den Bereich zwischen der Übergabestelle und der Zählung. In der Kundenanlage sind an den Abgangsklemmen der Zähler die Anschlussnutzeranlage angeschlossen.

2.5.1.2 Hauptstromversorgungssystem

Das Hauptstromversorgungssystem ist Teil der Kundenanlage. Es umfasst die Hauptleitungen und Betriebsmittel hinter der Übergabestelle (Hausanschlusskasten) des Netzbetreibers, die nicht gemessene Energie führen, und endet an den Eingangsklemmen des Zählers. Unter Anschlussnutzeranlage wird die Gesamtheit aller elektrischen Betriebsmittel hinter der Messeinrichtung zur Entnahme oder Einspeisung von elektrischer Energie verstanden. Es kann sich dabei um eine elektrische Anlage oder eine Erzeugungsanlage handeln.

2.5.1.3 Anschlussnutzeranlage

Die Anschlussnutzeranlage umfasst die Gesamtheit aller elektrischen Betriebsmittel hinter der Messeinrichtung zur Entnahme oder Einspeisung von elektrischer Energie. Die Messeinrichtung ist nicht Bestandteil der Kundenanlage, sondern des Messstellenbetreibers. Der Anschlusspunkt am Zählerplatz ist die Schnittstelle zwischen Hauptübergabepunkt (HÜP) und Zählerplatz. In der Anschlussnutzeranlage sind je nach Ausführung folgende Betriebsmittel und Anlagen angeschlossen:

- elektrische Anlagen zu allgemeinen Zwecken,
- Erzeugungsanlagen (PV-Anlagen, BHKW, Klein-Windkraftanlagen etc.),
- Speicher,
- Ladeeinrichtungen zum Laden von Elektrofahrzeugen.

2.5.1.4 Netzanschlusspunkt

Der Netzanschluss ist die Verbindung des öffentlichen Verteilnetzes mit der Kundenanlage. Der Netzanschluss endet am Netzanschlusspunkt. Dies ist der Punkt, an dem die Kundenanlage über den Netzanschluss an das Netz der allgemeinen Versorgung angeschlossen ist.

2.5.1.5 Netzverknüpfungspunkt

Der Netzverknüpfungspunkt ist die nächstgelegene Stelle im Netz des Netzbetreibers, an dem die Kundenanlage angeschlossen ist. Der Netzverknüpfungspunkt der Kundenanlage ist der an der nächstgelegenen Stelle im Netz der allgemeinen Stromversorgung, an den weitere Kundenanlagen angeschlossen sind oder angeschlossen werden können. Netzverknüpfungspunkt und Netzanschlusspunkt können je nach örtlichen Ausführungen an derselben Stelle sein. Am Netzanschlusspunkt beginnt die Kundenanlage. Bei Tarifkunden am Niederspannungsnetz ist i. d. R. der Hausanschlusskasten mit der Übergabestelle zwischen Kundenanlage und Niederspannungsnetz gleichzusetzen. Die VDE-AR-N 4100 definiert den Anschlussnehmer als eine natürliche oder juristische Person, dessen Kundenanlage unmittelbar über einen Anschluss mit dem Netz des Netzbetreibers verbunden ist. Der Anschlussnutzer ist eine natürliche oder juristische Person, die im Rahmen des Anschlussnutzerverhältnisses einen Anschlusspunkt an das Niederspannungsnetz zur allgemeinen Versorgung zur Entnahme oder Einspeisung nutzt. Damit sind die Zuständigkeiten von Kundenanlage und Anschlussnutzeranlage klar definiert.

- Kundenanlage = der Anschlussnehmer
- Anschlussnutzeranlage = der Anschlussnutzer

2.5.1.6 Anlagenbetreiber

Als Anlagenbetreiber gelten demnach (juristische) Personen, die eine elektrische Anlage im Sinne des Energiewirtschaftsgesetzes errichten, erweitern oder ändern. Die Errichtung umfasst gemäß der Definition in Anlehnung an VDE-AR-N 4105 Abs. 3.1.2 auch die Arbeiten der Instandhaltung. Entgegen der allgemeinen Auffassung eines Errichters wurde gemäß der VDE-AR-N 4105 Abs. 3.1.2 auch die Instandhaltung dem Errichter zugeordnet. Damit wird die Herstellung des ursprünglichen Zustands im Rahmen der Instandhaltung sowie Maßnahmen zur Verbesserung der Verfügbarkeit und Effizienz mit einer Neuerrichtung, Änderung oder Erweiterung gleichgesetzt.

Der sichere Betrieb der Anlage obliegt dem Betreiber. Hierzu gehört die Sicherstellung der für die Verwendung vorgesehenen Benutzung sowie u. a. der Erhalt des ordnungsgemäßen Zustands. Elektrische Anlagen sind nach VDE 0105-100 Abs. 5.3.3 in geeigneten Zeitabständen zu prüfen. Zweck dieser Prüfungen ist der Nachweis, dass die elektrische Anlage den Sicherheitsvorschriften und den Errichternormen entspricht und dient dem Erhalt des ordnungsgemäßen Zustands. Die Häufigkeit sowie Art und Umfang der wiederkehrenden Prüfungen obliegt somit dem Betreiber und können durch gesetzliche oder andere nationale Bestimmungen (z. B. berufsgenossenschaftliche Bestimmungen) sowie zusätzliche privatrechtliche Prüfgrundlagen (z. B. Prüfung nach VdS 2871) festgelegt werden. Im Prinzip sind die unterschiedlichen Prüfungen in unterschiedlichen gesetzlichen Grundlagen verankert.

Die DIN VDE 0105-100 unterscheidet beim Betreiben elektrischer Anlagen zwischen folgenden Rollen (**Tabelle 2.4**):

- Anlagenbetreiber,
- Anlagenverantwortlicher,
- Arbeitsverantwortlicher,
- Mitarbeiter im Betrieb.

Rollen im Betrieb	**Privathaushalt**	**mittelständisches Unternehmen oder Handwerksbetrieb**	**Großindustrie oder Konzern**
Anlagenbetreiber	Eigentümer	Eigentümer	Unternehmen, Vorstand, beauftragter Anlagenbetreiber
Anlagenverantwortlicher	Elektrofachkraft (EFK)	Elektrofachkraft (EFK)	benannter Mitarbeiter
Arbeitsverantwortlicher			Teamleiter
Mitarbeiter im Arbeitsteam			Mitarbeiter im Arbeitsteam

Tabelle 2.4 Rollen im Betrieb in der Wahrnehmung der Verantwortung nach DIN VDE 0105-100 Anhang B

Der Anlagenbetreiber hat die Gesamtverantwortung für den sicheren Betrieb und verantwortet die Einhaltung der gesetzlichen Anforderungen. Ein Anlagenverantwortlicher ist eine Person, die während der Durchführung von Arbeiten die unmittelbare Verantwortung für den Betrieb der elektrischen Anlage oder der Anlagenteile, die zur Arbeitsstelle gehören, trägt. Sie hat sicherzustellen, dass beim Durchführen der Arbeiten an oder in der Nähe der Anlage oder Anlagenteile die besonderen Gefahren in diesem Zusammenhang berücksichtigt werden und ein sicherer Betrieb gewährleistet wird. Der Anlagenverantwortliche ist zu dokumentieren.

In gewerblichen und öffentlichen Bereichen handelt es sich beim Anlagenbetreiber um einen Unternehmer oder eine von ihm beauftragte natürliche oder juristische Person, die die Unternehmerpflicht für den sicheren Betrieb und ordnungsgemäßen Zustand der elektrischen Anlagen wahrnimmt. Im privaten Bereich können Betreiberpflichten sowohl den Mieter als auch Vermieter betreffen. Eine Person, die beauftragt ist, die unmittelbare Verantwortung für das sichere Durchführen der Arbeit zu tragen, insbesondere dafür, dass alle einschlägigen Sicherheitsanforderungen und -vorschriften sowie betriebliche Anweisungen während der Arbeit eingehalten werden. Die Arbeitsverantwortung ist schriftlich zu dokumentieren. Mitarbeiter im Betrieb sind weisungsgebundene Mitarbeiter, die im Rahmen ihrer beruflichen Tätigkeit Arbeiten verrichten.

2.5.1.7 Kundenanlage

Die Kundenanlage ist die Gesamtheit aller elektrischen Betriebsmittel hinter der Übergabestelle mit Ausnahme der Messeinrichtung. Sie besteht aus dem Hauptstromversorgungssystem und der/den Anschlussnutzeranlage(n). Das Hauptstromversorgungssystem umfasst die Hauptleitungen und Betriebsmittel hinter der Übergabestelle (Hausanschlusskasten) des Netzbetreibers vor der Zählung. Damit umfasst das Hauptstromversorgungssystem den Bereich zwischen der Übergabestelle und der Zählung. In der Kundenanlage ist an den Abgangsklemmen der Zähler die Anschlussnutzeranlage angeschlossen.

2.6 Begriffe: Technische Bestimmungen

2.6.1 Das VDE-Vorschriftenwerk

Die Ergebnisse der Normungsarbeit der DKE sind DIN-Normen oder DIN-Vornormen mit und ohne VDE-Klassifikation, Fachberichte, Beiblätter, Übersetzungen von Veröffentlichungen internationaler und regionaler Normungsorganisationen sowie Entwürfe zu DIN-Normen. VDE-Vorschriften sind Bestandteil des VDE-Vorschriftenwerks. Sie sind gleichzeitig in das deutsche Normenwerk aufgenommen. Gleiches gilt für Vornormen mit VDE-Klassifikation, Beiblätter zum VDE-Vorschriftenwerk sowie VDE-Leitlinien und -Anwenderregeln.

Es wird unterschieden zwischen:

- VDE-Bestimmungen,
- VDE-Vornormen,
- VDE-Leitlinien,
- VDE-Anwenderregeln,
- Beiblätter des VDE-Vorschriftenwerks,
- Verlautbarungen.

VDE-Bestimmungen und -Entwürfe werden im Bundesanzeiger gelistet und damit der Öffentlichkeit bekanntgegeben.

2.6.1.1 VDE-Bestimmungen

VDE-Bestimmungen enthalten sicherheitstechnische Festlegungen. Hierbei handelt es sich um Festlegungen über Eigenschaften, Bemessung, Prüfung, Festlegungen zum Schutz und Instandhaltung solcher Anlagen und Betriebsmittel sowie Festlegungen für den Blitzschutz. Sie richten sich an Errichter und Betreiber elektrischer Anlagen sowie Hersteller elektrischer Betriebsmittel. Die Festlegungen für das Herstellen elektrischer Betriebsmittel können zudem Handlungsanleitungen für den Betreiber beinhalten. Hierfür hat der Hersteller den Anwender in den Montage- und Bedienungsanleitungen zu informieren. VDE-Bestimmungen wurden als Entwurf mit einer Einspruchsfrist im Bundesanzeiger veröffentlicht, wodurch jedermann die Möglichkeit hat, gegen die Inhalte Einspruch zu erheben. Nach Ablauf der Einspruchsfrist und der Bearbeitung der Einsprüche wird die VDE-Bestimmung im Bundesanzeiger veröffentlicht und in das VDE-Vorschriftenwerk aufgenommen. Dadurch bekommt eine VDE-Bestimmung normativen Charakter und erhebt den Anspruch, eine anerkannte Regel der Technik zu sein.

2.6.1.2 Normenentwurf

Entwürfe sind Vorschläge zu einer Norm. Der Entwurf wird mit einer Einspruchsfrist öffentlich bekanntgegeben. Innerhalb dieser Frist kann jedermann unter Angabe von Gründen Änderungsvorschläge, Stellungnahmen und Einsprüche einreichen. Das Dokument ist auf dem Deckblatt mit der Aufschrift „Entwurf" als solches gekennzeichnet. Auf dem Deckblatt ist zudem die Einspruchsfrist und, sofern zutreffend, die damit zu ersetzende Norm mit Aufgabedatum angegeben.

Entwürfe enthalten zudem einen Anwendungswarnvermerk:

„Weil die beabsichtigte Norm von der vorliegenden Fassung abweichen kann, ist die Anwendung dieses Entwurfs besonders zu vereinbaren."

2.6.1.3 Vornorm

Eine Vornorm ist ein Dokument, das von einer normenschaffenden Institution, wie die DKE, vorläufig angenommen und der Öffentlichkeit bekanntgegeben wurde, damit durch seine Anwendung die notwendige Erfahrung gesammelt wird, die dann die Grundlage einer Norm bildet. Eine Vornorm wird wie eine Norm im Bundesanzeiger veröffentlicht. Vornormen haben nicht automatisch den Anspruch einer anerkannten Regel der Technik. Die Anwendung ist privatrechtlich zu vereinbaren. Vornormen sind durch den Wortlaut „Vornorm" bzw. dem Zusatz „V" in der Bezeichnung gekennzeichnet. Die Überführung in eine Norm, das Weiterbestehen der Vornorm oder die ersatzlose Streichung der Vornorm ist nach spätestens drei Jahren zu prüfen.

2.6.1.4 VDE-Leitlinie

Eine VDE-Leitlinie beinhaltet sicherheitstechnische Festlegungen. Im Vergleich zu einer VDE-Bestimmung bleibt dem Anwender ein wesentlich erweiterter Ermessensspielraum für eigenverantwortliches Handeln. VDE-Leitlinien werden verwendet, wenn aufgrund der Vielfalt der zu betrachtenden Sachlage oder Gestaltungsmöglichkeiten nach vorherrschender Meinung durch unmittelbare anwendbare Anweisungen nicht erfasst werden können. „Technical Reports“ (TR) der IEC und des CENELEC können in das VDE-Vorschriftenwerk in Form einer VDE-Leitlinie oder als Vornorm übernommen werden.

2.6.1.5 Anwenderregeln

VDE-Anwenderregeln werfen grundsätzlich Fragen bzgl. ihrer Anwendung auf. Nach VDE 0022 Abs. 6 ist eine Anwenderregel das Ergebnis von Standardisierungsarbeiten, das Festlegungen mit Empfehlungen für spezielle Anwendungsgebiete zusammenfasst. Sie ist jedoch keine Norm und demnach nicht automatisch Bestandteil des Deutschen Normenwerks, wodurch sie nicht automatisch den Status einer „allgemein anerkannten Regel der Technik“ erlangt. VDE-Anwenderregeln sind deshalb individuell zu vereinbaren.

Anwenderregeln können allerdings den Status einer „allgemein anerkannten Regel der Technik“ erlangen, wenn sie wie eine VDE-Bestimmung auf folgende Weise erarbeitet und veröffentlicht wurden:

- Beteiligung der betroffenen Kreise,
- Veröffentlichung eines Entwurfs,
- Durchführung eines öffentlichen Einspruchs- und ggf. eines Schieds- und Schlichtungsverfahrens.

Anwenderregeln sind mit dem Kürzel „VDE“ und den Buchstaben „AR“ gekennzeichnet. Darauf folgt der Buchstabe „E“ oder „N“ und eine Nummerierung. Die Trennung erfolgt über einen Bindestrich. Der Buchstabe „E“ bedeutet die Anwendung im Rahmen der Anschlussnutzeranlagen, während der Buchstabe „N“ auf die vom zuständigen Lenkungskreis Nieder-/Mittelspannung gegründete Projektgruppe „Technische Anschlussregeln für die Niederspannung“ des Forums Netztechnik/Netzbetrieb im VDE (FNN) als ausarbeitendes Organ hindeutet.

2.6.1.6 Beiblätter des VDE-Vorschriftenwerks

Beiblätter enthalten Informationen zum VDE-Vorschriftenwerk. Sie haben im Vergleich zu einer Norm einen informativen Charakter, zeigen jedoch dem Anwender Möglichkeiten zur Umsetzung normativer Anwendung auf. Die Kennzeichnung erfolgt auf Basis der dazugehörigen VDE-Bestimmung mit dem Zusatz „Bbl".

Beiblätter werden wie VDE-Bestimmungen in den entsprechenden Arbeitsgremien erarbeitet, genehmigt und bekanntgegeben. Der Anwender erhält so eine Art Hilfestellung zur Erfüllung der normativen Anforderungen bei der Planung für einen bestimmten Anwendungsfall. Weitere Möglichkeiten zur Erfüllung der normativen Anforderungen sind jedoch nicht ausgeschlossen. Beiblätter werden i.d.R. nicht als Entwurf veröffentlicht, sodass keine Möglichkeit zum öffentlichen Einspruchsverfahren besteht. Damit können Beiblätter nicht den Anspruch einer anerkannten Regel der Technik erlangen. Die Anwendung von Beiblättern für sich ist freiwillig und individuell zu vereinbaren. Allerdings kann auch ein Beiblatt durch einen Verweis in einem normativen Text einer VDE-Bestimmung einen normativen Charakter erhalten.

2.6.1.7 Verlautbarungen

Verlautbarungen sind nichts anderes als die Veröffentlichung einer Meinung. Es handelt sich hierbei um eine fachliche Meldung, die die Meinung des Arbeitskreises oder einzelner Personen spiegelt. Sie gehören nicht zum VDE-Vorschriftenwerk, können allerdings dem Anwender einer Norm durchaus eine Interpretationshilfe geben.

2.6.2 Normenausdrücke und Inhalte

2.6.2.1 Informative und normative Inhalte

Innerhalb von Normendokumenten gibt es verschiede Inhalte, die unterschiedlich zu interpretieren sind. Im Wesentlichen wird unterschieden zwischen:

- normativen Inhalten,
- informativen Inhalten.

Insbesondere die Anwendung von Anhängen wirft bei der Auslegung von Normen immer wieder Fragen hinsichtlich der Verbindlichkeit auf. Ist ein Anhang mit „normativ" gekennzeichnet, enthält dieser zusätzliche Anforderungen zum normativen Text des Hauptdokuments. Normative Anhänge sind demnach im Rahmen des Anwendungsbereichs einer Norm zu beachten. Als „informativ" gekennzeichnete Anhänge sind zusätzliche Informationen gekennzeichnet, die nicht bei Anwendung des Normendokuments einzuhalten sind, sondern die Anwendbarkeit des Dokuments erleichtern. Beispielsweise sind in informativen Anhängen Tabellen oder andere Informationen aus anderen Normenreihen enthalten, die bei Anwendung des Dokuments nützlich sind.

2.6.2.2 Nationale und internationale Zusätze

Meist werden nationale Normen aus europäischen Harmonisierungsdokumenten übernommen. Das nationale Vorwort enthält Informationen über den Ursprung und die Nummerierung des Harmonisierungsdokuments. Hinzu werden die Kennzeichnungen der Texte erläutert:

- Die gemeinsamen CENELEC-Abänderungen zu der internationalen Norm sind durch eine senkrechte Linie am linken Seitenrand gekennzeichnet.
- Nationale Zusätze sind grau schattiert.

Anmerkungen werden in Normen verwendet, um zusätzliche Informationen zur Verständniserleichterung oder der Anwendbarkeit des Textes zur Verfügung zu stellen. Das Normendokument muss jedoch ohne Anmerkungen anwendbar sein [vgl. DIN 820-2 Abs. 24; 2020-03]. Damit haben die Anmerkungen einen rein informativen Charakter.

2.6.2.3 Verbformen

Eines der häufigsten Streitpunkte beim Errichten und Betreiben elektrischer Anlagen ist die Auslegung der Normentexte. Hierfür sind die Regeln für Ausdrücke (**Tabelle 2.5**) in der Normung nach DIN 820-2: 2018-09 festgelegt. Ein besonderes Augenmerk bei der Auslegung des Normentextes liegt auf den Verbformen zur Formulierung von Festlegungen. Hierdurch soll der Anwender in die Lage versetzt werden, Anforderungen im Dokument von Elementen mit informativem Charakter und anderen Festlegungen zu unterscheiden.

In einer formulierten Anforderung im Inhalt eines Dokuments sind keine Abweichungen zulässig. Die Anforderung bringt objektiv belegbare Kriterien zum Ausdruck, die bei Anwendung des Dokuments einzuhalten sind. Eine „Empfehlung“ bzw. der Wortlaut „es wird empfohlen“ sind gemäß DIN 820-2 anzuwenden, wenn von mehreren Möglichkeiten eine besondere empfohlen wird, ohne andere Möglichkeiten zu erwähnen oder auszuschließen. Oder wenn eine bestimmte Handlungsempfehlung vorzuziehen ist, aber nicht unbedingt gefordert wird.

Zulässigkeiten bringen eine Erlaubnis oder Freiheit zum Ausdruck. Beispielsweise können Anforderungen unter bestimmten Umständen dadurch

Ausdruck	Verbform	gleichbedeutende Wendungen bzw. Ausdrücke für die Anwendung in bestimmten Fällen
Anforderungen	muss	– ist zu – ist erforderlich – es ist erforderlich, dass – hat zu – lediglich … ist zulässig – es ist notwendig – ist notwendig
	darf nicht	– es ist nicht zulässig [erlaubt] [gestattet] – es ist unzulässig – es ist nicht zu – es hat nicht zu – ist nicht
Empfehlung	sollte	– es wird empfohlen, dass – ist in der Regel
	sollte nicht	– es wird nicht empfohlen, dass – sollte vermieden werden
Zulässigkeit	darf	– ist zugelassen – ist erlaubt – ist auch … zulässig
	braucht nicht	– es ist nicht erforderlich, dass – ist keine … nötig
Möglichkeit und Fähigkeit	kann	– fähig sein – es ist möglich, dass … – lässt sich …; ist in der Lage zu …
	kann nicht	– nicht fähig sein – es ist nicht möglich, dass … – … lässt sich nicht …; ist nicht in der Lage zu …

Tabelle 2.5 Regeln für Ausdrücke in der Normung nach DIN 820-2: 2018-09

gelockert werden. Eine Möglichkeit in der Formulierung im Inhalt eines Dokuments bringt die zu erwartende oder denkbare Auswirkung sowohl im physischen als auch im physikalischen oder kausalen Zusammenhang zum Ausdruck.

Bei einer außen auferlegten Beschränkung handelt es sich in der Regel um Beschränkungen oder Verpflichtungen, die aus einer oder mehreren gesetzlichen Anforderungen oder Naturgesetzen zurückzuführen sind und keine Norm darstellen.

In der nationalen Anmerkung zur normativen Anforderung wird auf die Durchführung einer Gefährdungsbeurteilung nach Betriebssicherheitsverordnung (BetrSichV) und somit auf die vom Arbeitgeber festzulegenden Maßnahmen nach dem TOP-Prinzip verwiesen.

2.6.3 Normative Einstufung von Speichern im VDE-Vorschriftenwerk

Speicher bzw. Speichersysteme sind im Kontext der VDE-AR-N 4100 als Erzeugungsanlagen zu behandeln. Die darin enthaltenen Komponenten

- Primärbatterien,
- stationäre elektrische Energiespeichersysteme,
- Akkumulatoren und
- Batterien

sind Energiewandler. Die genannten Speicher wandeln beim Laden elektrische Energie in chemische Energie um. Beim Entladen findet eine Umwandlung der gespeicherten chemischen Energie in elektrische Energie statt. Sie sind demnach wie Transformatoren, Maschinen und Leistungsumrichter im VDE-Vorschriftenwerk der Gruppe 5 „Maschinen und Umformer“ zugeordnet.

Speicher am Niederspannungsnetz werden aus dem Stromversorgungssystem einer elektrischen Anlage geladen oder entladen. Sie sind demnach hinsichtlich der Errichtungsbestimmungen als Energieanlagen einzustufen. Demnach sind bei Errichtung und Integration von Speichern in elektrische Anlagen bis 1.000 V Wechselspannung und 1.500 kV Gleichspannung im Kontext der DIN VDE 0100-Reihe als Teil der elektrischen Anlage zu betrachten.

2.7 Kompakte Speicher für Heimanwendungen

Nach § 49 EnWG sind elektrische Anlagen so zu errichten, dass Personen und Nutztiere nicht durch die Gefahren des elektrischen Stroms gefährdet werden. Die Sicherheit einer elektrischen Anlage wird vermutet, wenn diese zum Zeitpunkt ihrer Errichtung nach den zum Errichtungszeitpunkt gültigen anerkannten Regeln der Technik errichtet wurde.

Elektrische Anlagen, darunter auch Erzeugungsanlagen wie Photovoltaik-(PV)-Stromversorgungssysteme und Niederspannungs-Stromerzeugungsanlagen, mit Nennspannungen bis 1.000 V AC und 1.500 V DC fallen in den Anwendungsbereich der DIN VDE 0100-Reihe. Allerdings decken insbesondere VDE-Bestimmungen, wie die DIN VDE 0100-712, DIN VDE 0100-551 etc. nicht alle Anforderungen und Eventualitäten ab.

Anwenderregeln sind keine Normen. Sie sind demnach nicht automatisch Bestandteil des deutschen Normenwerks, wodurch sie nicht automatisch den Anspruch einer „allgemein anerkannten Regel der Technik" erlangen. Allerdings wurde die VDE-AR-E 2510-2 wie eine VDE-Bestimmung durch die Beteiligung der betroffenen Kreise, die Veröffentlichung eines Entwurfs und mit einem öffentlichen Einspruchsverfahren erarbeitet, sodass diese den Anspruch einer „anerkannten Regel der Technik" erhebt. Sie ist zudem im Auswahlordner der VDE-Bestimmungen für das Elektrohandwerk enthalten, sodass diese auch allgemein im Elektrohandwerk anerkannt ist. Ihre Einhaltung löst demnach eine Vermutungswirkung zugunsten des Errichters aus.

Komplette Energiespeichersysteme eines Herstellers und Systeme aus Einzelkomponenten, auch von unterschiedlichen Herstellern, fallen in den Anwendungsbereich der VDE-AR-E 2510-2. Letzteres setzt allerdings voraus, dass die unterschiedlichen Komponenten gegenseitig als Bausatz freigegeben sind. Andernfalls wird der Errichter des Speichers in einer elektrischen Anlage auch zum Hersteller, wodurch dieser die zutreffenden Richtlinien und Produktnormen im Rahmen des Konformitätsbewertungsverfahrens durchzuführen hat.

Die VDE-AR-E 2510-2 enthält Anforderungen an stationäre elektrische Energiespeichersysteme, die zum Anschluss an das Niederspannungsnetz für die Betriebsarten im Netzparallelbetrieb, Inselbetrieb und bei der Umschaltung zwischen den Betriebsarten vorgesehen sind. Elektrofahrzeuge gelten als nichtstationäre Speicher, wodurch der Anwendungsfall der Rückspeisung von elektrischer Energie von Elektrofahrzeugen aus dem Anwendungsbereich ausgenommen ist.

Da Speicher i. d. R. in Kombination mit einer Erzeugungsanlage betrieben werden, sind die zutreffenden Errichtungsbestimmungen der Erzeugungsanlage ebenso zu berücksichtigen. Typischerweise werden kompakte Speicher am Niederspannungsnetz in Kombination mit einer Photovoltaikanlage errichtet oder Kundenanlagen mit bestehenden PV-Stromversorgungssystemen erweitert. PV-Anlagen können je nach Ausführung der Wechselrichter im Netzparallel- und/oder Inselbetrieb betrieben werden.

Hierzu ist bereits in der DIN VDE 0100-712 seit Ausgabe Oktober 2016 der Hinweis auf die Vorbereitung auf PV-Systeme mit Batterien oder anderen Energiespeichermethoden enthalten. Ebenso ist dort im Anwendungsbereich in Form einer nationalen Anmerkung ein Verweis auf die Anforderungen der VDE-AR-E 2510-2 enthalten. Damit sind für PV-Stromversorgungssysteme mit Speicher die Anforderungen aus der DIN VDE 0100-712 in Kombination mit der VDE-AE-E 2510-2 zu beachten.

2.8 Errichten und Herstellen

2.8.1 Inverkehrbringung und Herstellung

Unter „Inverkehrbringen“ wird die erstmalige Bereitstellung eines Produkts auf dem Unionsmarkt verstanden. Wer im europäischen Wirtschaftsraum ein elektrisches Betriebsmittel zum Vertrieb, Verbrauch oder zur Verwendung entgeltlich oder unentgeltlich im Rahmen einer Geschäftstätigkeit auf den Markt bereitstellt oder unter seiner eigenen Handelsmarke vermarktet, gilt als Hersteller. Dem Hersteller elektrischer Betriebsmittel obliegt im Rahmen des Produktentwicklungsprozesses die Durchführung einer Risikoanalyse und -bewertung zur Identifikation und Bewertung der Risiken für Menschen, Nutztiere und Sachgüter. Nach Art. 3 der Niederspannungsrichtlinie 2014/35/EU dürfen elektrische Betriebsmittel nur auf dem Unionsmarkt bereitgestellt werden, wenn sie entsprechend dem geltenden Stand der Sicherheitstechnik hergestellt sind und bei einer ordnungsgemäßen Installation, Wartung und bei bestimmungsgemäßer Verwendung die Gesundheit und Sicherheit von Menschen, Haus- und Nutztieren sowie Güter nicht gefährden.

Hierfür hat nach Art. 6 2014/35/EU der Hersteller die Einhaltung der Sicherheitsziele gemäß Art. 3 und Anhang III beim Inverkehrbringen sicherzustellen. Demnach sind elektrische Betriebsmittel so zu konstruieren, dass

- der Schutz gegen elektrischen Schlag sichergestellt ist,
- keine unzulässigen thermischen Auswirkungen vom Betriebsmittel ausgehen,
- Betriebsmittel bestimmungsgemäß unter der vorhersehbaren Fehlanwendung ordnungsgemäß verwendet, installiert und gewartet werden können.

Zum Nachweis hat der Hersteller ein Konformitätsbewertungsverfahren nach Art. 6 (1) und (2) durchzuführen, die erforderlichen technischen Unterlagen zu erstellen und eine Risikobeurteilung durchzuführen.

Hier stellt sich grundsätzlich die Frage, ob es sich bei der Integration eines Speichers um einen Teil der elektrischen Anlage handelt, oder ob schlichtweg ein eigens in Verkehr gebrachtes Betriebsmittel an einen Stromkreis angeschlossen wird. Hierzu sind die Begrifflichkeiten des Herstellers und des Errichters gegeneinander abzugrenzen (**Bild 2.4**).

Ein Hersteller ist nach 1. ProdSV § 2 jede natürliche oder juristische Person, die ein elektrisches Betriebsmittel – in diesem Fall den Kompaktspei-

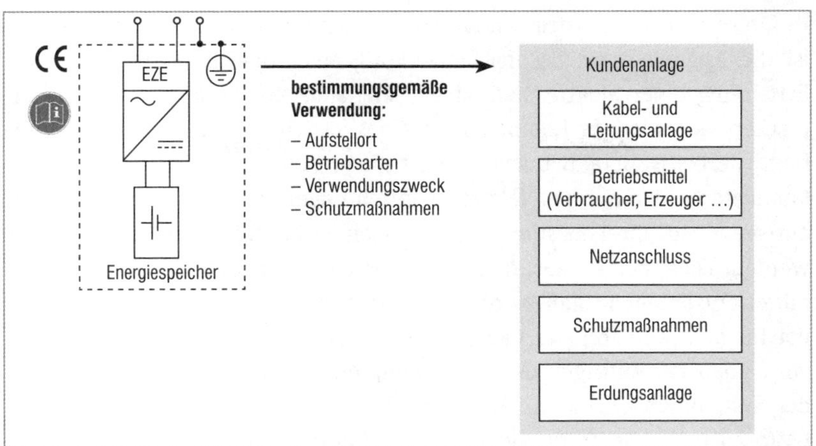

Bild 2.4 Inverkehrbringen und Errichten von Speichern gemäß der bestimmungsgemäßen Verwendung

cher – herstellt, entwickelt oder herstellen lässt und dieses unter eigenem Namen oder Handelsmarke vermarktet. Damit hat der Hersteller eine Konformitätserklärung in Übereinstimmung mit den zutreffenden europäischen Richtlinien, z. B. der Niederspannungsrichtlinie 2014/35/EU und der EMV-Richtlinie 2014/30/EU sowie die für den Netzparallelbetrieb erforderlichen Konformitätserklärungen (z. B. Einheitenzertifikat nach VDE V 124-100) etc. auszustellen. Außerdem ist ein Typenschild mit einer CE-Kennzeichnung anzubringen sowie eine Montage- und Bedienungsanleitung beim Inverkehrbringen im europäischen Wirtschaftsraum mitzuliefern. Die bestimmungsgemäße Verwendung eines elektrischen Betriebsmittels bezieht sich im Wesentlichen auf den Aufstellort und die damit verbundenen Umgebungsbedingungen: die Betriebsarten, der elektrische Anschluss sowie der Verwendungszweck und die Schutzmaßnahmen gegen elektrischen Schlag und Überstrom. Neben dem Hersteller gibt es den Begriff des Errichters. Errichter ist nach VDE-AR-N 4105 Abs. 3.1.2 eine Person oder ein Unternehmen, die/das eine elektrische Anlage errichtet, erweitert oder instand hält. Damit umfasst der Begriff des Errichters auch die Instandhaltung einer Erzeugungsanlage. Nach DIN VDE 0100-100 Abs. 134.1.1 sind elektrische Betriebsmittel, darunter der Speicher, entsprechend den Angaben des Herstellers zu errichten. Damit sind die Herstellerangaben Teil der regelkonformen Errichtung. Der Errichter hat demnach die Anforderungen der Hersteller und die Anforderungen der DIN VDE 0100-Reihe zu beachten.

Ein exotisches Konstrukt stellt der sogenannte Systemhersteller dar. Hier ist die Abgrenzung zwischen Herstellung eines Speichersystems und der Errichtung einer elektrischen Anlage fließend. Der Systemhersteller komplettiert verschiedene Komponenten eines Speichers zu einer Funktionseinheit. Hierbei ist darauf zu achten, dass die einzelnen Komponenten wie Akkumulatoren, Umrichter, Netztrenneinrichtungen, Schutzeinrichtungen etc. entsprechend ihrer bestimmungsgemäßen Verwendung zusammengefügt werden. Dies setzt voraus, dass jeder Komponentenhersteller sein Betriebsmittel entsprechend den zutreffenden Richtlinien in den Verkehr gebracht hat für jede Komponente jeweils eine Montage- und Bedienungsanleitung vorhanden ist. Entgegen der Herstellung eines kompakten Speichers muss der Systemhersteller keine Konformitätserklärung erstellen. Die DIN VDE 0126-23-1, die Anforderungen an die Prüfung netzgekoppelter Photovoltaik-(PV)-Stromversorgungssysteme enthält, spricht hier statt Errichter von einem sogenannten Systementwickler. Bei Photovoltaik-(PV)-Stromversorgungssystemen, die auch in Kombination mit einem Batteriespeicher errichtet sind, ist keine Konformitätserklärung im Sinne des ProdSG erforderlich. In Anlehnung an diese Anforderung ist ein Zusammenfügen der Komponenten eines Speichers auch als Errichtung zu betrachten.

2.8.2 Errichtung elektrischer Anlagen

Ein Anlagenerrichter ist eine Person oder ein Unternehmen, die/das eine elektrische Anlage errichtet, erweitert oder ändert. Errichten einer elektrischen Anlage meint das Installieren und Anschließen von Betriebsmitteln zu einem bestimmten Anwendungszweck. Im Vergleich zum Hersteller, der ein Produkt unter seinem Namen am Markt bereitstellt, umfasst die Errichtung einer elektrischen Anlage

- die korrekte Verlegung der Kabel- und Leitungsanlage,
- die regelkonforme Aufstellung der Betriebsmittel,
- die regelkonforme Aufstellung der Verteiler (Niederspannungs-Schaltgerätekombinationen) sowie
- die Koordinierung der Schutzeinrichtungen.

Für bestehende Anlagen und unveränderte Teile von Kundenanlagen besteht keine Anpassungspflicht, sofern ein sicherer und störungsfreier Betrieb der Kundenanlage sichergestellt ist. Speicher, Erzeugungsanlagen oder Ladepunkte für Elektrofahrzeuge werden in der Regel nachträglich in bestehende Kundenanlagen installiert. Für Planer und Errichter stellt sich dadurch die Frage nach einer Erweiterung und/oder Änderung der elektrischen Anlage. Hierbei ist zwischen den Anforderungen des Netzbetreibers und den Anforderungen der DIN VDE 0100-Reihe zu unterscheiden.

2.8.2.1 Änderung/Erweiterung im Sinne der DIN VDE 0100-Reihe

Nach §49 (1) EnWG sind Energieanlagen so zu errichten und zu betreiben, dass die technische Sicherheit gewährleistet ist. Neben den sonstigen Rechtsvorschriften sind dabei die allgemein anerkannten Regeln der Technik zu beachten. Das Energiewirtschaftsgesetz legt damit den undefinierten Oberbegriff der „technischen Sicherheit" als oberstes Schutzziel fest. Interessanterweise bezieht sich die Gewährleistung der technischen Sicherheit sowohl auf die Errichtung als auch auf die Betriebsphase einer elektrischen Anlage.

Die Einhaltung der „allgemein anerkannten Regeln der Technik" wird nach EnWG §49 (2) vermutet, wenn bei Anlagen zur Erzeugung, Fortleitung und Abgabe von Elektrizität die technischen Regeln des Verbandes der Elektrotechnik Elektronik Informationstechnik e.V. (kurz VDE) eingehalten wurden. Damit schlägt das Energiewirtschaftsgesetz für Errichter die Brücke zur Einhaltung der VDE-Bestimmungen. Somit besteht bei Einhaltung der zutreffenden VDE-Bestimmungen eine Vermutungswirkung zugunsten des Errichters. Bei Anwendung der VDE-Bestimmungen und allgemein anerkannten Regeln der Technik liegt somit im Falle strafrechtlicher Konsequenzen die Beweislast bei der Staatsanwaltschaft. Damit greift die Vermutungswirkung sowohl bei netzgekoppelten Anlagen als auch bei reinen Inselanlagen.

Speicher und Kundenanlagen am Niederspannungsnetz fallen aufgrund der Spannungsebene 230V/400V in den Anwendungsbereich der DIN VDE 0100-Reihe. Nach DIN VDE 0100-100 sind u.a. die Anforderungen für Stromkreise anzuwenden, die mit Nennspannungen bis einschließlich 1.000V AC oder 1.500V DC versorgt werden. Das gilt auch für alle Verdrahtungen und Anschlüsse, die nicht von Gerätenormen abgedeckt sind, ebenso für die Errichtung von Kabel- und Leitungsanlagen und bei Erweiterung oder Änderung von Anlagen. Die Normenreihe ist zudem bei Erweiterung oder Änderung bestehender Anlagenteile anzuwenden. Hierbei sind nicht nur die erweiterten Anlagenteile zu berücksichtigen, sondern auch die von der Änderung und Erweiterung betroffenen Teile der bestehenden elektrischen Anlage.

Die DIN VDE 0100-100 legt in Abs. 134.1.9 fest, dass u.a. im Falle von Erweiterungen oder Änderungen in bestehenden elektrischen Anlagen zu bestimmen ist, ob eine Änderung des beabsichtigten Verwendungszwecks der Anlage, ihr allgemeiner Aufbau und ihre Stromversorgung nach der Integration eines Speichers den zum Errichtungszeitpunkt festgelegten Merkmalen entspricht. Damit hat der Errichter eines Speichers zwei Aspekte zu beachten:

- Der Speicher sowie der Stromkreis mit der Kabel- und Leitungsanlage, der zum Anschluss des Errichters vorgesehen ist, stellt ganz klar eine Erweiterung der bestehenden elektrischen Anlage dar, wodurch hier die zum Zeitpunkt der Erweiterung gültigen allgemein anerkannten Regeln der Technik zu beachten sind.
- Zudem sind vom Errichter auch die von der Änderung betroffenen Anlagenteile zu beachten. Hier hat der Errichter zu überprüfen, ob der Speicher die Wirksamkeit der Schutzmaßnahmen der bestehenden Verbraucherpfade beeinträchtigt.

2.8.2.2 Änderung/Erweiterung nach den Anforderungen des Netzbetreibers

Elektrische Anlagen, die über ein öffentliches Stromversorgungsnetz betrieben werden, obliegt die Sicherstellung über die Einhaltung der Spannungs- und Frequenzgrenzen, die Einhaltung der Netzrückwirkungen innerhalb der vorgegebenen Grenzwerte sowie die Sicherstellung der Versorgungssicherheit (Verfügbarkeit) beim Netzbetreiber. Man spricht hier vom sogenannten Netzparallelbetrieb bzw. von einem Stromversorgungssystem mit synchroner Verbindung. Hierbei hat der Netzbetreiber den Anschluss leistungsgerecht auszulegen.

Bei elektrischen Anlagen mit synchroner Verbindung zu einem öffentlichen Stromversorgungsnetz konkretisiert die VDE-AR-N 4100 in Abschnitt 4.4 die Begriffe der Erweiterung und Änderung. Demnach ist durch den Errichter bei Erweiterung, Nutzungsänderung oder Änderung der Betriebsbedingungen bestehender elektrischer Anlagen zu prüfen, ob die betroffenen Anlagenteile an die jeweils aktuellen Anforderungen anzupassen sind. Eine Anpassungspflicht besteht in Kundenanlagen bei Erhöhung der benötigten Leistung, Änderung von haushaltsüblichem Verbrauchsverhalten zu Anwendungen mit Dauerstrom (z.B. Errichtung von Ladesystemen für EV), Nachrüstung von steuerbaren Verbrauchseinrichtungen nach § 14a EnWG, Umwandlung der Bezugsanlage in eine Bezugsanlage mit Netzeinspeisung,

Änderung einer Anschlussnutzeranlage von einem einphasigen in einen dreiphasigen Anschluss oder Änderung der Netzform.

Neben dem Aspekt der wesentlichen Änderung nach VDE-AR-N 4100 Abs. 4.4 sind für Erzeugungsanlagen und Speicher am Niederspannungsnetz auch die Anforderungen der VDE-AR-N 4105 zu beachten. Demnach liegt eine wesentliche Änderung beim Austausch von Komponenten der Erzeugungseinheit und/oder des Speichers vor, wenn die mit dem Netzbetreiber vereinbarte Anschlussleistung der EZE um mehr als 10 % erhöht wird, die zum Zeitpunkt der Inbetriebnahme gültigen Grenzwerte der Netzrückwirkungen überschritten werden oder das Schutzkonzept geändert wird.

3 Risiko, Sicherheit und Gefährdung

Im Allgemeinen ist unter einem Risiko eine Kombination aus der Wahrscheinlichkeit eines Schadenseintritts und des damit verbundenen Schadensausmaßes zu verstehen. Das Risiko hängt vom Schadensausmaß ab, das aus der betrachteten Gefährdung resultiert, und der Wahrscheinlichkeit eines solchen Schadenseintritts. Die Wahrscheinlichkeit eines Schadenseintritts hängt von drei Faktoren ab:

- die Exposition einer Gefährdungssituation,
- das Eintreten eines Gefährdungsereignisses,
- die Möglichkeit, den Schaden zu begrenzen.

Bei der praktischen Anwendung werden die Faktoren Schadensausmaß und Eintrittswahrscheinlichkeit miteinander multipliziert. Damit kann bildlich und vereinfacht gesehen das Risiko als eine Fläche aus den Seiten Schadensausmaß und Eintrittswahrscheinlichkeit in Kombination der genannten Faktoren betrachtet werden. Mit dem Begriff Risiko ist der Begriff Gefährdung verbunden. Eine Gefährdung ist eine potenzielle Schadensquelle, die aus einem vorhandenen Risiko bei der Verwendung resultiert. Sie liegt beim Betrieb einer Anlage oder bei Verwendung eines Arbeitsmittels vor. Dem Risiko steht die Sicherheit entgegen. Je geringer das Risiko, desto höher die Sicherheit und umgekehrt, wobei einhundertprozentige Sicherheit nicht erreicht werden kann. Einhundertprozentige Sicherheit gibt es somit nicht. Risiko und Sicherheit ergeben in Summe deshalb immer eine Wahrscheinlichkeit von 100 %, wodurch ein Restrisiko immer bestehen bleibt. In der Technik ist ein hinreichendes Maß an Sicherheit erreicht, wenn das sogenannte Restrisiko unterhalb des gesellschaftlichen akzeptierten Restrisikos liegt. Dieses wird durch unsere Wertvorstellungen und gesellschaftlichen Normen geprägt. Technische Normen bilden diese Messlatte bei technischen Anwendungen ab.

3.1 Die Risikobeurteilung

Zentrales Element des Konformitätsverfahrens der Hersteller ist die Risikobeurteilung. Sie besteht aus den folgenden Schritten:

1. Risikoanalyse,
2. Risikobewertung,
3. Entscheidung, ob ein Risiko bzw. Restrisiko vertretbar ist,
4. Festlegung, Einschätzung und Bewertung von Risikominderungsmaßnahmen, falls erforderlich,
5. Validierung und Dokumentation.

Für Betriebsmittel im Anwendungsbereich der Niederspannungsrichtlinie beschreibt der Leitfaden Nr. 32 des CENELEC (CENELEC-LEITFADEN 32) ein geeignetes Verfahren zur Durchführung (**Bild 3.1**). Da es allein mit dem Gefahrenfeld „Elektrische Gefährdungen" in der Regel nicht getan ist, hat sich in der Praxis der Gefährdungskatalog nach DIN EN ISO 12100 bewährt.

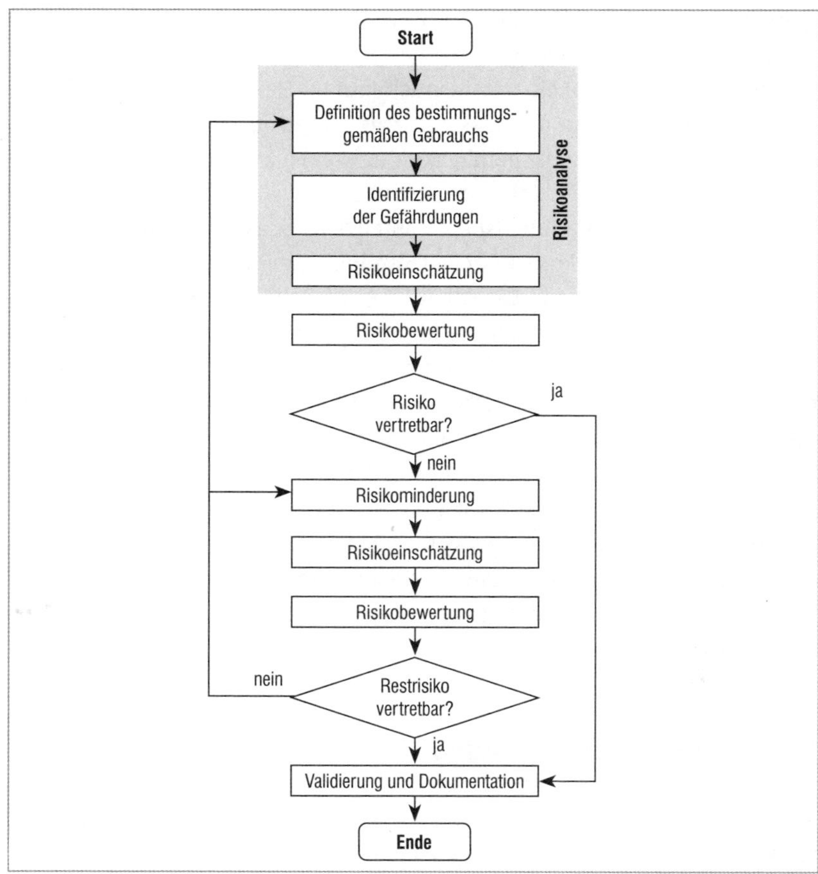

Bild 3.1 Vorgehensweise bei einer Risikobeurteilung nach CENELC Leitfaden Nr. 32

3.1.1 Schritt 1: Die Risikoanalyse

Im ersten Schritt sind die Risiken zu analysieren. Hierzu sind die bestimmungsgemäße Verwendung und die Systemgrenzen für den gesamten Lebenszyklus festzulegen. Der Lebenszyklus umfasst folgende Lebensphasen:

- Herstellungsprozess,
- Transport,
- Montage und Aufstellung,
- Inbetriebnahme,
- Verwendungsphase,
- Außerbetriebnahme,
- Demontage,
- Entsorgung.

Hinsichtlich der Verwendungsphase ist der Verwendungs- und Aufstellort mit den Umgebungsbedingungen, die Art der Stromversorgung und dem Anwendungszweck festzulegen. Danach sind die Gefährdungen bei bestimmungsgemäßer Verwendung während des Lebenszyklus zu identifizieren.

3.1.2 Schritt 2: Die Risikobewertung

Die identifizierten Risiken sind im nächsten Schritt zu bewerten. Bewertungen unterliegen jedoch dem subjektiven Empfinden einer Person. Deshalb ist eine möglichst objektive Bewertung durch mehrere Personen unterschiedlicher (Teil-)Fachgebiete erforderlich. Da jeder ein individuelles Verständnis von einem hohen Schadensausmaß etc. hat, müssen die qualitativen Bewertungen der Personen quantifiziert werden.

Die Quantifizierung erfolgt über einen Risikograph (**Bild 3.2**). Bezogen auf die drei Risikofaktoren sind jetzt die Schadensmaße (S1, S2, S3), die Häufigkeiten der Explorationsdauer (F1, F2) und die Vermeidung einer Gefährdungssituation (P1, P2) zur Verknüpfung zwischen Risikofaktoren und quantitativer Bewertung, ähnlich wie bei einem Notenschlüssel in der Schule, festzulegen. Das Ergebnis der Risikobeurteilung dient als Entscheidungsgrundlage über die Notwendigkeit risikoreduzierender Maßnahmen.

Nebenbei erwähnt: Es gibt eine Vielzahl an Risikographen. Welcher zur Anwendung kommt, entscheiden die zutreffenden normativen Vorgaben oder, falls es keine Vorgabe gibt, die für die Durchführung verantwortlichen Personen. Wichtig sind die Nachvollziehbarkeit und konsequente Skalierung mit den oben genannten drei Faktoren: Exposition einer Gefährdungssituation, Eintreten eines Gefährdungsereignisses und die Möglichkeit, den Schaden zu begrenzen.

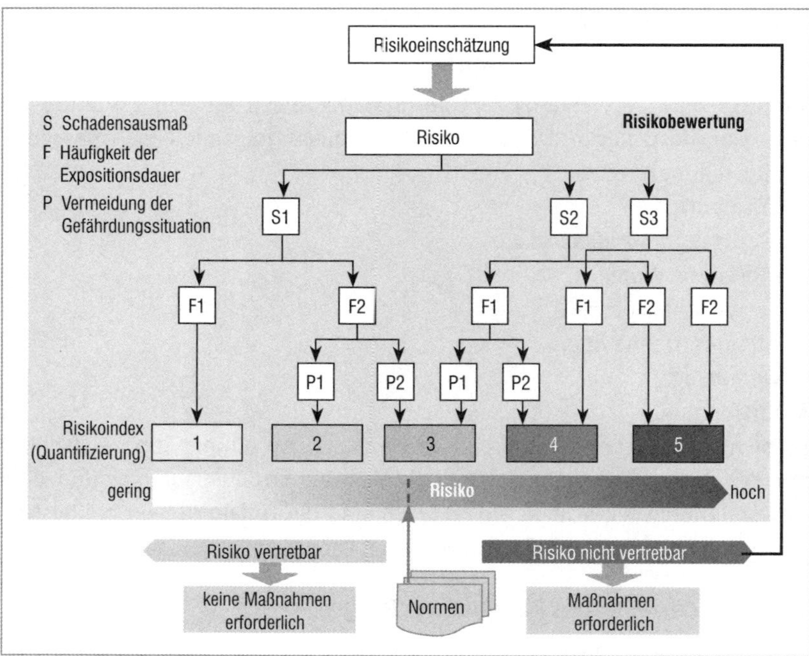

Bild 3.2 Zusammenhang zwischen qualitativer und quantitativer Risikobewertung über einen Risikograph und der Zusammenhang zu Normen in Anlehnung nach CENELEC Guide 32

3.1.3 Schritt 3: Restrisiko und Risikominderung

Nach 2014/35/EU Art. 12, 13, 14 besteht die Vermutung der Konformität für Hersteller und damit die Einhaltung der Schutz- und Sicherheitsziele gemäß Art. 3 und Anhang I auf der Grundlage harmonisierter Normen oder Teile. Was für Errichter elektrischer Anlagen die zum Errichtungszeitpunkt gültigen VDE-Bestimmungen auf Grundlage § 49 des Energiewirtschaftsgesetzes sind, sind demnach für Hersteller die Einhaltung der harmonisierten Normen, die im Amtsblatt zur zutreffenden Richtlinie veröffentlicht wurden. Sind keine harmonisierten Normen vorhanden oder decken die Fundstellen den Anwendungsfall nicht ab, kann auf internationale Normen oder in zweiter Stufe auf nationale Normen, soweit anwendbar, zurückgegriffen werden.

Die endgültige Entscheidung, ob ein Risiko bzw. ein Restrisiko vertretbar sind, trifft der Hersteller bzw. die natürliche oder juristische Person, die das

Betriebsmittel am Markt bereitstellt. Die Integration der Sicherheit und die Festlegung der risikoreduzierenden Maßnahmen erfolgt auf einem dreistufigen Verfahren:

- Stufe 1: Eigensicherheitsmaßnahmen,
- Stufe 2: Technische Sicherheitsmaßnahmen,
- Stufe 3: Benutzerinformationen.

Eigensicherheitsmaßnahmen reduzieren im Ursprung das Risiko, sodass vom Betriebsmittel bzw. dem Teil der Risikoquelle keine Gefährdung entstehen kann. Typisches Beispiel ist die Verwendung von Schutzkleinspannung (SELV) statt 230V/50Hz oder, bezogen auf mechanische Gefährdung, eine Reduzierung der Antriebskraft oder Antriebsgeschwindigkeit. Kann das Produkt nicht eigensicher konstruiert werden, oder lassen sich Gefahrenquellen nicht durch andere Maßnahmen substituieren, sind technische Schutzmaßnahmen erforderlich. Besteht dennoch ein Restrisiko, ist der Benutzer in geeigneter Weise durch Informationen (z.B. Betriebsanleitung oder Warnhinweise) in die Lage zu versetzen, diese zu erkennen.

Sind ein Risiko bzw. ein Restrisiko nicht vertretbar, sind diese mit entsprechenden Maßnahmen zur Minderung festzulegen. Diese sind dann neu einzuschätzen und zu bewerten. Dadurch werden in einem iterativen Prozess der Risikobeurteilung das Restrisiko unterhalb des gesellschaftlichen tolerierbaren Risikos begrenzt. Sind technische Maßnahmen gemäß den zutreffenden harmonisierten Normen festgelegt, wird die Einhaltung der Schutzziele nach 2014/35/EU Art. 3 und Anhang I vermutet und das Betriebsmittel gilt als sicher.

Ähnliches gilt beim Betrieb elektrischer Anlagen und Arbeitsmittel, wie Werkzeuge, handgeführte Geräte und Maschinen. Zentraler Baustein im Betrieb ist die Durchführung einer Gefährdungsbeurteilung des Arbeitsplatzes. Analog zur Risikobeurteilung gilt bei der Festlegung von Schutzmaßnahmen Arbeitsschutz das sogenannte (S)TOP-Prinzip.

3.2 TOP-Prinzip

Im gewerblichen Bereich hat der Betreiber gegenüber den Beschäftigten Pflichten aus dem ArbSchG. Der Betreiber (Arbeitgeber) hat den Beschäftigten sichere Arbeitsplätze und Arbeitsmittel bereitzustellen, diese im ordnungsgemäßen Zustand zu erhalten und die Beschäftigten in der sicheren Handhabung zu unterweisen. Schutzziel ist der sichere Betrieb und damit die Vermeidung von Arbeitsunfällen. Der Schutz richtet sich demnach auf die Personen.

Nach §5 des ArbSchG (1) muss der Arbeitgeber ermitteln, welche Maßnahmen zur Unfallverhütung präventiv erforderlich sind. Die Beurteilung ist je nach Art der Tätigkeit sowie der Qualifikation der Beschäftigten vorzunehmen und in regelmäßigen Zeitabständen zu überarbeiten und anzupassen. Nach §4 ArbSchG hat der Arbeitgeber gemäß den allgemeinen Grundsätzen bei Maßnahmen des Arbeitsschutzes u.a. von dem Grundsatz auszugehen, dass bei den Maßnahmen zum Arbeitsschutz der Stand der Technik berücksichtigt ist. Der Arbeitsschutz stützt sich in Deutschland auf die Betriebssicherheitsverordnung sowie die Vorschriften der Berufsgenossenschaften.

Grundsätzlich ist im Arbeitsschutz das sogenannte TOP-Prinzip anzuwenden. Das heißt, dass eine technische Maßnahme, z.B. Schutzvorkehrungen, vorrangig vor einer organisatorischen Maßnahme anzuwenden ist. Typisches Beispiel hierfür sind offene Getriebe an Maschinen. Hier ist klar, dass als Maßnahme nur eine Umwehrung der Gefahrenstellen infrage kommt. Lediglich eine Unterweisung durchzuführen und Warnhinweise anzubringen (organisatorische Maßnahme) ist hier unzureichend und darf nicht als Ersatz für die Umwehrung angewendet werden.

Ähnliches gilt beim Betrieb elektrischer Anlagen und Arbeitsmittel, wie Werkzeuge, handgeführte Geräte und Maschinen. Die Durchführung einer Gefährdungsbeurteilung des Arbeitsplatzes ist dabei ein zentraler Baustein. Hier ist der Arbeitgeber in der Pflicht, die entsprechenden Gefährdungen zu identifizieren, Maßnahmen nah dem TOP-Prinzip festzulegen und die Beschäftigten durch Unterweisungen in die Lage zu versetzen, die Tätigkeiten am Arbeitsplatz mit den zur Verfügung gestellten Arbeitsmitteln sicher auszuführen.

Was für Maschinen und Arbeitsmittel gilt, gilt auch für gewerblich genutzte elektrische Anlagen. Nach DGUV Vorschrift 3 §3 (1) 2 hat der Unternehmer/Betreiber/Arbeitgeber dafür zu sorgen, dass die elektrischen Anlagen und Betriebsmittel den elektrotechnischen Regeln entsprechend betrieben werden. Hierfür sind nach DIN VDE 0105-100 4.1.101 elektrische Anlagen in ordnungsgemäßem Zustand zu erhalten. Bei Änderung der Betriebsbedingungen, z.B. Art der Betriebsstätte (trocken, feucht, feuer- oder explosionsgefährdet), müssen die bestehenden Anlagen den jeweils gültigen Errichtungsnormen angepasst werden. Auch hier gilt der Stand der Technik als Maßstab. Den Stand der Technik geben z.B. die Informationen und Regelwerke der Berufsgenossenschaften oder die TRBS (Technische Regeln für Betriebssicherheit) vor. Eine Nachrüstpflicht einer bestehenden Anlage seitens des Betreibers kann demnach nicht ausgeschlossen werden.

3.3 Transport von Speichern

Der Transport von Batterien unterliegt während des gesamten Lebenszyklus grundsätzlich den gesetzlichen Vorschriften. Für den Transport hat der Hersteller die notwendigen Informationen auf der Verpackung und in der Montage- und Bedienungsanleitung bereitzustellen.

Bei der Beförderung auf der Straße sind insbesondere die gültigen Sondervorschriften über das aktuelle Gefahrgutrecht zu beachten. Speziell gelten hier die ADR („Accord européen relatif au transport international des marchandises dangereuses par route“ = Übereinkommen über die internationale Beförderung gefährlicher Güter auf der Straße) in der jeweils gültigen Fassung. Das ADR enthält besondere Vorschriften an die Klassifizierung, Verpackung, Kennzeichnung und Dokumentation gefährlicher Güter. Dieses Regelwerk wird alle zwei Jahre aktualisiert und wird so an die neuesten Erkenntnisse und Anforderungen permanent angepasst. Durch die Verordnung über die innerstaatliche und grenzüberschreitende Beförderung, kurz GGVSEB, gelten die ADR nicht nur für die grenzüberschreitende Beförderung gefährlicher Güter auf der Straße, auf Binnengewässern und mit der Eisenbahn, sondern auch für Transporte innerhalb Deutschlands.

Sind Batterien als „DEFEKT“ gekennzeichnet oder wurden diese augenscheinlich verändert, weisen Verformungen oder Risse am Gehäuse auf, oder ist die Verpackung beschädigt, dürfen diese nicht verwendet oder befördert werden. In solchen Fällen sind ergänzende Sicherheitsmaßnahmen zu ergreifen. Beschädigte Batterien mit beschädigtem Gehäuse oder Verformungen können auslaufen oder ausgasen. Bei solchen Batterien, insbesondere bei Lithium-Batterien, darf die Beförderung nur durch zusätzliche Maßnahmen erfolgen. Der Transport bedarf einer Sondergenehmigung durch die zuständige Behörde.

> Ausführliche Informationen sind im ZVEH-Merkblatt Nr. 5 zu finden.

3.3.1 Transport von Bleibatterien
(Blei- und Ni/Cd-Industrie-Akkumulatoren)

Es stellt sich die Frage, ob der Transport von Batterien als Gefahrgut einzustufen ist. Von trockenen Batterien geht während des Transports keine Gefahr durch Auslaufen von Säuren oder Laugen aus. Sie sind somit grundsätzlich kein Gefahrgut. Gleiches gilt für Batterien, die nach entsprechend bestandener Prüfung bauartbedingt auslaufsicher sind. Gemäß der Sondervorschrift 238 gelten sie nicht als Gefahrgut, sofern sie gegen Kurzschluss gesichert sind.

- Batterien sind während des Transports so zu befestigen, dass sie nicht verrutschen oder umkippen können. Die Sicherungsmittel dürfen dabei aber keine unzulässig hohen Kräfte auf die Batterien ausüben, die diese beschädigen könnten.
- Während des Transports sind die Batterien gegen Kurzschluss zu sichern. Beim Transport auf Rungenpaletten ist ein ausreichender Schutz gegen kurzschließen der Pole sichergestellt. Batterien der obersten Rungenpalette sind mit einer passenden Kartonage abzudecken.
- Vor dem Transport ist beim Verpacken darauf zu achten, dass an den Batterien von außen keine Laugen- oder Säurespuren ersichtlich sind. Undichte Batterien dürfen nicht ungeschützt transportiert werden.

Zusätzlich ist zu beachten:

- Eine Kennzeichnung der Batterien und Fahrzeuge darf nach ADR nicht erfolgen.
- Batterien sind in Fahrtrichtung zu verladen, damit sie beim Bremsen nicht umkippen.
- Auf jeder Paletteneinheit ist die Kennzeichnung „ACHTUNG GEFÜLLTE AKKUMULATOREN“ anzubringen.
- In Personenkraftwagen und Kombipersonenkraftwagen darf der Transport unverpackt erfolgen, sofern die oben genannten Bedingungen erfüllt sind und diese im Kofferraum oder auf einer Ladefläche transportiert werden. In den Transportunterlagen (Frachtbrief oder Lieferschein) wird empfohlen, darauf hinzuweisen, dass die Sondervorschrift 598a des ADR einschließlich der Anlagen A und B keine Anwendung finden.

3.3.2 Transport von Lithium-Batterien

Lithium-Batterien im gewerblichen Transport unterliegen den Gefahrgutvorschriften des ADR. Für Zellen und Module eines Batteriesystems sind die

Prüfungen gemäß UN 38.3 der aktuellen Ausgabe der Empfehlungen der Vereinten Nationen zum Transport von gefährlichen Gütern nachzuweisen.

- Beschädigte oder veränderte Batterien dürfen nicht transportiert werden. Hierzu gelten für den Transport die Sondervorschriften. Für die sichere Handhabung ist der Hersteller oder Inverkehrbringer zu kontaktieren.
- Beim Transport sind die Anforderungen an die Ladungssicherung sowie die Kennzeichnung zu beachten. Entsprechende Sicherheitskennzeichen sind anzubringen.
- Die Verpackung darf keine Beschädigungen aufweisen. Es ist hierfür ausschließlich eine zugelassene Verpackung zu verwenden. Hierzu kann z. B. die Originalverpackung verwendet werden, sofern diese den zum Transport gültigen Prüfvorgaben der ADR entsprechen.
- Für Lithium-Batterien gelten folgende UN-Nummern:
  - UN 3480 Lithium-Ionen-Batterien (einschließlich Lithium-Ionen-Polymer-Batterien),
  - UN 3481 Lithium-Ionen-Batterien in Ausrüstung oder mit Ausrüstung verpackt (einschließlich Lithium-Ionen-Polymer-Batterien),
  - UN 3536 Lithiumbatterien, eingebaut in Güterbeförderungseinheit.

Seit dem 01.06.2019 darf für Lithium-Ionen-Batterien nur noch der Gefahrzettel 9a verwendet werden (**Bild 3.3**). Der Gefahrzettel 9 gilt demnach nicht mehr (**Bild 3.4**).

Bild 3.3 Gefahrzettelmuster 9a [VDE-AR-E 2510-2]

Bild 3.4 Gefahrzettelmuster 9 für UN 3480 und UN 3481 [VDE-AR-E 2510-2]

3.4 Gefährdungen ausgehend von Speichern

Bei Sekundärzellen kann es aufgrund von Betriebs- und Fehlerzuständen zu verschiedenen Gefährdungen kommen. Ausgehend von einer fehlerhaften Zelle kann es durch Überladung, externe und interne Kurzschlüsse und Beschädigungen zum Temperaturanstieg der Zelle kommen. Benachbarte Zellen innerhalb einer Braugruppe werden dadurch ebenfalls erwärmt. Dadurch können auch in den benachbarten Zellen interne Fehler hervorgerufen werden. Während der Temperaturanstieg in der ersten beschädigten Zelle durch einen internen Fehler hervorgerufen wird, wird in den benachbarten Zellen der Fehler durch die von außen einwirkende Temperatur hervorgerufen. Die Fehler übertragen sich somit wie bei einer Kettenreaktion auf die anderen Zellen. Letztlich wird der thermische Zustand der Zellenkomponenten bzw. der Baugruppe thermisch instabil, wodurch die Temperatur der Baugruppe unzulässig hoch ansteigt. Infolge erhöht sich der Druck im Inneren der Zellen, was letztlich zum Bersten des Gehäuses führt.

Für Personen und Sachgüter sind demnach folgende Gefährdungssituationen zu betrachten:

- Explosionswirkung:
  - Explosion einer Zellenhülle durch Anstieg des Innendrucks.
- chemische Wirkungen:
  - chemische Emissionen durch Freisetzen von toxischen Gasen,
  - Ausfluss toxischer Flüssigkeiten (Elektrolyt),
  - Ausbreitung und Verbreitung gefährlicher Chemikalien in Grundwasser.
- thermische Wirkungen:
  - heiße Oberflächen,
  - Brandentstehung durch Funken und heiße Oberflächen in Kombination mit brennbaren und entflammbaren Materialien.
- mechanische Wirkungen:
  - herausschleudernde Teile der Außenhülle bei Explosion der Zellhülle,
  - Gefährdungen durch spitze herausstehende und scharfkantige Teile der Außenhülle.

Lithium-Ionen-Zellen verfügen über ein Betriebsfenster (**Bild 3.5**). Die Grenzwerte sind vom Hersteller anzugeben. Das Betriebsfenster umfasst die Zellspannung, Temperaturen, Strom sowie die Ladebedingungen (SOC), die einzuhalten sind. Andernfalls ist mit irreversiblen Schädigungen zu rechnen, die die Eigenschaften der Zelle verändern. Die Zellen verhalten sich dann nicht mehr so sicher wie unter den Prüfbedingungen und können bei weiterem Betrieb sogar selbst aufgrund interner Kurzschlüsse und der Freisetzung von Gasen zur Fehlerquelle werden, die zum Brand führen. Dies ist auch dann der Fall, wenn das Betriebsfenster nur temporär verlassen wird.

Im Hausbereich muss daher zum Schutz eine Lithium-Ionen-Batterie abgeschaltet werden. Sie darf erst wieder nach positiver fachlicher Überprü-

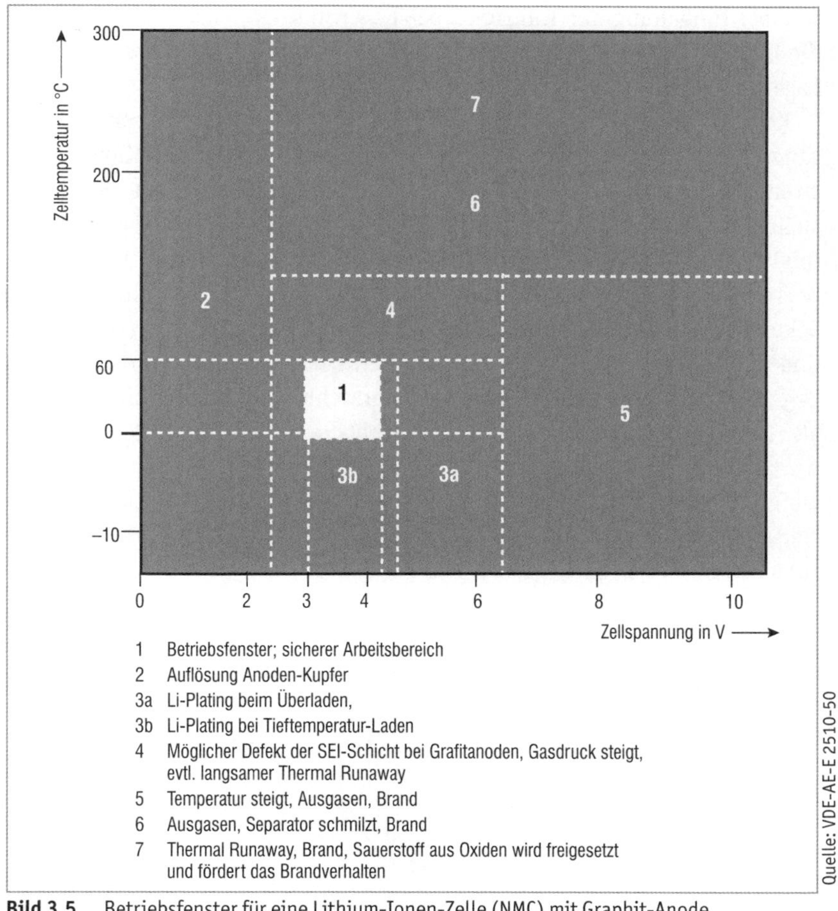

Bild 3.5 Betriebsfenster für eine Lithium-Ionen-Zelle (NMC) mit Graphit-Anode

fung und Instandsetzung vom Systemhersteller oder einer autorisierten Fachkraft wieder in Betrieb genommen werden.

Die Abbildung zeigt das schematische Betriebsfenster einer Lithium-Ionen-Zelle mit Graphit-Anode. Die Grenzen der Bereiche sind in der Praxis allerdings fließend. Die Betriebsfenster sind zum einen über die x-Achse durch die Zellspannung und auf der y-Achse durch die Zelltemperatur abgegrenzt. Im Bereich 1 liegt der begrenzte sichere Arbeitsbereich der Zelle. Hier wird besonders deutlich, dass vor allem bei Transport und Lagerung ein sehr enges Temperaturfenster einzuhalten ist. Hierzu hat auch der Hersteller im Rahmen seiner Risikobeurteilung und des QM-Systems, ähnlich wie bei Einhaltung der Kühlkette bei Lebensmitteln, sicherzustellen, dass die Lithium-Ionen-Zelle auch beim Transport nicht außerhalb des zulässigen Lagertemperaturbereichs transportiert oder gelagert wird.

Kommt es innerhalb eines Lithium-Ionen-Akkumulators zum lokalen Kurzschluss zwischen den internen Elektroden, erhöht der Kurzschlussstrom über den internen Fehlerwiderstand die Temperatur um die Fehlerstelle. Die Erwärmung führt zu weiteren Zellschädigungen, sodass sich der interne Kurzschluss auf die umliegenden Bereiche ausweitet. Dieser Prozess weitet sich im Lithium-Ionen-Akkumulator aus, sodass innerhalb von Sekunden die im Akkumulator gespeicherte Energie unkontrolliert frei wird und infolgedessen der Akku in Brand gerät. Dieser unkontrollierte Vorgang, beginnend bei einem kleinen internen Kurzschluss bis hin zum Brand, wird als Thermal Runaway bezeichnet. Ursächlich für das Auftreten interner Kurzschlüsse sind u.a. eingeschlossene Fremdpartikel, die u.a. aus Fertigungsfehlern in Verbindung mit Temperaturschwankungen zurückzuführen sind oder durch mechanische Beschädigungen durch Transport und Lagerung bedingt werden.

4 Elektrische Energiespeichersysteme (EES-Systeme)

4.1 Begriffe, Terminologie und Klassifizierung

Das elektrische Energiespeichersystem (EES-System) ist eine an das Niederspannungsnetz gekoppelte Gesamtheit an Betriebsmitteln. Als Einheit speichert sie am Netzanschlusspunkt elektrische Energie aus dem Netz oder einer Erzeugungsanlage in einem elektrischen Energiespeicher (EES) für einen bestimmten Zeitraum und gibt sie wieder ab. Die Form der gespeicherten Energie ist für die Bezeichnung elektrischer Energiespeicher (EES) irrelevant. Ausschlaggebend für die Bezeichnung ist ausschließlich die Energieform an den Klemmen des Netzanschlusspunkts (POC) beim Laden und Entladen.

EES-Systeme werden abhängig von der Speicherform klassifiziert. Es gibt mechanische, elektrochemische, chemische, elektrische und thermische Energiespeichersysteme (**Bild 4.1**).

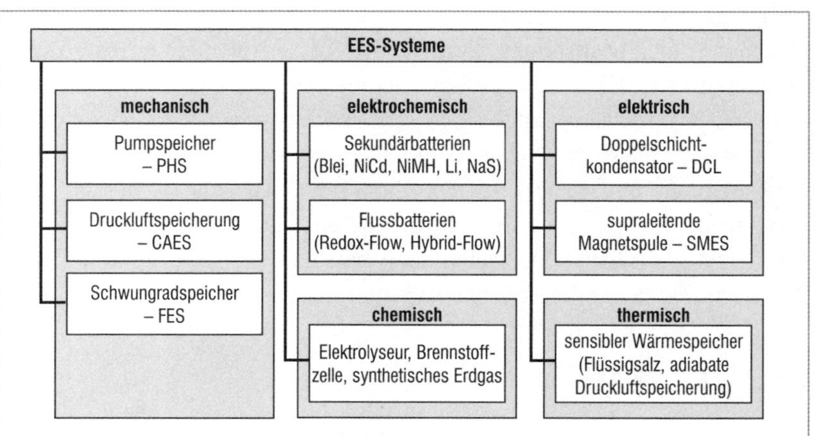

Bild 4.1 Klassifikation von Speichern nach DIN EN IEC 62933-2-1

4.2 Die Anwendungsklassen

Neben der Art der Energiespeicherung sind EES-Systeme in Anwendungsklassen unterteilt. Die Anwendungsklassen richten sich im Wesentlichen nach der Anwendung und der Netzform. Dabei ist entscheidend, ob das EES-System am Niederspannungsnetz im Netzparallelbetrieb die vorhandenen Erzeugungsanlagen unterstützt oder ob der Speicher bei Netzausfall die Stromversorgung aufrechterhält.

Die Auswahl der Architektur, insbesondere der Notwendigkeit einer externen Spannungsversorgung, richtet sich nach den Anwendungsklassen (Klasse A, B, C). Speicher der Klassen A und B dienen dem Zweck der Netzstützung und der Abdeckung von Spitzenlasten im Netzparallelbetrieb, während Speicher der Klasse C ein autarkes Stromversorgungssystem an den Anschlussklemmen bereitstellen. Eine netzspannungsunabhängige Eigenversorgung ist daher nicht zwingend erforderlich. Das Akkumulationsteilsystem, auch Teilsystem-Speicher genannt, besteht mindestens aus einem EES, in dem Energie in einer bestimmten Form gespeichert wird. Es wird vom Teilsystem für Leistungsumrichter geladen und entladen.

4.2.1 Klasse A

EES-Systeme der Klasse A sind ausschließlich für Kurzzeitanwendungen vorgesehen. Hierbei wird das EES-System mit einer geforderten Leistung über einen Betriebszyklus mit einer kurzen Dauer innerhalb von weniger als einer Stunde beansprucht. Systeme der Klasse A werden deshalb zur Erhaltung der Netzstabilität, wie Frequenzregelung, Schwankungsreduzierung und zur Spannungsregelung eingesetzt. Bei der Frequenzregelung unterstützt das EES-System (Klasse A) durch Einspeisung von Wirkleistung bei Unterfrequenz und Ladung des Speichers bei Überfrequenz. Bei der Spannungsregelung greift das System zur Bereitstellung und Entnahme von Wirkleistung zusätzlich im sogenannten Phasenschieberbetrieb mithilfe von Blindleistungsentnahme und -bereitstellung ein.

4.2.2 Klasse B

EES-Systeme der Klasse B werden bei Langzeitanwendungen, bei der die geforderte Leistung über einen Betriebszyklus von mehr als einer Stunde erforderlich ist, eingesetzt. Sie werden im Spitzenlastbetrieb zur Umverteilung von Spitzenlasten verwendet. Bei Spitzenbedarf erfolgt eine Abgabe der gespeicherten Energie; dies reduziert durch lokale Speicherung und Einspeisung den Betriebswirkungsgrad der Anschlussnutzeranlage und dadurch die Übertragungsverluste.

EES-Systeme der Klasse B sind in der Lage, über einen langen Zeitraum (mehr als einer Stunde) geforderte Leistung bereitzustellen. Im Gegensatz zu EES-Systemen der Anwendungsklasse A werden EES-Systeme der Anwendungsklasse B zur Abdeckung von Lastspitzen verwendet. Bei hohem Leistungsbedarf wird der Verbraucher sowohl aus dem Niederspannungsnetz als auch vom Speicher gespeist. Bei nicht angeschlossenen Verbrauchern oder ausgeschalteten Verbrauchern werden die Speicher geladen. Durch die lokale Speicherung elektrischer Energie werden Lastspitzen kompensiert. Dies reduziert den Betriebswirkungsgrad der Anschlussnutzeranlage. Mit einem intelligenten Lademanagement kann dadurch die Anschlussleistung am Netzverknüpfungspunkt niedriger ausfallen und so die Übertragungsverluste reduziert werden.

4.2.3 Klasse C

Speicher der Klasse C stellen ein Inselnetz bereit. Daher verfügen Speicher der Klasse C normalerweise über keine Hilfsspannungsversorgung. Andernfalls müsste diese von einer vom Netz unabhängigen Quelle stammen.

EES-Systeme der Klasse C sind Stromversorgungsquellen mit Speicher, um elektrische Netze im Notfall mit Wechselstrom zu versorgen. Sie sind auf keine äußere Stromquelle zur Hilfsspannungsversorgung angewiesen und werden als Pufferspeicher eingesetzt. Die Funktion des EES-Systems besteht in der Einspeisung von Wechselstrom in elektrische Netze oder installierte Mikronetze, damit entscheidende Systeme in Übereinstimmung mit den Systemspezifikationen über eine festgelegte Dauer betrieben werden können. Damit können ESS-Systeme das Risiko von großen Netzausfällen vermindern.

Sie sind auf keine äußere Stromquelle zur Hilfsspannungsversorgung angewiesen und werden als Pufferspeicher eingesetzt. Die Funktion des EES-Systems besteht in der Einspeisung von Wechselstrom in elektrische Netze oder installierte Mikronetze, damit entscheidende Systeme in Übereinstimmung mit den Systemspezifikationen über eine festgelegte Dauer betrieben werden können. Damit können ESS-Systeme das Risiko von großen Netzausfällen vermindern. Speicher der Klasse C stellen ein Inselnetz bereit.

Im Gegensatz zu EES-Systemen der Anwendungsklassen A und B verfügen EES-Systeme der Anwendungsklasse C über keine externe Hilfsspannungsversorgung. Ist dennoch eine externe Hilfsstromversorgung erforderlich, muss diese Stromquelle bei sicherheitstechnischen Anwendungen, wie

Sicherheitsstromversorgung, USV-Anlagen etc., von einer sicheren unabhängigen Stromquelle gespeist werden.

Während EES-Systeme der Klasse B die Einspeiseleitung des Netzanschlusspunkts zum öffentlichen Stromversorgungsnetz unterstützen und damit die Eigenverbrauchsquote steigern, stellen EES-Systeme der Klasse C ein eigenes autarkes Netz für die Kundenanlage zur Verfügung.

4.3 Architektur von EES-Systemen (Steuerungssysteme)

Ein Speicher bzw. ein elektrisches Energiespeichersystem (EES-System) ist eine kompakte Einheit oder eine netzintegrierte Installation mit festgelegten elektrischen Grenzen, dessen Zweck darin besteht, elektrische Energie aus einer Kundenanlage oder Anschlussnutzeranlage in einem elektrochemischen Speicher zu speichern und wieder einzuspeisen. Dabei ist für die Bezeichnung elektrischer Energiespeicher (EES) die Form der gespeicherten Energie irrelevant. Ausschlaggebend für die Bezeichnung „elektrischer Energiespeicher" ist ausschließlich die Energieform an den Klemmen des Netzanschlusspunkts (POC) beim Laden und Entladen.

Elektrische Energiespeichersysteme (EES-Systeme) werden abhängig von der Speicherform klassifiziert. Es gibt mechanische, elektrochemische, chemische, elektrische und thermische Energiespeichersysteme.

Die Systemarchitektur eines elektrischen Energiespeichersystems (EES-System) umfasst folgende (Teil-)Systeme (**Bild 4.2**):

- Akkumulationsteilsystem,
- Teilsystem für Leistungsumrichter,
- primäres Teilsystem,
- Steuerungsteilsystem,
- Hilfsteilsystem.

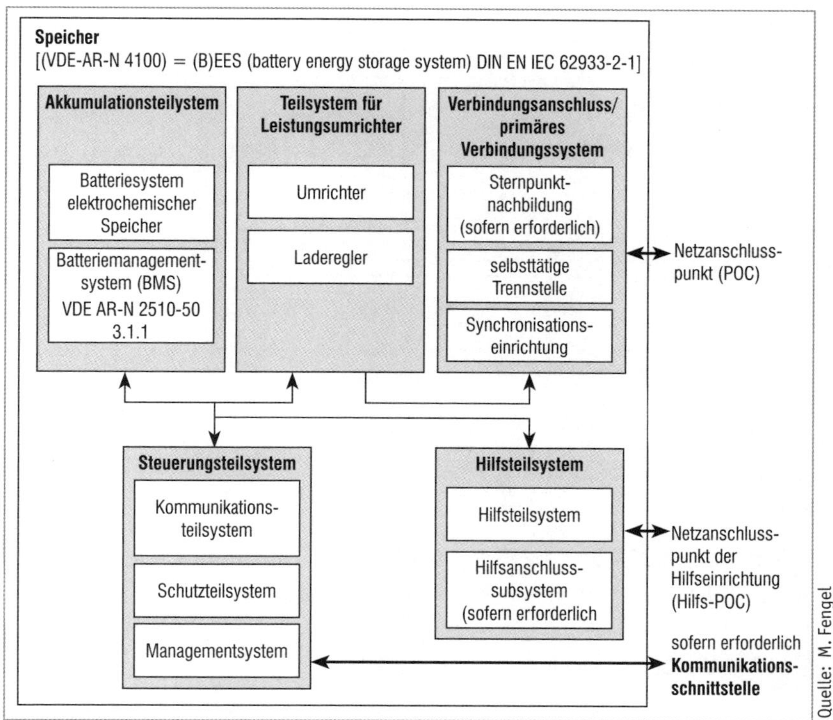

Bild 4.2 Komponenten eines EES-Systems

4.4 Akkumulationsteilsystem

Das Akkumulationsteilsystem besteht aus dem Batteriesystem und dem Batteriemanagementsystem (BMS) (**Bild 4.3**).

4.4.1 Batteriesystem

Das Batteriesystem ist der elektrochemische Speicher des EES-Systems. Es besteht aus einem oder mehreren elektrisch miteinander zu einem Modul verschalteten elektrochemischen Speichern. Die Module bestehen aus einer Anzahl an elektrischen, miteinander verschalteten Zellen, den sogenannten „Packs". Diese sind abhängig vom Anwendungsfall in Reihe oder parallel geschaltet. In der Regel sind sechs Li-Ion-Zellen mit einer nominellen Nennspannung von 3,6 V je Zelle in Reihe zu einem Pack geschaltet. Die Spannweite heutiger Zellen erstreckt sich dabei abhängig von der Materialkombi-

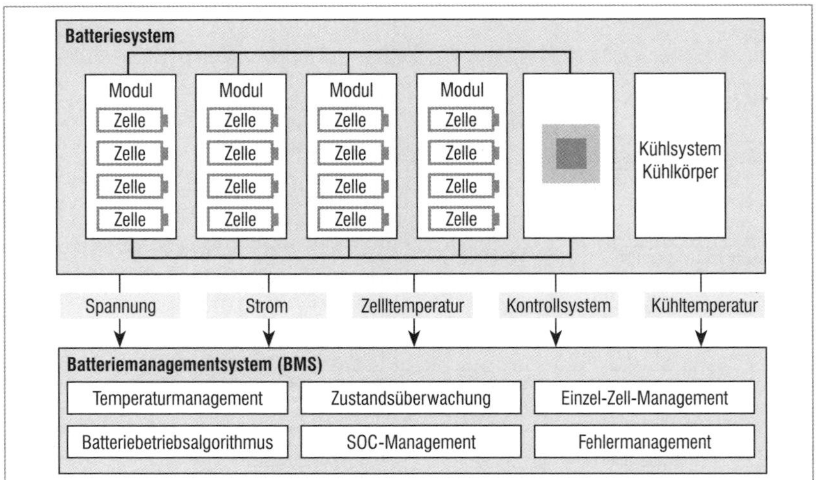

Bild 4.3 Akkumulationsteilsystem

nation von 2,2V bis 4,2V je Zelle. Die Nennspannung eines Packs, bestehend aus sechs in Reihe geschalteten Li-Ion-Zellen, liegt bei 21,6V.

4.4.2 Batteriemanagementsystem

Das Batteriemanagementsystem enthält u.a. Regel-, Steuer- und Sicherheitseinrichtungen, um den Speicher innerhalb der zulässigen und sicheren Betriebszustände zu halten. Das BMS verhindert bzw. beherrscht demnach gefährliche Situationen und Zustände der Batterie durch z.B. Überladen, Tiefentladung, zu hohe Temperaturen etc. Das Batteriemanagementsystem (kurz BMS) kann sowohl hardwaretechnisch als auch softwaretechnisch realisiert sein. Sicherheitsbezogene Überwachungen oder Sicherheitsfunktionen (SIF) bestehen aus einer Sensorik, einer verarbeitenden Logik und einer Aktorik. Diese Sicherheitsfunktionen wurden vom Hersteller gemäß den Gestaltungsleitsätzen und zutreffenden Normen an die funktionale Sicherheit konzipiert und sind bei kompakten Speichern Teil der inneren Schutzfunktionen. Wird hingegen der Speicher auf einzelnen Komponenten zu einer funktionalen Einheit komplettiert, ist dieser Aspekt bei der Errichtung in der Regel durch die Freigabe der Hersteller und unter Beachtung der bestimmungsgemäßen Montage und des Anschlusses abgedeckt. Andernfalls ist hier der Errichter in der Pflicht, die Aspekte der funktionalen Sicherheit (DIN EN 61508 und DIN EN 61511) festzulegen und nachzuweisen.

Vom Batteriemanagementsystem werden die Spannungen (Packspannung, Modulspannung), Ströme, Zell- und Kühlkörpertemperaturen aus dem Batteriesystem erfasst und von den einzelnen Funktionen im BMS verarbeitet:

- Temperaturmanagement,
- Batteriebetriebsalgorithmus,
- Zustandsüberwachung,
- SOC-Management,
- Fehlermanagement,
- Einzel-Zell-Management.

Die Zustandsüberwachung des Batteriemanagementsystems überwacht neben den Strömen und Spannung auch die Zell- und Kühlkörpertemperaturen.

4.5 Teilsystem für Leistungsumrichter

Das Teilsystem für Leistungsumrichter wandelt die im Akkumulationsteilsystem gespeicherte Energie mit den für den Netzanschlusspunkt (POC) erforderlichen Eigenschaften zur Einspeisung im Netzparallelbetrieb und/oder Inselbetrieb um. Es besteht aus folgenden Komponenten:

- Umrichter,
- Laderegler.

Der Umrichter stellt gegenüber dem Netzanschlusspunkt die Erzeugungseinheit dar. Die Erzeugungseinheit (EZE) ist eine einzelne Einheit zur Erzeugung elektrischer Energie aus Sicht des Netzanschlusspunkts (kurz POC). Sie umfasst im Sinne der VDE-AR-E 2510-2 den Umrichter mit Laderegler, die Synchronisationseinrichtung, die Sternpunktnachbildung sowie die dort vorhandenen Schutzeinrichtungen. Umrichter und Laderegler sind das Bindeglied zwischen Batterieeinheit und dem Netzanschlusspunkt (kurz POC). Während des Ladevorgangs agieren sie als AC/DC-Wandler zum Laden des elektrochemischen Speichers. Beim Entladevorgang dreht sich der Stromfluss um, sodass aus der aus der Batterieeinheit entladene Gleichstrom über die DC/AC-Wandlung in Wechselstrom umgewandelt wird. Die Erzeugungseinheit (EZE) umfasst bei kompakten Speichern zudem eine Synchronisationseinrichtung und eine Sternpunktnachbildung.

Die Wandlung der elektrischen Energie kann je nach Ausführung unidirektional oder bidirektional erfolgen. Zudem sind bei Umrichtern folgende

Betriebsarten zu unterscheiden:

- netzgekoppelte Wechselrichter,
- Inselwechselrichter,
- Wechselrichter mit mehreren Betriebsarten.

4.5.1 Netzgekoppelte Wechselrichter

Netzgekoppelte Umrichter mit einer reinen Erzeugungsanlage, wie bei PV-Anlagen, wandeln die vom PV-Generator anliegende Gleichspannung über ihre Leistungshalbleiter in einphasige oder mehrphasige Wechselspannung um. Die Energieumwandlung kennt damit ausschließlich eine Richtung. Liegt an den Netzanschlussklemmen (POC) kein Stromversorgungssystem an, erfolgt keine Zuschaltung.

Netzgekoppelte Umrichter mit Speicher sind im Vergleich zu reinen netzgekoppelten Wechselrichtern mit Erzeugungsanlage zusätzlich technisch in der Lage, im Netzparallelbetrieb aus dem Wechselstromsystem den Speicher mit Gleichstrom zu laden. Das Entladen entspricht dem oben beschriebenen Einspeisebetrieb. Netzgekoppelte Wechselrichter verfügen über eine integrierte automatische Trennstelle und eine Synchronisationseinrichtung.

Bei netzgekoppelten Wechselrichtern im Netzparallelbetrieb ist innerhalb der Kundenanlage kein Leistungsgleichgewicht zwischen Erzeugungseinheit und den zugeschalteten Verbrauchern erforderlich. Liegt die Einspeiseleistung des Umrichters unterhalb der benötigten Leistung der Verbraucherpfade, wird die Leistung anhand der Knotenregel über den Netzanschlusspunkt bezogen. Bei Leistungsüberschuss innerhalb der Kundenanlage wird über den Netzanschlusspunkt elektrische Energie ins öffentliche Stromversorgungsnetz eingespeist. Durch den Einsatz von Speichern können diese Leistungsdifferenzen, die sogenannte Residualleistung, ausgeglichen werden, sodass bei Leistungsmangel der Speicher entladen wird und bei Leistungsüberschuss geladen wird. Dadurch kann der Leistungsbezug aus dem öffentlichen Stromversorgungssystem reduziert werden und die lokal erzeugte elektrische Energie durch Zwischenspeicherung vom Speicher angefordert werden.

4.5.2 Inselwechselrichter

Inselwechselrichter stellen bei allpoliger Trennung von einem Stromversorgungsnetz an ihrem Netzanschlusspunkt (POC) die Spannung und Frequenz der elektrischen Anlage bereit. Sie benötigen demnach keine Synchronisationseinrichtung. Reine Inselwechselrichter finden in abgelegenen Gebieten, Gartenlauben o. ä. Anwendung, wo ein Anschluss am öffentlichen Stromversorgungsnetz nicht möglich oder nur mit wirtschaftlich unvertretbarem Aufwand möglich ist. Im Vergleich zum netzgekoppelten Wechselrichter kann die Residualleistung nicht über den Netzanschlusspunkt entnommen bzw. eingespeist werden. Der Inselwechselrichter bzw. das inselnetzbildende System kann damit nur die Energie in eine Kundenanlage einspeisen, die zeitgleich in den Verbraucherpfaden benötigt wird.

4.5.3 Wechselrichter mit mehreren Betriebsarten

Wechselrichter mit mehreren Betriebsarten können sowohl im netzgekoppelten Betrieb als auch als autarkes Stromversorgungssystem betrieben werden. Im netzgekoppelten Betrieb erfolgt die Zuschaltung bei Einhaltung der Synchronisationsbedingungen. Im Inselbetrieb stellt der Speicher an den Anschlussklemmen das Stromversorgungssystem der Kundenanlage bereit. Die Umschaltung in den Inselbetrieb kann automatisch oder manuell erfolgen.

4.6 Primäres Teilsystem

Das primäre Teilsystem besteht aus folgenden Komponenten und Teilsystemen:

- Sternpunktnachbildung (s. Abschnitt 8.2),
- selbsttätige Trennstelle,
- Synchronisationseinrichtung,
- Netzanschlusspunkt (POC).

4.6.1 Synchronisationseinrichtung

Die Synchronisationseinrichtung überprüft vor und während des Netzparallelbetriebs die Einhaltung der Synchronisationsbedingungen am Niederspannungsnetz. Im Netzparallelbetrieb gibt quasi das Niederspannungsnetz den „Takt“ über die Netzfrequenz an. Eine Zuschaltung ist, ähnlich bei einer Synchronmaschine, nur „leistungslos“ möglich. Hierfür ist die Synchronisationseinrichtung erforderlich.

Eine Zuschaltung erfolgt erst, wenn die Synchronisationsbedingungen zwischen der Wechselspannungsseite des Umrichters und den Netzanschlussklemmen erfüllt sind:

- gleiche Spannungshöhe,
- gleiche Frequenz,
- gleiche Phasenfolge.

Liegen diese nicht vor, erfolgt keine Zuschaltung. Ebenso erfolgt eine Abschaltung bei Wegfall der Synchronisationsbedingungen, z. B. bei Ausfall eines Außenleiters im Netzparallelbetrieb.

4.6.2 Netzanschlusspunkt (POC)

Der Netzanschlusspunkt (POC) ist der Bezugspunkt im Energieversorgungssystem, an dem das EES-System angeschlossen wird. Der POC stellt damit die Schnittstelle zwischen den Verbindungsklemmen des EES-Systems und des Elektrizitätsversorgungssystem dar. Ein EES-System kann einen primären POC oder einen behelfsmäßigen POC besitzen. Bei EES-Systemen mit behelfsmäßigem POC ist es nicht möglich, elektrische Energie zu laden, um diese intern zu speichern. EES-Systeme mit primärem Netzanschlusspunkt (POC) sind in der Lage, aus dem Energieversorgungssystem die elektrische Energie zu laden, zu speichern und bei Bedarf wieder abzugeben. Der primäre Netzanschlusspunkt ist demnach Teil einer elektrischen Anlage mit Erzeugungseinheiten aus anderen Energieträgern (Photovoltaik, BHKW etc.) und/oder einem Elektrizitätsversorgungssystem mit synchroner Verbindung zu einem Netz.

4.7 Steuerungsteilsystem

Das Steuerungsteilsystem besteht aus einer Kommunikationsschnittstelle, dem Managementsystem sowie dem Kommunikationsteilsystem und dem Schutzteilsystem. Das Steuerungsteilsystem (EESS-Teilsystem) dient der Überwachung und Steuerung des EESS. Es enthält alle Geräte und Funktionen für die Erfassung, Verarbeitung, Übertragung und Anzeige der erforderlichen Prozessinformationen.

4.7.1 Kommunikationsteilsystem

Das Kommunikationsteilsystem, bestehend aus einer Anordnung von Hardware, Software und Übertragungsmedien, ermöglicht die Übertragung von Meldungen von einer EESS-Komponente (oder EESS-Teilsystem) zu einer anderen. Es beinhaltet zudem eine externe Schnittstelle. Das Teilsystem für Netzmanagement stellt die für den sicheren, effektiven und effizienten Betrieb erforderlichen Funktionen bereit.

4.7.2 Schutzteilsystem

Das Schutzteilsystem umfasst eine oder mehrere Schutzeinrichtungen, Messwandler, Messumformer, Auslöseschaltungen, Stromkreise zur Hilfsstromversorgung. Schalter und Sicherungen sind nicht Bestandteil des Schutzteilsystems. Es dient ausschließlich dem Schutz des EES-Systems.

4.8 Hilfsteilsystem

Das Hilfsteilsystem stellt die elektrische Energieversorgung für das primäre Teilsystem und das Steuerungssystem bereit. EES-Systeme unterscheiden sich in ihrer Ausführung in Systeme mit und ohne Hilfsanschlusssubsysteme:

- EES-Systeme ohne Hilfsanschlusssubsystem benötigen keine externe Spannungsversorgung,
- EES-Systeme mit Hilfsanschlusssubsystem benötigen eine zusätzliche Spannungsversorgung.

Die Versorgung der Hilfsenergie erfolgt je nach Art der Ausführung entweder intern über das primäre Teilsystem oder über eine externe Spannungsversorgung.

Die Ausführung richtet sich u.a. nach der Anwendungsklasse (Klasse A, B, C).

4.9 Standardprüf- und Bezugsumgebungsbedingungen von EES-Systemen

EES-Systeme weisen je nach Umgebungstemperatur, Höhenlage, Luftfeuchte etc. unterschiedliche Betriebsverhalten auf. Zudem sind die Luft- und

Kriechstrecken für die entsprechenden Höhenlagen und Umgebungstemperaturen dimensioniert. Die Angabe der Einheitsparameter erfolgt unter folgenden einheitlichen Bedingungen:

- Umgebungstemperatur: 25 °C,
- Höhenlage: ≤ 1.000 m,
- Luftfeuchte: ≤ 95 % ohne Kondensation.

Das EES-System ist nach DIN EN IEC 62933-2-1 (VDE 0520-933-2-1) entsprechend den üblichen Umgebungsbedingungen auszulegen. Hierfür gelten die vom Hersteller angegebenen Einheitsparameter. Abweichende Bedingungen sind zwischen Anwender und Systemanbieter zu vereinbaren. Sie sind Teil der bestimmungsgemäßen Verwendung des EES-Systems und sind demnach nach DIN VDE 0100-100 Abs. 132 bei der Planung und Errichtung zu beachten.

Es wird zwischen Innenrauminstallation und Freiluftinstallation unterschieden. Die höchste Umgebungstemperatur darf, soweit nichts anderes angegeben ist, maximal 40 °C betragen. Der Tagesmittelwert (24 h) darf maximal bei 35 °C liegen. Bei Freiluftinstallation liegt die höchst zulässige Bestrahlstärke bei 1.000 W/m. Bei der Außenrauminstallation ist zudem der Niederschlag in Form von Tau, Kondensation, Nebel, Regen, Schnee oder Eis zu beachten. Hierfür sind die Niederschlagskennwerte für die Isolierung nach IEC 60060-1, IEC 60071-1 und andere Merkmale nach IEC 60721-2-2 zu beachten.

4.10 Einheitsparameter

EES-Systeme sind anhand der Grundparameter definiert. Die Grundparameter sind nach DIN EN IEC 62933-2-1 Abs. 5.1.2 unter folgenden festgelegten Bezugsumgebungsbedingungen anzugeben:

- Eingangs- und Ausgangsbemessungsleistung [W], [var], [VA],
- Spannungsbereich [V] und Frequenzbereich [Hz],
- Nennwert der Energiekapazität [Wh],
- Leistungsaufnahme der Hilfseinrichtungen [W],
- Systemwirkungsgrad [%],
- erwartete Lebensdauer [Jahre, Betriebszyklen],
- Ansprechverhalten des Systems (Anschwingzeit [s] und Anstiegsgeschwindigkeit [W/s]),
- Selbstentladung des EESS [Wh/h].

4.10.1 Eingangs- und Ausgangsbemessungsleistung

Die Eingangs- und Ausgangsbemessungsleistung (W, var, VA) ist die Schein- und Wirkleistung, die ein EES-System für eine definierte Zeit an den Netzanschlussklemmen unter den vom Hersteller angegebenen Umgebungsbedingungen aufnehmen und abgeben kann. Neben der Leistungsangabe sind grundsätzlich die damit verbunden Lade- und Entladezeiten anzugeben. EES-Systeme sind an ihrem POC als gesamtes System in der Lage, Blindleistung auf- und abzugeben (**Bild 4.4**).

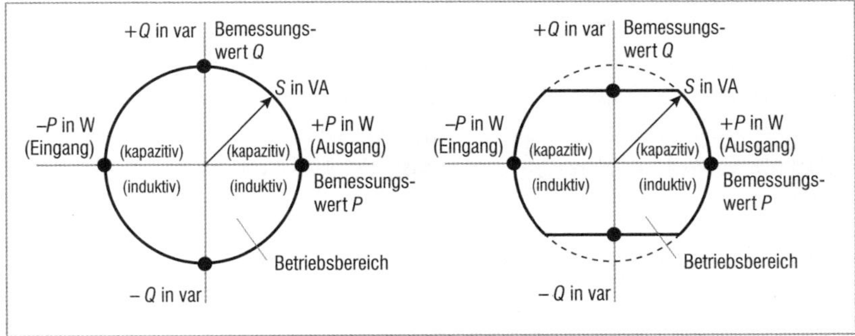

Bild 4.4 Vorzeichenvereinbarung für die Wirkleistung und die Blindleistung nach IEC 62933-1

4.10.2 Bemessungswirk- und -blindleistung

Die Bemessungswirk- bzw. Bemessungsblindleistung eines EES-Systems ist der Maximalleistungswert, der am POC für eine festgelegte Dauer konstant bis zur Untergrenze des Ladezustands eingespeist bzw. abgegeben werden kann. Das EES-System nach IEC 62933-1 und IEC TR 61850-90-7 ist als Erzeugerzählpfeilsystem darzustellen (**Bild 4.5**).

- Ladevorgänge haben in der Zählpfeilkonvention ein negatives Vorzeichen. Sowohl die Wirk- als auch die Blindleistungsaufnahme wie auch die Ströme im Ladevorgang sind mit einem negativen Vorzeichen versehen.

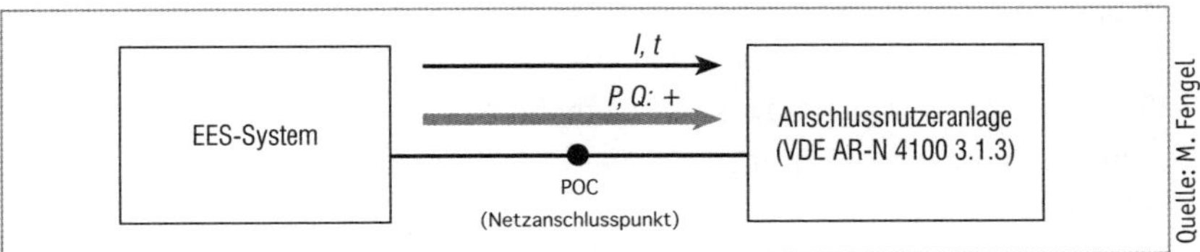

Bild 4.5 Zählpfeilkonvention zwischen EES-System und Anschlussnutzeranlage nach IEC 62933-1

- Im Einspeisebetrieb ist die Wirk- und Blindleistungsabgabe sowie der Strom (Entladung/Einspeisung) mit einem positiven Vorzeichen versehen.

Es dürfen zudem bei bestimmten Anwendungen weitere spezifische Eingangs- und Ausgangsleistungsparameter wie die kurzzeitige (weniger als 5 min) Eingangs- und Ausgangsleistung angegeben werden.

4.10.3 Energiekapazität

Der Nennwert der Energiekapazität [Wh] ist das Produkt aus Ausgangsbemessungsleistung und Abgabedauer, die das System am Netzanschlusspunkt unter den üblichen oder vom Hersteller angegebenen Umgebungsbedingungen abgeben muss. Die Angabe erfolgt abzüglich der Energieverluste, der Umrichterverluste und des Energiebedarfs des Hilfssystems.

4.10.4 Leistungsaufnahme der Hilfseinrichtung

Die Leistungsaufnahme der Hilfseinrichtung [W] ist bei EES-Systemen mit extern gespeisten Hilfsteilsystemen unter den festgelegten Standardprüfbedingungen zu messen. Bei EES-Systemen ohne externe Hilfsspannungsversorgung kann der Eigenverbrauch nicht direkt gemessen werden. Er ist deshalb abzuschätzen. Die Leistungsaufnahme der Hilfseinrichtung ist für folgende Fälle zu messen, respektive zu schätzen:

- Wirkleistung 0 W und Blindleistung 0 var,
- Bemessungswirkleistung am Ausgang und am Eingang,
- Bemessungsblindleistung am Ausgang und am Eingang, falls das System einen Bemessungswert der Blindleistung aufweist.

4.10.5 Selbstentladung

Ist das EES-System eingeschaltet, erfolgt eine Selbstentladung des ESS [Wh/h] der elektrochemischen Speicher. Die Standardmessdauer eines EES-Systems beträgt eine Stunde, einen Tag oder eine Woche. Die während des Prüfzeitraums benötigte Leistungsaufnahme des Hilfsteilsystems ist anzunehmen und bei der Auslegung zu berücksichtigen.

4.10.6 Systemwirkungsgrad

Als Systemwirkungsgrad [%] wird das Verhältnis der Gesamtausgangsenergie zur Gesamteingangsenergie innerhalb eines Ladungs-/Entladungszyklus bei Eingangs- und Ausgangsbemessungsleistung bezeichnet. Der Systemwirkungsgrad hängt vorwiegend von folgenden Größen ab:

- der Energiekapazität,
- der Bemessungswirkungsleistung am Eingang und Ausgang,
- der Leistungsaufnahme des Hilfsstromkreises und
- den festgelegten Standardprüfbedingungen (Umgebungsbedingungen).

Bei der Bewertung des Systemwirkungsgrads sollte, sofern möglich, der Zyklus vom geringsten Energiestand bis hin zum höchsten verfügbaren Energiestand geladen und entladen werden. Bei der Berechnung des Systemwirkungsgrads ist zwischen Systemen ohne Hilfsenergieanschluss und mit Hilfsenergieanschluss zu unterscheiden. Bei EES-Systemen ohne externen Hilfsenergieanschluss erfolgt die Stromversorgung des Hilfsteilsystems intern über das primäre Teilsystem. Bei EES-Systemen mit externer Hilfsenergieversorgung wirkt sich die am Anschlusspunkt während des Lade- und Entladezyklus benötigte elektrische Energie des Hilfsstromkreises indirekt auf die Leistungsbilanz aus. Die benötigte Energie am Hilfsstromkreis beim Laden ist zur Gesamteingangsenergie zu addieren und die beim Entladen von der Gesamtausgangsenergie abzuziehen. Für EES-Systeme ohne externe Hilfsenergieversorgung gilt:

$$\eta_{rt} = \frac{E_0}{E_I}$$

Für EES-Systeme mit externer Hilfsenergieversorgung gilt:

$$\eta_{rt} = \frac{E_0 - E_{aux\_0}}{E_I + E_{aux\_I}}$$

E_0 am primären POC gemessene Gesamtausgangsenergie unter Berücksichtigung der Energieverluste, einschließlich der Umrichterverluste und der für das Hilfsteilsystem benötigten Energie

E_i die am primären POC gemessene Gesamtenergie

E_{aux_0} der am Hilfs-POC während des Abgabebetriebs gemessene Energieverbrauch des Hilfsteilsystems

E_{aux_i} der am Hilfs-POC während des Aufnahmebetriebs gemessene Energieverbrauch des Hilfsteilsystems

4.10.7 Lebensdauer (Jahre, Betriebszyklen)

Die erwartete Lebensdauer definiert den Zeitpunkt, bei dem das EES-System aufgrund von Alterung oder der Anzahl der Lade- und Entladezyklen die Spezifikationen (Energiekapazität, Bemessungseingangs-/Bemessungsausgangsleistung etc.) nicht mehr erfüllt. Dies ist der Fall, wenn

- die Energiekapazität des EES-Systems bei der Bemessungsleistung unter den angegebenen Nennwert sinkt,
- sich die Lade- und Entladezeiten bei Eingangs- und Ausgangsbemessungsleistung erhöhen,
- sich das Ansprechverhalten des Systems verschlechtert.

Um die Systeme dennoch – vorausgesetzt sie können sicher betrieben werden – über die erwartete Lebensdauer weiterhin effizient zu betreiben, sollte die Energiekapazitätsminderung bereits in der Planungsphase berücksichtigt werden.

5 Batterien und Zellen

5.1 Galvanische Elemente

Batterien und Zellen wandeln chemische Energie in elektrische Energie um. Eine Zelle stellt ein galvanisches Element dar. Die Elektroden bestehen aus zwei Metallen. Sie sind in das Elektrolyt eingebracht.

Je höher die beiden Metalle in der elektrochemischen Spannungsreihe auseinander liegen, desto höher ist die Spannungsdifferenz. Führt man die Kontakte der beiden Elektroden nach außen, kann diese Spannung, die Quellenspannung, gemessen werden. Diese zwei unterschiedlichen Metalle bilden eine elektrochemische Spannungsquelle. In der Regel verwendet man für die Elektroden ein unedles und ein edles Metall. Das Metall mit der höheren Spannung ist der positive Pol, während das Metall mit der niedrigeren Spannung den negativen Pol darstellt.

Zentraler Bestandteil einer Batterie ist das Elektrolyt. Elektrolyte können sowohl fest als auch flüssig sein. Die Ionen im Elektrolyt dienen dazu, den Stoff leitfähig zu machen. Es können jedoch auch weitere Stoffe zur optimaleren Nutzung der Elektroden zugegeben sein.

Galvanische Elemente sind in Primärelemente und Sekundärelemente unterteilt. In einem Primärelement kann die gespeicherte chemische Energie einmal in elektrische Energie umgewandelt werden. Beim Entladevorgang wird das negative Elektrodenmaterial zersetzt. Der Prozess ist irreversibel, sodass die Primärzellen nicht wieder aufgeladen werden können. Bei Primärzellen handelt sich typischerweise um die klassischen Batterien, wie Alkaline-Zellen und Zink-Silberoxid-Knopfzellen. Bei Sekundärelementen ist der elektrochemische Prozess umkehrbar, sodass Sekundärzellen geladen und entladen werden können.

5.2 Ersatzschaltbild von Batterien und Zellen

In der Physik kann jeder Sachverhalt in einem Ersatzschaltbild verdeutlicht werden (**Bild 5.1**). In der Elektrotechnik bedienen wir uns zur Erstellung von Ersatzschaltbildern u. a. bei Spannungsquellen und einer Verschaltung von Widerständen in Form von Reihen-, Parallel- und gemischten Schaltungen.

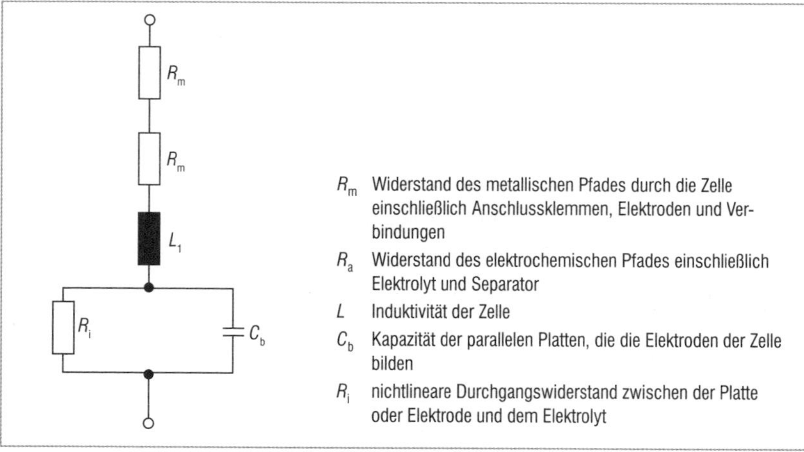

Bild 5.1 Ersatzschaltbild einer Batterie [DIN VDE 0510-482-1]

Das Ersatzschaltbild einer Sekundärzelle besteht aus einem Kondensator C_b, der parallel zu einem Innenwiderstand R_i geschaltet ist. Diese sind in Reihe mit einer Induktivität L und zwei in Reihe geschalteten Widerständen R_a und R_m.

Die Kapazität einer Sekundärzelle wird als Kondensator abgebildet. Der Kondensator C_b stellt dabei die Kapazität aller parallelen Platten, die die Elektroden der Zelle bilden, dar. Ist die Zelle geladen, bzw. verfügen die Zellen über eine Ladung, ist dies im Ersatzschaltbild ein idealer Kondensator mit einer in Reihe geschalteten Spannungsquelle. Die Spannung ist bei voll- oder teilgeladenen Zellen > 0 V, während sie bei komplett entladenen Zellen 0 V beträgt.

Jede Zelle verfügt über einen Durchgangswiderstand R_i. Dieser ist im Ersatzschaltbild parallel zu den Platten zwischen den Elektroden geschaltet. Der Durchgangswiderstand ist nichtlinear. Wie Experimente zeigen, verlieren gelagerte geladene Zellen ihre Ladung. Ursache hierfür ist der Innenwiderstand. Der Innenwiderstand bildet vor allem bei geladenen gelagerten bzw. abgeschalteten geladenen Sekundärzellen die Wirkleistungsverluste ab. Bei abgeschalteten und geladenen Sekundärzellen stellt der Kondensator eine Reihenschaltung, bestehend aus einer Spannungsquelle, die die Batteriespannung darstellt, einem Kondensator, der die Kapazität aller in Reihe und parallelgeschalteter Platten abbildet und dem Innenwiderstand. Es kommt folglich zur Selbstentladung. Beim Entladen und Laden entstehen aufgrund des parallel geschalteten Innenwiderstands Verluste.

Darüber hinaus tragen beim Laden und Entladen der Widerstand der internen Zellenverdrahtung sowie der Widerstand des elektrochemischen Pfades einschließlich Elektrolyt und Separator bei. Zur Spannungserhöhung werden Sekundärzellen auch parallelgeschaltet. Fließt ein Strom (Ladestrom oder Entladestrom), kommt es infolgedessen zu einem Spannungsfall an den Widerständen R_a und R_m. Beim Entladen ist demnach in Abhängigkeit des Entladestroms die Klemmenspannung geringer als die Summe der in Reihe geschalteten Zellenspannungen. Beim Laden muss hingegen das Ladegerät eine höhere Spannung bereitstellen.

Durch die in Reihe liegenden Widerstände R_a und R_m erhöht sich dadurch der Spannungsfall. Der Innenwiderstand beeinflusst außerdem die effektive Kapazität einer Zelle. Je höher der Innenwiderstand, umso höher sind die Verluste beim Laden und Entladen, vor allem bei höheren Strömen. Je höher die Entladestromstärke, umso niedriger ist also die verfügbare Kapazität der Zelle. Im umgekehrten Fall ist die Kapazität C_b höher, wenn sie über eine längere Zeitspanne entladen wird.

An jedem Widerstand der Sekundärzelle entstehen Stromwärmeverluste. Die Summe der Stromwärmeverluste verursacht Verlustwärme, wodurch es betriebsbedingt zur Temperaturerhöhung innerhalb der Zelle kommt. Im Allgemeinen kann die Verlustleistung wie folgt berechnet werden:

$$P_V = I^2 \cdot R = I^2 \cdot (R_a + R_m) + I_{R_i}^2 \cdot R_i$$

Allerdings sind die Widerstände im Ersatzschaltbild einer Zelle temperatur- und zeitabhängig, sodass die Formel sich lediglich zur Veranschaulichung der Wärmeverluste eignet. Steigt infolge der Stromwärmeverluste die Temperatur in der Zelle an, tragen die Ionenmobilität oder elektrochemische Reaktionen zur Verringerung der Innenimpedanz der Sekundärzelle bei. Bei niedrigen Temperaturen verringert sich zwar die Alterung der Zellen, die höhere Lebensdauer geht allerdings zulasten der Effizienz. Bei manchen Zellen ist deshalb eine externe Erwärmung oder Kühlung, um die Zelle innerhalb des Betriebstemperaturbereichs zu halten, erforderlich.

Wandeln sich die aktiven chemischen Stoffe vollständig um und sind damit aufgebraucht, neigt der Innenwiderstand bei den meisten Zellentechnologien dazu, gegen Ende des Entladezyklus zu steigen. Dieser Effekt ist im Wesentlichen für den Einbruch der Zellspannung am Ende des Ladezyklus verantwortlich.

Altern die Zellen, steigt zudem der Widerstand der Zelle des elektrochemischen Speichers. Der Anstieg ist zum Beispiel durch die Verringerung der effektiven Elektrodenoberfläche und dem steigenden Durchgangswiderstand zurückzuführen. Fehlerhafte Zellen können zum Beispiel durch die Veränderung der Impedanz innerhalb der Zellen festgestellt werden. Dies kann über einen Vergleich der IST-Impedanz mit der Impedanz der neuen Zelle festgestellt werden.

5.3 Arten von Sekundärzellen

Als Zellen wird eine Anordnung bestehend aus Elektroden und Elektrolyten verstanden. Sie bilden die Grundeinheit einer Batterie. Wiederaufladbare Zellen werden als Sekundärzellen bezeichnet. Sekundärzellen werden hinsichtlich ihrer Bauweise unterteilt in:

- geschlossene Sekundärzellen,
- verschlossene Sekundärzellen,
- gasdichte Sekundärzellen.

5.3.1 Geschlossene Sekundärzellen

Geschlossene Sekundärzellen verfügen über einen Deckel, der mit einer Öffnung versehen ist. Durch eine Öffnung im Deckel können gasförmige Produkte entweichen.

5.3.2 Verschlossene Sekundärzellen

Verschlossene Sekundärzellen sind unter normalen Bedingungen verschlossen. Sie sind jedoch so aufgebaut, dass Gas bei Anstieg des inneren Drucks ab Überschreiten eines definierten Wertes nach außen entweichen kann. Normalerweise kann der Elektrolyt in der Zelle nicht nachgefüllt werden.

5.3.3 Gasdichte Sekundärzellen

Gasdichte Sekundärzellen sind so verschlossen, dass innerhalb der vom Hersteller festgelegten Grenzwerte für Ladung und Temperatur weder Gas noch Flüssigkeit austreten kann. Die Zellen können zur Vermeidung von unzulässig hohem Innendruck mit eigenen Sicherheitseinrichtungen ausgestattet sein. Gasdichte Sekundärzellen sind wartungsarm, da sie während ihrer gesamten Lebensdauer den ursprünglichen gasdichten Zustand aufrechterhalten.

6 Netzverbindungen und -formen

6.1 Netzverbindungen

6.1.1 Netze mit synchroner Verbindung

Kundenanlagen am Niederspannungsnetz werden an der Übergabestelle vom elektrischen Energieversorgungsnetz des Netzbetreibers gespeist. Die Übergabestelle bezeichnet den technisch und räumlich definierten Ort der Übergabe elektrischer Energie aus dem öffentlichen Niederspannungsnetz in die Kundenanlage bzw. aus der Kundenanlage in das öffentliche Netz (vgl. VDE-AR-N 4100 Abs. 3.1.55). In Deutschland regelt die Niederspannungsanschlussverordnung (NAV) § 2 die Netzanschlussverhältnisse und den Betrieb zwischen Netzbetreiber und Anschlussnehmer. Nach NAV § 16 hat der Netzbetreiber die Spannung und Frequenz aus Gründen des stabilen Betriebs möglichst gleich zu halten.

Die Anschlussnutzung hat nach NAV § 16 (2) zur Voraussetzung, dass die Blindleistungsaufnahme und Blindleistungsabgabe der elektrischen Betriebsmittel der Anschlussnutzeranlage am Übergabepunkt einen Verschiebungsfaktor zwischen $\cos \varphi = 0{,}9$ induktiv und $\cos \varphi = 0{,}9$ kapazitiv nicht unterschreiten darf. Andernfalls ist eine Kompensationseinrichtung auf Verlangen des Netzbetreibers einzubauen.

Der Netzbetreiber hat die Höhe der Spannungsversorgung, die Frequenz, die Kurvenform und die Symmetrie der Leiterspannung nach DIN EN 60038 (VDE 0175-1) von 230/400 V und eine Netz-Nennfrequenz von 50 Hz am Übergabepunkt bereitzustellen und die zulässigen Toleranzen der genannten Merkmale nach DIN EN 50160 einzuhalten. Die Versorgungsspannung sollte hierfür nicht mehr als +/– 10 % von der Nennspannung des Netzes abweichen. Die 10-Minuten-Mittelwerte der Frequenz sollten während 99,5 % eines Jahres höchstens +/– 1 % der Nennfrequenz von 50 Hz abweichen und so im Bereich zwischen 49,5 Hz und 50,5 Hz liegen. Auf 100 % der Betriebszeit gesehen, sollten die 10-Minuten-Mittelwerte innerhalb von 47 Hz und 52 Hz liegen, was einem Toleranzbereich von – 6 %/+ 4 % entspricht.

Spannung und Frequenz sind bei Netzen mit synchroner Verbindung vom speisenden Netz vorgegeben. Die Zuschaltung netzgekoppelter Erzeugungsanlagen am Niederspannungsnetz erfolgt, sobald die Synchronisationsbedingungen gleiche Spannung, gleiche Frequenz, gleiche Phasenfolge und gleicher Phasenwinkel erfüllt sind. Erst dann erfolgt eine stromlose Zuschaltung der Erzeugungsanlage am Netzanschlusspunkt (POC).

6.1.2 Netze ohne synchrone Verbindung

Netze ohne synchrone Verbindung sind nicht mit dem Energieversorgungsnetz des örtlichen Verteilnetzbetreibers verbunden. Die lokale Erzeugungseinrichtung speist zum einen die Anschlussnutzeranlage und erzeugt zum anderen die Netzspannung und Frequenz. Eine Verbindung zum lokalen Energieversorgungsnetz ist bei Netzen ohne synchroner Verbindung permanent oder temporär unterbrochen. Temporäre Unterbrechungen können durch Netzausfälle oder geplante Abschaltungen bedingt sein.

Stromquellen für Sicherheitszwecke sind im Allgemeinen zur normalen Stromversorgung vorhanden. Sie werden im Netzparallelbetrieb geladen und können bei Netzausfall ein Netz ohne synchrone Verbindung bereitstellen. Bei Ausfall der Netzspannung müssen, soweit vorhanden und erforderlich, Stromkreise für ausschließlich sicherheitstechnische Zwecke weiterhin für eine definierte Zeit betriebsfähig sein. Diese Betriebsfähigkeit der Stromkreise für Sicherheitszwecke stellen Ersatzstromversorgungsanlagen nach einer zulässigen automatischen oder nicht automatischen Umschaltung sicher.

Netzsysteme ohne synchrone Verbindung zu einem Verbundnetz werden auch als Inselnetz bezeichnet. Die Anwendung erfolgt in ländlichen und abgelegenen Gebieten, wo keine Anbindung an ein Versorgungsnetz besteht. Im Zuge der Energiewende finden solche Inselsysteme auch als autarke Stromversorgung mit einer oder mehrerer Erzeugungsanlagen Anwendung, in Kombination mit einem Speicher.

Bei Inselnetzen muss die Spannungsversorgung, die Frequenz, die Kurvenform und die Symmetrie der Leiterspannung nach DIN EN 60038 (VDE 0175-1) von 230/400 V und eine Netz-Nennfrequenz von 50 Hz am Speisepunkt von der Erzeugungseinheit bzw. den Erzeugungseinheiten bereitgestellt werden und die zulässigen Toleranzen der Merkmale nach DIN EN 50160 eingehalten werden (**Tabelle 6.1**). Die Versorgungsspannung eines Inselsystems sollte, ebenso wie bei netzgekoppelten Systemen, einen Toleranzbereich von +/− 10 % der Nennspannung des Netzes nicht verlassen. Die 10-Minuten-Mittelwerte der Frequenz sollte während 99,5 % eines Jahres höchstens +2/−2 % der Nennfrequenz von 50 Hz (49,5 Hz bis 50,5 Hz)

Toleranz	Netze	
	mit synchroner Verbindung	ohne synchrone Verbindung
Toleranz der Nennspannung	+/− 10 % 400 V/230 V	+/− 10 % 400 V/230 V
Toleranzbereich der Nennfrequenz (95,5 % der Betriebszeit)	+/− 1 % 49,5 Hz und 50,5 Hz	+/− 2 % 49,5 Hz und 50,5 Hz
Toleranzbereich der Nennfrequenz (100 % der Betriebszeit)	− 6 %/+ 4 % 47 Hz und 52 Hz	− 15 %/+ 15 % 49,5 Hz bis 50,5 Hz
Verschiebungsfaktor	cos φ = 0,9 induktiv cos φ = 0,9 kapazitiv	k. A.

Tabelle 6.1 Toleranzbereiche bei Netzen mit und ohne synchrone Verbindung nach DIN EN 60038 (VDE 0175-1) und DIN EN 50160

in Summe abweichen und während der gesamten Betriebszeit ein Toleranzband von −15%/+15%, also einem Frequenzbereich von 42,5Hz und 57,5Hz, nicht verlassen.

Für Umrichter im Inselnetz gelten die Anforderungen nach DIN EN 62109-2 (VDE 0126-14-2). Wechselrichter in Übereinstimmung dieser Produktnorm regelt die Ausgangswechselspannung bei Lastschwankungen auf den zulässigen Toleranzbereich von 0,85- bis 1,1-fach der Nennwechselspannung innerhalb 1,5s. Die Ausgangswechselspannung muss dabei, sofern nichts anders gewünscht, einen sinusförmigen Verlauf aufweisen. Dabei darf eine Gesamt-Oberschwingungsverzerrung (THD) von höchstens 10% durch den Inselwechselrichter in der Kundenanlage verursacht werden, wobei keine einzelne Oberschwingung einen Pegel von 6% überschreiten darf.

6.2 Kopplung von Speichern (DC, AC, netzgekoppelt, Inselbetrieb)

Dezentrale elektrische Anlagen mit Erzeugungsanlagen, Speichern und Verbraucherpfade, die sogenannten Prosumer, wirken innerhalb des Systems zusammen. Ziel ist zum einen die Effizienz zu erhöhen und damit Verluste zu reduzieren. Es wird unterschieden zwischen:

- Systeme mit AC-Kopplung,
- Systeme mit DC-Kopplung.

6.2.1 Systeme mit AC-Kopplung

Bei Systemen mit AC-Kopplung sind Erzeuger, Speicher und Verbraucher über ein Wechselstromversorgungssystem miteinander verbunden. Systeme mit AC-Kopplung ermöglichen sowohl den Parallelbetrieb mit dem öffentlichen Niederspannungsnetz als auch den Inselbetrieb. Erzeuger, mit oder ohne Speicher, sind jeweils eigenständige unabhängige Systeme, die ausschließlich über die Netzanschlussklemmen mit dem Stromversorgungssystem verbunden sind. Einspeisung, Verbrauch und Speicherung erfolgen anhand der Netzparameter: Spannung und Frequenz. Das ermöglicht flexible modulare Lösungen, was auch die Nachrüstung bestehender Kundenanlagen ermöglicht. AC-gekoppelte Systeme bieten zudem eine hohe Verfügbarkeit, da der Ausfall von einzelnen Erzeugern oder Speichern nicht zum Ausfall des gesamten Stromversorgungssystems der Kundenanlage führt.

Bei Systemen mit AC-Kopplung (**Bild 6.1**) handelt es sich in der Regel um Systeme mit synchroner Verbindung zu einem öffentlichen Stromversorgungssystem. Das bietet den Vorteil, dass bei Ausfall des Speichers bzw. bei entladenen Speichern die Differenz, die sogenannte Residualleistung, aus dem öffentlichen Stromversorgungssystem bezogen werden kann. Aufgrund der Modularität ist hier eine Optimierung z. B. durch weitere Erzeugungsanlagen oder die Erhöhung der Speicherkapazität durch zusätzliche Speicher leicht möglich.

Allerdings haben diese Systeme aufgrund einer größeren Anzahl an Leistungsumrichtern einen geringeren Gesamtwirkungsgrad. Wird die elektri-

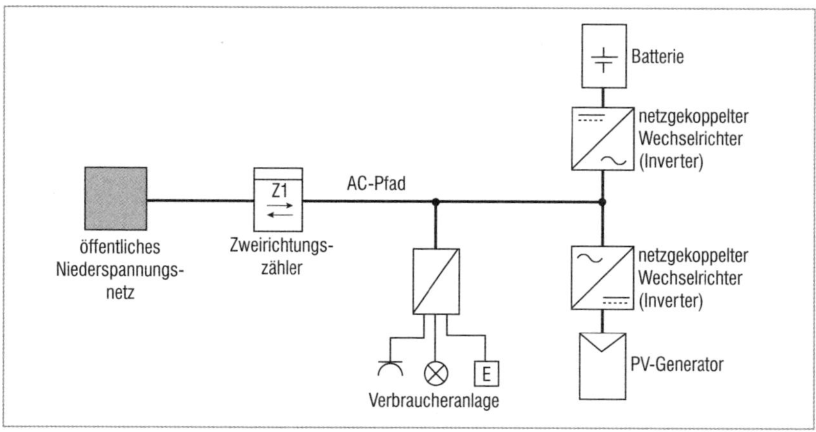

Bild 6.1 Aufbau eines AC-gekoppelten Systems mit Speicher, Erzeugungsanlage und Verbraucheranlage

sche Energie z. B. dezentral über ein PV-Stromversorgungssystem erzeugt, wird diese über den Leistungsumrichter des PV-Wechselrichters in Wechselstrom umgewandelt. Über die Wechselstromseite wird der Speicher geladen. Hierzu wirkt der Leistungsumrichter des Speichers am Wechselstromnetz als Verbraucher. Über den Leistungsumrichter des Speichers wird der Wechselstrom in Gleichstrom umgewandelt. Über den Laderegler werden die Akkumulatoren geladen. Die mehrfache Umwandlung vom erzeugten Gleichstrom der PV-Anlage in Wechselstrom und über in Gleichstrom, bewirkt einen geringeren Gesamtwirkungsgrad des Systems, was letztlich mit höheren Kosten verbunden ist.

6.2.2 AC- und DC-gekoppelte Systeme ohne synchrone Verbindung

Es ist grundsätzlich zwischen Systemen mit und ohne synchrone Verbindung zu unterscheiden. Sollen AC-gekoppelte Systeme im Inselbetrieb betrieben werden, ist die elektrische Anlage vom öffentlichen Stromversorgungssystem getrennt. Bei höherem Leistungsbedarf kann demnach die erforderliche Residualleistung nicht aus dem öffentlichen Stromversorgungsnetz bezogen werden. Ebenso kann bei Leistungsüberschuss der Erzeugungsanlage die elektrische Energie bei vollen Speichern nicht genutzt werden. Hierzu ist eine Leistungsreduzierung der Erzeugungsanlage bzw. eine Abschaltung einzelner Erzeugungseinheiten erforderlich. Alternativ bietet die Gebäudesystemtechnik mittlerweile auch die Lösung des intelligenten Verbraucherverhaltens, indem bei Leistungsüberschuss Verbrauchsgeräte im Haushalt, wie Waschmaschine und Trockner, automatisch zugeschaltet werden können. Ein neues Konzept bietet auch die Einbindung von Ladepunkten von Elektrofahrzeugen. Hier dient das Elektrofahrzeug als zusätzlicher Speicher (siehe Kapitel 10: Einspeisung in Endstromkreise).

6.2.3 Systeme mit DC-Kopplung

Bei DC-gekoppelten Systemen sind Speicher und Erzeuger gemeinsam auf der DC-Seite des Wechselrichters verbunden. Speicher und Erzeugungsanlage bilden somit auf der Wechselspannungsseite des Wechselrichters eine Erzeugungseinheit. Am AC-Pfad wird der Wechselrichter Erzeuger (**Bild 6.2**).

Erzeuger und Speicher sind bei DC-gekoppelten Systemen in der Regel in kompakter Bauweise aufgebaut, wodurch kein höherer Platzbedarf besteht.

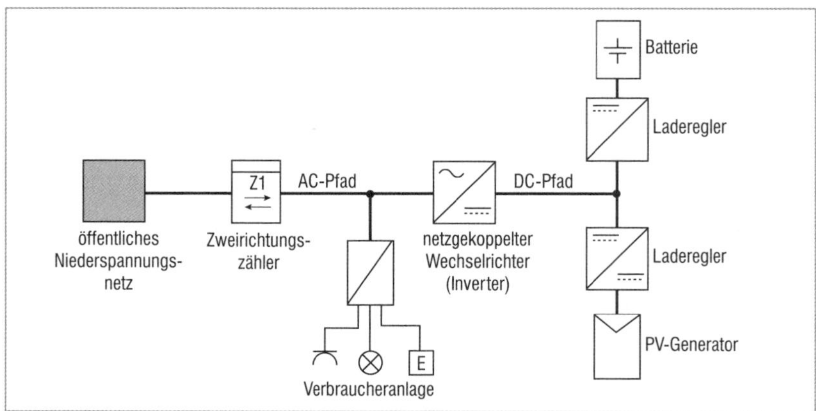

Bild 6.2 Aufbau eines DC-gekoppelten Systems mit Speicher, Erzeugungsanlage und Verbraucheranlage

Bisher fanden solche Systeme ihre Anwendung in Garten- und Ferienhäusern. Mit den neuen Wohnkonzepten eignen sich diese Systeme jedoch auch für Tinyhäuser. Die Nachrüstung bestehender Systeme ist, sofern überhaupt möglich, nur mit bestimmten Komponenten eines Herstellers mit hohem Aufwand verbunden.

Da bei DC-gekoppelten Systemen die Erzeugung z. B. über PV-Module als auch die Speicherung in Akkumulatoren auf dem DC-Pfad erfolgt, entstehen lastabhängige Umwandlungsverluste im Wechselrichter nur bei Einspeisung in den AC-Pfad. Da Erzeuger und Speicher sowie die Laderegler in einem kompakten Aufbau miteinander abgestimmt sind, kann bei Ausfall einer Komponente das gesamte System ausfallen. Damit eignen sich diese Anlagen nicht bei Anlagen mit hohen Verfügbarkeitsanforderungen.

6.3 Die Netzformen

Stromversorgungssysteme sind entsprechend der Art und Erdverbindung der Stromquelle sowie der Art der Erdverbindung der Körper, der Beziehung des Sternpunkts zur Erdverbindung und der Beziehung der Körper zu Erde klassifiziert. Die Betrachtung der Art eines Stromversorgungssystems ist bei der Planung für die Anwendung der Schutzmaßnahmen gegen elektrischen Schlag nach DIN VDE 0100-410 relevant. Ein weiterer wesentlicher Planungsaspekt bei der Wahl des Stromversorgungssystems ist die Verfügbarkeit. Die Bezeichnung von Stromversorgungssystemen erfolgt nach

Art der Erdverbindung, die Beziehung zu Körpern der elektrischen Betriebsmittel zu Erde und die Anordnung von Neutral- bzw. Mittelpunkt- und Schutzleiter. Der erste Buchstabe gibt die Beziehung der Stromquelle zu Erde an. Der zweite Buchstabe beschreibt die Verbindungen der Körper zu Erde. Es gibt folgende Netzformen:

- TN-Systeme,
- TT-Systeme,
- IT-Systeme.

Im Anwendungsbereich der DIN VDE 0100-Reihe handelt es sich in der Regel um Wechselstromversorgungssysteme bis 1 kV. Was allerdings oft übersehen wird, ist, dass die Normenreihe auch für Gleichstromsysteme bis 1,5 kV gilt. Hinsichtlich der Bezeichnung der Netzform (**Tabelle 6.2**) sind in der Beschreibung der Netzformen nach DIN VDE 0100-100 auch die Zusätze „AC“ und „DC“ definiert. Für die förmliche Bezeichnung von Stromversorgungssystemen ist demnach die Art der Versorgungsspannung in der Bezeichnung mitzuführen. Die korrekte Bezeichnung für ein TN-System wäre somit TN-AC-System bzw. TN-DC-System usw. Allerdings ist im Rahmen der praktischen Anwendung bei Weglassen des Zusatzes „DC“ in der Bezeichnung von einem Wechselstromversorgungssystem auszugehen.

Buchstabe		Bedeutung
erster Buchstabe (Beziehung zu Erde)	T	direkte Verbindung eines Punkts zu Erde (starre Erdverbindung)
	I	alle aktiven Teile von Erde getrennt oder ein Punkt über eine hohe Impedanz mit Erde verbunden
zweiter Buchstabe (Beziehung zu Körpern)	T	direkte elektrische Verbindung der Körper zu Erde
	N	direkte elektrische Verbindung der Körper zum geerdeten Punkt des Stromversorgungssystems
weiterer Buchstabe (falls vorhanden)	S	Schutzfunktion ist vom Neutralleiter oder dem geerdeten Außenleiter getrennt
	C	Neutralleiter- und Schutzfunktion ist in einem Leiter kombiniert

Tabelle 6.2 Bezeichnung der Netzformen gemäß DIN VDE 0100-100

6.3.1 Das TN-System

TN-Systeme sind in städtischen Bereichen die gängigste Netzform. Beim TN-System ist der Sternpunkt der Stromquelle mit Erde verbunden. Für die allgemeine Stromversorgung ist im Niederspannungsbereich die Stromquelle die Niederspannungsseite des lokalen Ortsnetztransformators. Von dort sind über ein Stich-, Ring- oder Maschennetz die Netzanschlusspunkte der einzelnen Kundenanlagen angeschlossen. TN-Systeme können in folgenden Varianten aufgebaut werden:

- TN-C-System (werden innerhalb von Kundenanlagen ab dem Hausanschlusskasten bzw. der Hauptverteilung nicht mehr verwendet),
- TN-C-S-System (**Bild 6.3**),
- TN-S-System (**Bild 6.4**).

Bei allen drei Varianten ist der Sternpunkt niederohmig und dauerhaft mit Erde verbunden. Man spricht daher auch von einer starren Erdverbindung. In der elektrischen Anlage sind die Körper mit dem geerdeten Sternpunkt des Stromversorgungssystems verbunden. Je nach Ausführung des TN-Systems erfolgt die Verbindung der Körper zum Sternpunkt über den Schutzleiter (PE) oder über einen PEN-Leiter.

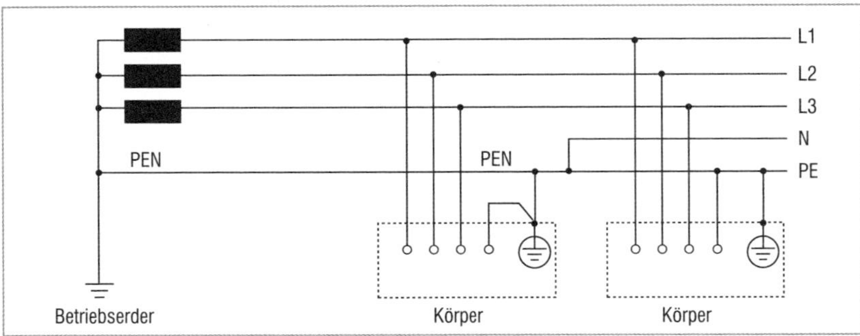

Bild 6.3 TN-C-S-System nach DIN VDE 0100-100

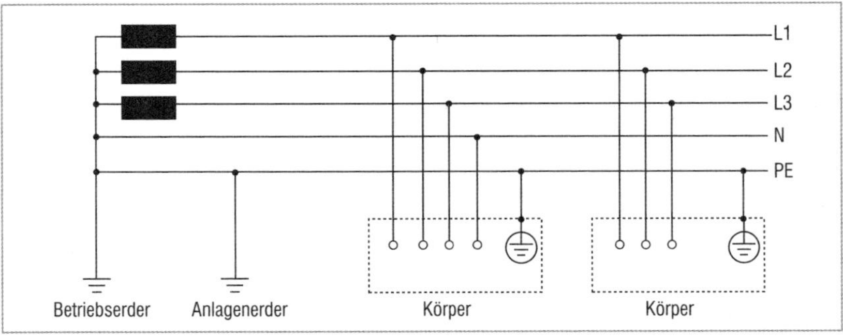

Bild 6.4 TN-S-System nach DIN VDE 0100-100

6.3.1.1 Das TN-C-System

Im TN-C-System ist der mit Erde niederohmig verbundene Sternpunkt als PEN-Leiter herausgeführt. Der PEN-Leiter erfüllt sowohl die Funktion als Rückleiter/Mittelpunktleiter wie auch als Schutzleiter. Er ist kein aktiver Leiter. Die Körper sind direkt mit dem PEN-Leiter verbunden. Eine Aufteilung des PEN-Leiters in Schutzleiter (PE) und Neutralleiter (N) erfolgt erst im Betriebsmittel.

TN-C-Systeme bergen die Gefahr, dass bei Abreißen des PEN-Leiters an den metallenen Körper einer elektrischen Anlage eine gefährliche Berührungsspannung anliegt. Diese Gefahr besteht insbesondere in Endstromkreisen mit ortsveränderlichen Betriebsmitteln, die über Festanschlüsse oder Steckvorrichtungen über eine flexible Leitung angeschlossen sind. Daher sind TN-C-Systeme, oder auch Systeme mit klassischer Nullung, in Endstromkreisen grundsätzlich verboten. PEN-Leiter dürfen nach DIN VDE 0100-540 nur in fest installierten elektrischen Anlagen verwendet werden. Sie müssen aus mechanischen Gründen einen Leiterquerschnitt von mindestens 10 mm^2 Kupfer oder 16 mm^2 Aluminium besitzen.

Neben dem Aspekt der elektrischen Sicherheit sind bei TN-C-Systemen über den Potentialausgleich anteilige Last- und Fehlerströme in metallenen Gebäudeinfrastrukturen wie Rohrleitungen, metallene Gebäudekonstruktionen und fremden leitfähigen Teilen Last- und Fehlerströme zu erwarten. Durch die Ströme im PEN-Leiter bestehen innerhalb von Gebäuden zwischen den Körpern Potentialdifferenzen. Diese sorgen für galvanische Einkopplungen auf die elektrische Anlage. Bei informationstechnischen Anlagen (z. B. Netzwerke (LAN)) verursachten Schirmströme Potentialdifferenzen auf den Netzwerkleitungen. Es kommt zu galvanischen Störeinkopplungen. Anlagen in bestehenden Gebäuden mit TN-C-Systemen sollten deshalb erneuert werden.

6.3.1.2 Das TN-C-S-System

TN-C-S-Systeme stellen eine Mischform aus TN-C- und TN-S-Systemen dar. Der PEN-Leiter wird von der Stromquelle über das Verteilnetz bis in die Kundenanlage geführt. Eine Auftrennung des PEN-Leiters in Schutz- und Neutralleiter erfolgt innerhalb der Anschlussnutzeranlage. Der Anlagenteil vor der Aufteilung des PEN-Leiters wird als TN-C-System betrieben, die Körper sind am PEN-Leiter angeschlossen. Eine Auftrennung des PEN-Leiters erfolgt erst im Betriebsmittel bzw. innerhalb des Unterverteilers. Nach der Auftrennung des PEN-Leiters in N- und PE-Leiter liegt ein TN-S-System vor. Die Körper sind am Schutzleiter anzuschließen. In neu errichteten Gebäuden ist nach VDE-AR-N 4100 im TN-System die Auftrennung des PEN-Leiters in Schutz- und Neutralleiter ab der Einführung in das Gebäude an der Stelle, an der die Verbindung zur Haupterdungsschiene und damit der Erdungsanlage hergestellt wird, vorzunehmen.

6.3.1.3 Das TN-S-System

Im TN-S-System sind ab dem Sternpunkt Neutralleiter und Schutzleiter getrennt herausgeführt. Da der Schutzleiter, ausgenommen der Ableitströme, nur im Fehlerfall hohe Ströme führt, bestehen nur geringe Potentialdifferenzen zwischen den Körpern. Aus Sicht der elektromagnetischen Verträglichkeit fließen in einem TN-S-System keine Betriebsströme über das Schutzleitersystem. Daher stellt diese Variante aus Sicht der elektromagnetischen Verträglichkeit die optimale Variante dar.

6.3.2 Das TT-System

Stromquellen in TT-Systemen (**Bild 6.5**) sind im Sternpunkt als starre Verbindung mit Erde verbunden. Aus dem Sternpunkt wird der Neutralleiter herausgeführt und über das Verteilnetz in die Kundenanlage zu den Außenleitern mitgeführt. Das System besitzt zwei unabhängige Erder, die Erdung der Stromquelle und die Schutzerdung der Anlage. Die Körper der Kundenanlage sind direkt mit der Schutzerdung in der Anlage verbunden.

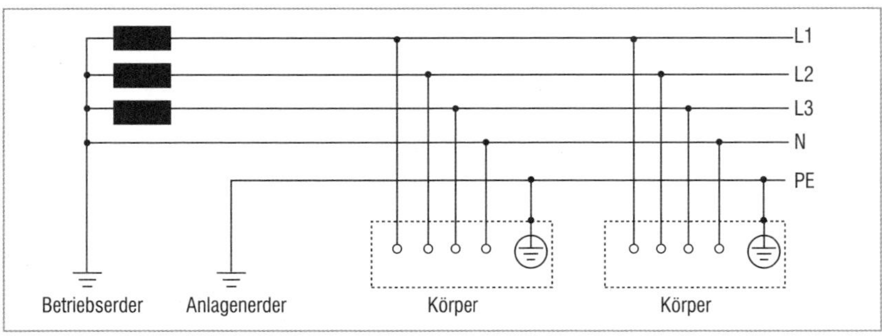

Bild 6.5 TT-System nach DIN VDE 0100-100

6.3.3 TN- und TT-Systeme mit Mehrfacheinspeisung

Häufig sind Stromversorgungssysteme in industriellen Anlagen als System mit Mehrfacheinspeisung aufgebaut. Mehrfacheinspeisungen finden netzseitig auf der Versorgungsseite zur Erhöhung der Versorgungssicherheit, z. B. bei Ringeinspeisungen, Anwendung.

Die Stromversorgungssysteme dürfen in der Einspeisestelle nur einen zentralen Erdungspunkt besitzen. Bei Systemen mit Mehrfacheinspeisungen können im Fall einer ungeeigneten Planung die Betriebsströme nicht beabsichtigte Wege nehmen. Diese Ströme verursachen:

- Feuer,
- Korrosion,
- elektromagnetische Störungen.

Eine direkte Verbindung der Transformatorsternpunkte zu Erde ist nicht erlaubt. Der Leiter der Transformatorsternpunkte oder der Generatorsternpunkte ist wie ein PEN-Leiter gemäß den Anforderungen nach DIN VDE 0100-540 zu betrachten und ist demnach isoliert von den Stromquellen zum zentralen Erdungspunkt (ZEP) zu verlegen. Eine Verbindung zwischen den Sternpunkten der einzelnen Stromquellen darf nur einmal erfolgen und muss in der Niederspannungs-Hauptverteilung angeordnet werden.

Ab dem zentralen Erdungspunkt ist das Stromversorgungssystem als TN-S-System auszuführen. Verbraucherseitig dürfen zusätzliche Erdungen vorgesehen werden. Die Schutzleiter sind in Übereinstimmung mit DIN EN 60446 (VDE 0198) in Leitungen mit farblicher Leitermarkierung grün/gelb zu kennzeichnen. Kabel mit konzentrischem Schutzleiter sind von der Farbmarkierung ausgenommen.

6.3.4 Das IT-System

Beim IT-System ist der Sternpunkt der Stromquelle gegenüber Erdpotential isoliert oder über eine hohe Impedanz verbunden. Beim IT-System sind die Körper direkt einzeln oder in Gruppen mit Erde verbunden (**Bilder 6.6** und **6.7**). Die Schutzerdung in der Anlage darf entweder alternativ zur Schutzerdung des Systems oder als zusätzliche Schutzvorkehrung, die nicht zwingend am Speisepunkt angeordnet ist, vorgesehen sein. Bei IT-Systemen besteht beim ersten Fehler noch keine geschlossene Fehlerschleife. Deshalb

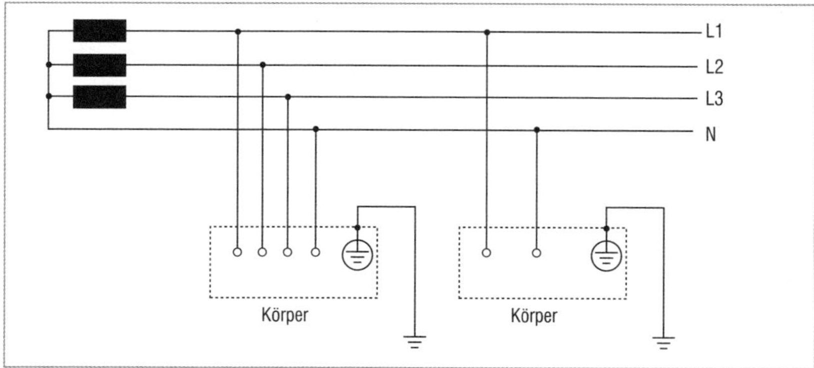

Bild 6.6 IT-System mit Einzelerdung der Körper nach DIN VDE 0100-100

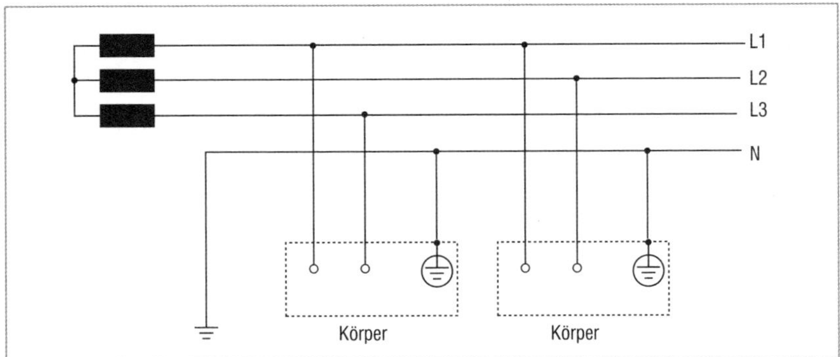

Bild 6.7 IT-System mit Gruppenerdung der Körper nach DIN VDE 0100-100

liegt beim ersten Fehler kein ausreichend hoher Kurzschlussstrom vor, der eine Abschaltung der Schutzeinrichtung innerhalb der erforderlichen Abschaltzeit bewirkt. Erst beim zweiten Fehler ist die Fehlerschleife geschlossen, sodass eine Abschaltung erfolgt. Eine Isolationsüberwachungseinrichtung muss jedoch den ersten Fehler erkennen und diesen melden.

IT-Systeme werden demnach immer dort eingesetzt, wo hohe Anforderungen an die Verfügbarkeit und die Versorgungssicherheit, wie in Krankenhäusern für den Betrieb lebenserhaltender Geräte oder für Lüftungsanlagen unter Tage, gestellt werden.

7 Schutzmaßnahmen

7.1 Schutz gegen elektrischen Schlag

Die Schutzmaßnahmen gegen elektrischen Schlag von Personen und Nutztieren basieren darauf, den Stromfluss und gefährliche Berührungsspannungen für Personen und Nutztiere zu verhindern oder in der Höhe und Dauer auf ein ungefährliches Maß zu begrenzen. Maßnahmen zum Schutz gegen elektrischen Schlag beinhalten Schutzvorkehrungen an den Basisschutz und an den Fehlerschutz. Beide Schutzvorkehrungen sind immer zusammen anzuwenden und müssen unabhängig voneinander sein. Der Basisschutz, auch Schutz bei direktem Berühren genannt, besteht aus einer Schutzvorkehrung gegen das Berühren aktiver Teile unter normalen Betriebsbedingungen. Der Fehlerschutz, auch Schutz bei indirektem Berühren genannt, stellt eine vom Basisschutz unabhängige Maßnahme dar, die einen Schutz gegen elektrischen Schlag unter den Bedingungen eines Einzelfehlers, z. B. bei Versagen des Basisschutzes, gewährleistet. Beide Schutzvorkehrungen dürfen in elektrischen Anlagen nur in Kombination angewendet werden durch

- eine Schutzvorkehrung, bestehend aus Basisisolierung und zusätzlicher Isolierung bzw. einer verstärkten Isolierung, oder
- aus der Schutzmaßnahme Schutz durch automatische Abschaltung der Stromversorgung, bestehend aus einer Basisschutzvorkehrung und einer Fehlerschutzvorkehrung.

Bei Betriebsmitteln kommt in der Regel die Schutzvorkehrung doppelte oder verstärkte Isolierung zur Anwendung, während in elektrischen Anlagen der Schutz durch automatische Abschaltung im Fehlerfalle nach DIN VDE 0100-410 angewendet wird. Unter bestimmten Bedingungen ist ein zusätzlicher Schutz nötig. Dieser ist erforderlich, wenn aufgrund des Aufstellortes und der Bedienung durch Laien eine erhöhte Gefährdung zu erwarten ist. Nach Errichtung elektrischer Anlagen ist mit der Erstprüfung nach DIN VDE 0100-600 die Wirksamkeit hinsichtlich der Schutzmaßnahmen gegen elektrischen Schlag in Übereinstimmung u. a. den normativen Anforderungen nach DIN VDE 0100-410 durch Besichtigen, Erproben und Messen zu erbringen. Welche Schutzmaßnahmen anzuwenden sind, hängt in erster Linie vom Nutzer und seiner Qualifikation ab. Die Schutzmaßnahmen Schutz durch Hindernisse und Schutz durch nichtleitende Umgebung dürfen nur in Bereichen, in denen Elektrofachkräfte oder elektrotechnisch unterwiesene Personen Zugang haben, angewendet werden. Ein Schutz durch erdfreien örtlichen Potentialausgleich und Schutz durch Schutztrennung mehrerer Verbraucher in einem Stromkreis sind nur zulässig, wenn die Örtlichkeiten Elektrofachkräfte oder elektrisch unterwiesene Personen überwachen, sodass keine unbefugten Änderungen vorgenommen werden können. Weitere anwendungsspezifische Anforderungen sind in den Normenteilen der 700er-Gruppe für elektrische Anlagen ergänzend geregelt. Im Rahmen des Anwendungsbereichs für die oben beschriebenen elektrischen Anlagen sind nach DIN VDE 0100-410 folgende Schutzmaßnahmen gegen elektrischen Schlag zulässig:

- Schutz durch automatische Abschaltung der Stromversorgung,
- Schutz durch doppelte oder verstärkte Isolierung,
- Schutz durch Schutztrennung für die Versorgung eines Verbrauchsmittels,
- Schutz durch Kleinspannung mittels SELV oder PELV.

7.1.1 Der Basisschutz

Der Basisschutz verhindert das Berühren spannungsführender Teile (aktiver Teile) unter normalen Betriebsbedingungen. Aktive Teile sind alle Teile, die Strom führen und betriebsmäßig unter Spannung stehen. Welche Vorkehrung zum Basisschutz angewendet wird, hängt vom Aufstellort sowie vom Nutzer ab. Hier liegt insbesondere der Fokus auf dem Nutzer. Im Rahmen der Planung ist die Nutzergruppe zu klären. Im privaten Bereich wird die Anlage bzw. der Speicher von Laien bedient, während Speicher in abgeschlossenen elektrischen Betriebsstätten (Batterieräumen) nur Laien in Begleitung von Elektrofachkräften (EFK) oder elektrotechnisch unterwiesenen Personen (EuP) betreten dürfen.

Zum Basisschutz gehören:

- Schutz durch Isolierung aktiver Teile und Schutz durch Abdeckung oder Gehäuse,
- Schutz durch Hindernisse,
- Schutz durch Anordnung außerhalb des Handbereichs.

7.1.2 Schutz durch Isolierung aktiver Teile

Im Bereich von Laien ist grundsätzlich der Basisschutz durch Isolierung aktiver Teile gemäß DIN VDE 0100-410 Anhang A sicherzustellen. Nach DIN VDE 0100-410 Abs. 411 ist in elektrischen Anlagen der Basisschutz durch eine Basisisolierung durch Abdeckung oder Umhüllung aktiver Teile zu gewährleisten. Die Abdeckungen oder Umhüllungen müssen die aktiven Teile eines Betriebsmittels vollständig mit einer Isolierung abdecken. Die Basisisolierung darf nur durch Zerstörung entfernt werden.

Die aktiven Teile sind grundsätzlich im Inneren von Umhüllungen oder hinter Abdeckungen anzuordnen. Die Abdeckungen und Umhüllungen sind fest anzubringen und gegen Entfernen zu sichern. Aktive Teile im Inneren von Umhüllungen sind typischerweise elektrische Betriebsmittel eines Herstellers wie Klimageräte, Motoren, Steckernetzteile etc. Aktive Teile hinter Abdeckungen sind typischerweise Stromschienen innerhalb von Niederspannungs-Schaltgerätekombinationen. Die Abdeckungen und Umhüllungen müssen mindestens dem Schutz IPXXB oder IP2X entsprechen. Horizontale, leicht zugängliche Oberflächen von Abdeckungen und Umhüllungen müssen mindestens IP4X oder IPXXD entsprechen. Sowohl die Schutzarten IP2X bzw. IP4X als auch IPXXB bzw. IPXXD stellen den Schutz gegen den Zugang mit dem Finger zu aktiven Teilen sicher.

Bei der Schutzart IP2X dürfen Kugeln mit einem Durchmesser von 12,5 mm nicht in das Gehäuse eindringen. Während die beiden Zahlen den Schutz des Betriebsmittels gegen Fremdkörper und Wasser beschreiben, beschreibt der zusätzliche Buchstabe den Schutzgrad für Personen gegen den Zugang zu gefährlichen Teilen. Dabei bedeutet der zusätzliche Buchstabe B, dass ein Prüffinger mit 12 mm Durchmesser und 80 mm Länge keine aktiven Teile hinter der Abdeckung oder Umfüllung berühren darf. Der Schutz mit dem zusätzlichen Buchstaben kann durch Abdeckungen, geeignete Form von Öffnungen oder Abstände innerhalb des Gehäuses erreicht werden. Während die Schutzart IP2X sowohl den Schutz gegen direktes Berühren gemäß DIN VDE 0100-410 Anhang A und den Schutz gegen das Eindringen von festen Fremdkörpern ab 12,5 mm Durchmesser sicherstellt, stellt die Schutzart IPXXB lediglich den Schutz gegen direktes Berühren sicher. Neben den geforderten Schutzarten sind auch die äußeren Umgebungsbedingungen zu berücksichtigen. Aufgrund von Fremdkörpern und Wasser können hier neben dem Schutz gegen direktes Berühren weitere Anforderungen an die Schutzart festgelegt sein.

Nicht immer ist es möglich, den Basisschutz durch die Schutzarten IP2X oder IPXXB sicherzustellen. Typischerweise ist dies beim Auswechseln von Sicherungen oder bei Lampenfassungen sowie in Fällen, in denen größere Öffnungen für den ordnungsgemäßen Betrieb erforderlich sind. Hierbei sind jedoch geeignete Vorsichtsmaßnahmen zu treffen, um ein unbeabsichtigtes Berühren aktiver Teile zu verhindern. Die Personen sind mit geeigneten Hinweisschildern o. ä. darauf aufmerksam zu machen, dass aktive Teile durch Öffnungen berührt werden können. Die Öffnung ist konstruktiv möglichst klein zu gestalten.

In Fällen, in denen es erforderlich ist, eine Abdeckung zu entfernen oder eine Umhüllung zu öffnen, darf dies ausschließlich unter Einhaltung einer der folgenden Bedingungen möglich sein:

- Die Abdeckung oder Umhüllung darf nur mit einem Schlüssel oder Werkzeug, wie einem Schraubendreher, entfernt werden, wie es typischerweise bei Verteilerabdeckungen, die für die Bedienung durch Laien vorgesehen sind, der Fall ist. Als Werkzeug gilt auch der Doppelbartschlüssel oder ein Vierkantschlüssel.
- Das Öffnen der Abdeckung darf nur nach dem Abschalten der Stromversorgung möglich sein. Bei solchen Verteilern ist der Hauptschalter mechanisch mit der Frontabdeckung verbunden, sodass sich diese nur in AUS-Stellung öffnen oder entfernen lässt.
- Hinter der ersten Abdeckung oder Umhüllung ist eine Zwischenabdeckung mit mindestens der Schutzart IP2X oder IPXXB, die ein direktes Berühren aktiver Teile verhindert und die nur mit einem Schlüssel oder Werkzeug entfernt werden kann.

Können elektrische Betriebsmittel wie Frequenzumrichter, die hinter einer Abdeckung angebracht sind, nach dem Freischalten gefährliche elektrische Ladungen durch aufgeladene Kapazitäten beibehalten, ist zusätzlich eine Warnaufschrift, die den Anwender vor Restspannungen warnt, erforderlich. Ein unbeabsichtigtes Berühren solcher Teile wird als nicht gefährlich angesehen, wenn die Spannung der statischen Ladungen auf den Grenzwert der maximal zulässigen Berührungsspannung von 120 V (DC) innerhalb von 5 s nach dem Abschalten der Stromversorgung absinkt.

7.1.3 Hindernisse und Anordnung außerhalb des Handbereichs

Der Schutz durch Hindernisse sowie der Schutz durch Anordnung außerhalb des Handbereichs sind Schutzvorkehrungen zum ausschließlichen Basisschutz. Hingegen anderer Schutzmaßnahmen gegen elektrischen Schlag wird der Fehlerschutz nicht durch eine technische Maßnahme realisiert, sondern es wird durch organisatorische Maßnahmen und Verhalten der Bediener der Fehlerschutz sichergestellt. Demnach sind die beiden Basisschutzvorkehrungen nur in Bereichen, die von Elektrofachkräften oder elektrotechnisch unterwiesenen Personen betrieben und überwacht werden, zulässig. Damit ist die Anwendung der Schutzmaßnahme nur in abgeschlossenen elektrischen Betriebsstätten und separaten Batterieräumen zulässig.

7.1.3.1 Hindernisse

Die Hindernisse müssen eine unbeabsichtigte Näherung zu aktiven Teilen verhindern und ein unbeabsichtigtes Berühren aktiver Teile während des Bedienens im normalen Betrieb sicherstellen. Sie dürfen jedoch ohne Werkzeug oder Schlüssel entfernt werden. Bedienelemente sind demnach gemäß DIN VDE 0660-514 mit einem teilweisen Schutz gegen direktes Berühren zu versehen.

7.1.3.2 Anordnung außerhalb des Handbereichs

Gegenüber dem Schutz durch Hindernisse verhindert die Anordnung aktiver Teile außerhalb des Handbereichs nur das unbeabsichtigte Berühren. Innerhalb des Handbereichs von 2,5 m dürfen keine berührbaren Teile unterschiedlichen Potentials angeordnet sein. Gerade in abgeschlossenen elektrischen Betriebsstätten sind aktive Leiter 2,5 m über der Standfläche angeordnet. Leitern und Tritte reduzieren den Abstand, sodass die Erfordernis bei der Planung zu berücksichtigen ist oder die Verwendung von Leitern und Tritten untersagt wird.

Wird der Handbereich in horizontaler Richtung durch Hindernisse begrenzt, welches eine geringe Schutzart als IP2X oder IPXXB aufweist, ist der Beginn des Handbereichs ab diesem Hindernis zu rechnen. Hindernisse aus Metall gelten als Körper. Sie sind demnach mit dem Schutzpotentialausgleich zu verbinden.

7.2 Der Fehlerschutz in Batterieanlagen

Innerhalb von Gleichstromkreisen sind in Batterieanlagen, sofern diese für Gleichstrom geeignet sind, folgende Schutzeinrichtungen anwendbar:

- Sicherungen,
- Überstrom-Schutzeinrichtungen,

- Fehlerstrom-Schutzeinrichtungen für Gleichstrom,
- Isolationsüberwachungseinrichtungen,
- Fehlerspannungs-Schutzeinrichtungen.

In Batterieanlagen ist der Schutz bei indirektem Berühren gemäß DIN VDE 0100-410 durch eine der folgenden Maßnahmen sicherzustellen:

- Schutz durch automatische Abschaltung der Stromversorgung,
- Schutz durch doppelte oder verstärkte Isolierung,
- Schutz durch sichere Trennung.

7.2.1 Schutz durch automatische Abschaltung der Stromversorgung

Der Schutz durch automatische Abschaltung besteht aus einem Schutzpotentialausgleich und einer Einrichtung zur automatischen Abschaltung. Zweck des Fehlerschutzes ist das Anstehen von Berührungsspannungen zeitlich zu begrenzen. Bei Körperschluss bewirkt der Fehlerstrom eine automatische Abschaltung der Überstrom-Schutzeinrichtung. Die Wirksamkeit der Schutzmaßnahme hängt von einer ausreichend niederohmigen Fehlerschleife ab. Dies setzt eine niederohmige Verbindung mit dem Schutzleiter voraus. Batteriegestelle und Batterieschränke sind am Schutzleiter anzuschließen. Leiter mit Schutzfunktion und Schutzleiter dürfen nicht durch ein Schaltgerät getrennt werden können. Bei Anwendung der Schutzmaßnahme sind die Batteriegestelle und Batterieschränke am Schutzleiter anzuschließen. Gleichzeitig berührbare Teile müssen sich außerhalb der Reichweite befinden. Schutzleiterverbindungen dürfen nicht getrennt werden.

Der Schutzpotentialausgleich verhindert durch die Verbindung aller gleichzeitig berührbaren Körper elektrischer Betriebsmittel und fremden leitfähigen Teilen, dass durch Potentialunterschiede für Menschen und Nutzteile gefährliche Berührungsspannungen zwischen fremden leitfähigen Teilen entstehen. Fremde leitfähige Teile sind Teile, die nicht zur elektrischen Anlage gehören, jedoch ein elektrisches Potential in das Gebäude einführen oder verschleppen können. Diese sind mit dem Schutzpotentialausgleich zu verbinden. In der neuen DIN VDE 0100-410 wurden die Anforderungen an die in den Schutzpotentialausgleich einzubeziehenden Teile mit dem auf die Anforderungen zur Ausführung gemäß DIN VDE 0100-540 konkretisiert.

Mit der Abschalteinrichtung werden die Abschaltzeiten gemäß DIN VDE 0100-410 Abs. 411 sichergestellt. Bei stationären Batterieanlagen ist grundsätzlich davon auszugehen, dass die Batterien fest an den Leistungsumrichtern und dem Gleichspannungsnetz angeschlossen sind. Die Batterie ist beim Entladevorgang die Gleichspannungsquelle, während sie beim Laden ein Verbrauchsmittel darstellt. Beim Leistungsumrichter verhält es sich umgekehrt: Dieser stellt beim Laden im DC-Netz die Gleichspannungsquelle dar und beim Entladen das Verbrauchsmittel, das den Gleichstrom in eine andere Energieform, in diesem Fall eine andere Spannung, umwandelt. Ob nun ein Endstromkreis oder ein Verteilerstromkreis im DC-Netz vorliegt, hängt vom Nennstrom des DC-Systems ab.

Fest angeschlossene Batterien und Leistungsumrichter bis zu einem Nennstrom ≤32 A gelten daher als Endstromkreis, wodurch die folgenden Abschaltzeiten nach DIN VDE 0100-410 Abs. 3.2.2, Tabelle 41.1 in Abhängigkeit der Nenngleichspannung gegen Erde und der Netzform auszuwählen sind: Beträgt die Nenngleichspannung gegen Erde 120 V und weniger, ist eine Abschaltung im Fehlerfall nicht erforderlich. Eine Abschaltung kann jedoch aus anderen Gründen, z. B. Überstrom, gefordert sein.

In DC-Systemen mit Nenngleichspannungen über 120 V gelten die Abschaltzeiten lt. **Tabelle 7.1**.

Für DC-Systeme mit Nennströmen über 32 A gelten die Abschaltzeiten für Verteilerstromkreise. Diese sind unabhängig von der Spannungshöhe angegeben, sodass diese im Anwendungsbereich der DIN VDE 0100-Reihe bis 1.500 V Gleichspannung anzuwenden sind.

Für DC-Stromkreise über 32 A gelten demnach folgende Abschaltzeiten gemäß DIN VDE 0100-410 Abs. 411.3.2:

- TN-DC-Verteilerstromkreis: 5 s,
- TT-DC-Verteilerstromkreis: 1 s.

Nenngleichspannung gegen Erde	Abschaltzeit in s	
	TN-DC-System	TT-DC-System
120 V < U_0 ≤ 230 V	1,0	0,4
230 V < U_0 ≤ 400 V	0,4	0,2
U_0 > 400 V	0,1	0,1

Tabelle 7.1 Abschaltzeiten gemäß DIN VDE 0100-410 Abs. 411 für Endstromkreise mit Gleichspannung

7.2.2 Automatische Abschaltung im TN-DC-System

TN-DC-Systeme unterschieden sich gegenüber Wechselstromversorgungssystemen in der Art der der Spannungsquelle und in der Höhe und Art der Spannung sowie in der Höhe des Kurzschlussstroms. In TN-DC-Systemen gibt es keine Sternpunkte. Deshalb ist ein aktiver Leiter der Batterie bei mehreren in Reihe geschalteten Batterien mit Erde verbunden. Je nach Ausführung ist der Minuspol, der Pluspol oder der Mittelpunkt geerdet. Der Anschluss darf über den Schutzleiter, den PEN-Leiter oder über die Erdungsfunktion und den Schutzleiter (EPE) erfolgen. Bestehen weitere Anforderungen, das Potential auf der Erdverbindung gleich zu halten, dürfen neben der Erdung der Spannungsquelle auch weitere Leitungsabschnitte mit Erde verbunden werden.

7.2.2.1 TN-C-DC-System

Im TN-C-System ist der Minuspol über den Betriebserder mit Erdpotential verbunden. Die Körper sind mit dem Minuspol L- direkt verbunden. Der Minuspol L- erfüllt somit die Funktion eines PEN-Leiters. Kommt es zur Unterbrechung des PEN-Leiters, liegt über die Last (Batterie oder Gleichstromquelle), den Rückleiter L– und den PE an den Körpern eine Berührungsspannung an (**Bild 7.1**).

Die Gleichspannungsquelle und die Batterie sind parallel geschaltet. Sie stellen im Fehlerfall an einem Verbraucher im DC-Netz (z. B. weitere Laderegler) die Spannung bereit. Kommt es zu einer Unterbrechung des PEL- zwischen Batterie und Last, liegt über dem Außenleiter L+ und dem Verbraucher eine Berührungsspannung am Körper an (**Bild 7.2**). Bei Berührung des Körpers, z. B. das Batteriegestell oder die Umhüllung, wird über den Menschen und den Standort der Fehlerstromkreis geschlossen. Es liegt eine Reihenschaltung an Widerständen vor. Die wirksame Berührungsspannung und der Berührungsstrom werden demnach vorwiegend von den größten Widerständen bestimmt.

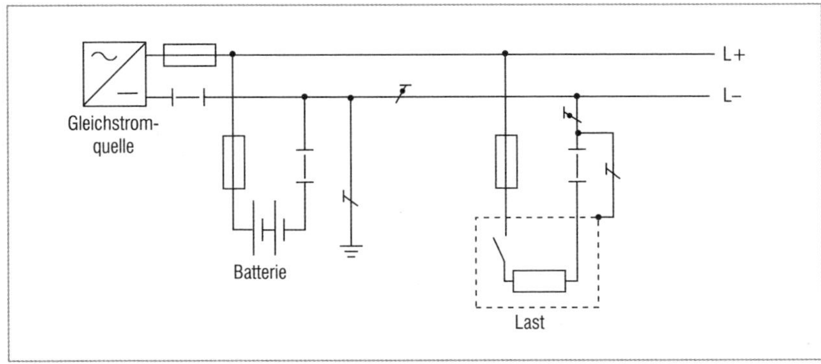

Bild 7.1 TN-C-System mit Funktionserdung kombiniert mit einem Außenleiter (nach DIN VDE 0510-482-2)

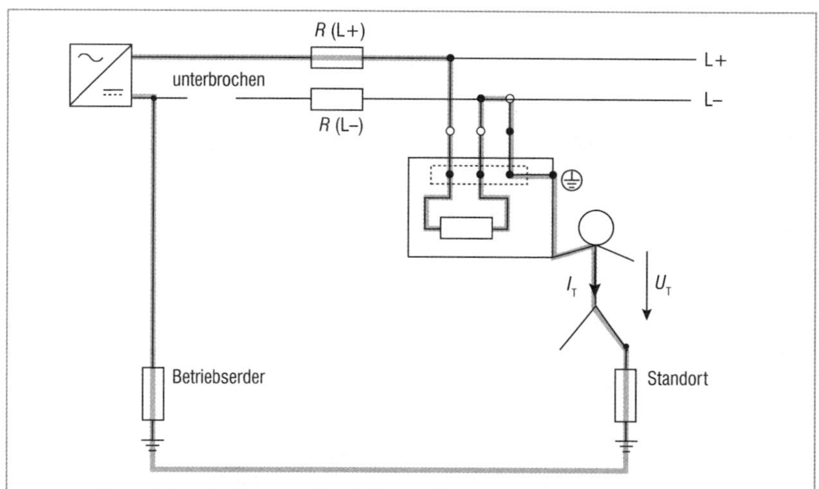

Bild 7.2 Unterbrechung des PEL-Leiters in einem Gleichstromkreis

Bei Batteriespannungen bis 120 V liegt der Berührungsstrom bei einem Körperwiederstand zwischen Hand und Füßen aufgrund des Standortwiderstands, dem Widerstand des Anlagenerders, dem Betriebsmittel der Leitungswiderstände sowie der Innenwiderstände der Leistungsumrichter bzw. der Batterien unterhalb 120 mA. Demnach wird im Strom-Zeit-Diagramm (für DC) nicht die Flimmerschwelle erreicht. Bei höheren DC-Spannungen liegt der Berührungsstrom jedoch höher.

Für den Berührungsstrom und die Berührungsspannung gelten:

$$U_T = \frac{R_K}{R_i + R_{L+} + R_{Verbraucher} + R_k + R_{St} + R_B} \cdot U_0$$

$$I_T = \frac{U_T}{R_K}$$

Es ist auszuschließen, dass der L-Leiter unterbrochen wird. Der Leiter L– muss aus Stabilitätsgründen einen Leiterquerschnitt von mindestens 10 mm^2 Kupfer betragen. Die Anforderungen nach DIN VDE 0100-540 sind zu beachten.

7.2.2.2 TN-S-DC-System

Beim TN-S-DC-System ist der Minuspol L– der Erzeugereinheiten (Batterie und Leistungsumrichter) mit Erde verbunden (**Bild 7.3**). Im Gegensatz zum TN-C-DC-System ist ein separater Schutzleiter, an dem die Körper angeschlossen sind, herauszuführen.

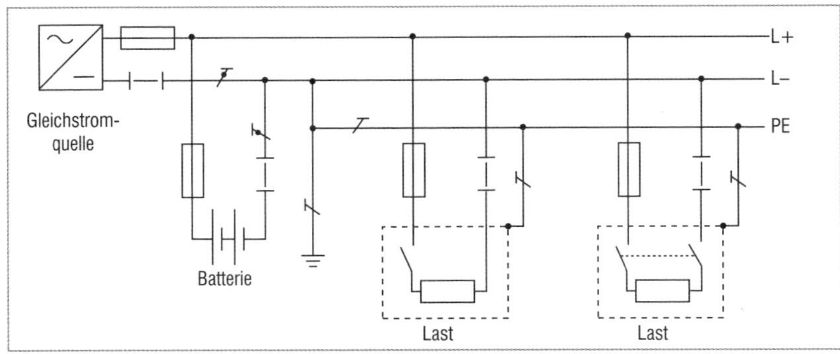

Bild 7.3 TN-S-System mit getrenntem Schutzleiter (PE) im gesamten System (nach DIN VDE 0510-482-2)

7.2.2.3 TT-DC-System

Im TT-System ist gleichspannungsseitig ein aktiver Leiter (L+ oder L–) mit Erde zu verbinden (**Bild 7.4**). Berührbare leitfähige Teile, die über dieselbe Schutzeinrichtung geschützt sind, sind zusammen durch den Schutzleiter zu einer gemeinsamen Erdungselektrode miteinander zu verbinden. Gleichzeitig berührbare, leitfähige Teile sind an derselben Erdungselektrode anzuschließen.

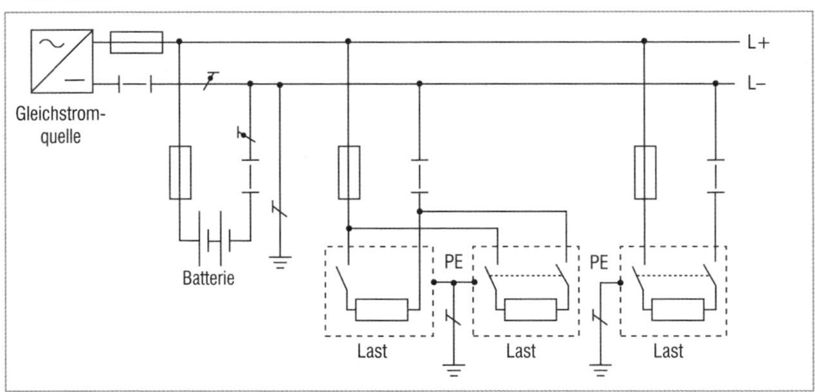

Bild 7.4 TT-System nach DIN VDE 0510-482-2

7.2.2.4 IT-DC-System

Im IT-System sind die aktiven Leiter L+ und L– gegenüber Erde isoliert (**Bild 7.5**). Die aktiven Leiter sind gegen Erde mit einer ausreichend hohen Impedanz zu isolieren. Die gegenüber Erde ausreichend hohe Impedanz kann auch über ein Isolationsüberwachungsgerät überwacht werden.

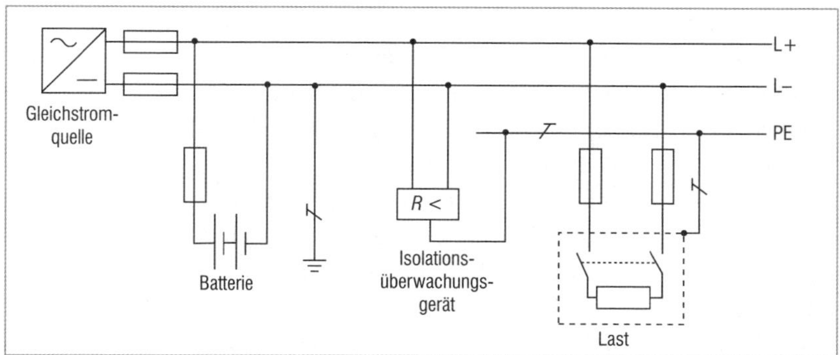

Bild 7.5 IT-System nach DIN VDE 0510-482-2

Ist ein Isolationsüberwachungsgerät vorhanden, ist beim ersten Fehler von einem aktiven Teil zu einem berührbaren, leitfähigen Teil oder zu Erde keine Abschaltung erforderlich. Das Isolationsüberwachungsgerät muss eine Meldung des Fehlers absetzen. Dies kann in Form eines hörbaren und/oder eines sichtbaren Signals erfolgen. Für den zweiten Fehler ist eine automatische Abschaltung durch eine Überstrom-, eine Fehlerstrom- oder eine Fehlerspannungs-Schutzeinrichtung erforderlich.

7.2.3 Schutz durch doppelte oder verstärkte Isolierung

Bei Anwendung der Schutzmaßnahme Schutz durch doppelte oder verstärkte Isolierung sind die Anforderungen nach DIN VDE 0100-410 anzuwenden. Der Fehlerschutz besteht aus einer verstärkten Isolierung zwischen aktiven, berührbaren Teilen. Gestelle sind isoliert aufzubauen. Kriech- und Luftstrecken müssen entsprechend DIN EN 60664-1 (VDE 0101-1) mit einer Hochspannungsprüfung mit einer Spannung von 4.000 V geprüft sein. Gleichzeitig berührbare Teile, wie Kabelkanäle, sind innerhalb der elektrischen Betriebsstätte außerhalb der Reichweite von 2,5 m nach DIN VDE 0100-410 anzuordnen.

7.2.4 Schutz durch Trennung

Die Schutzmaßnahme Schutz durch Trennung ist gemäß den Anforderungen nach DIN VDE 0100-410 Abs. 413 sicherzustellen. Der Basisschutz ist gemäß DIN VDE 0100-410 Anhang A sicherzustellen. Der Fehlerschutz basiert auf einer einfachen Trennung oder einer gleichwertigen Stromquelle des Stromkreises gegenüber anderen Stromkreisen und gegen Erde. Die Schutzmaßnahme darf für Spannungen bis 500 V angewendet werden. Eine gleichwertige Stromversorgung stellt u. a. eine Batterie dar, die im gesamten Bereich isoliert ist. Umrichter in Übereinstimmung mit DIN EN 61558-2-4 (VDE 0570-2-4) erfüllen diese Anforderungen.

Es ist zwischen Schutztrennung mit einem Verbrauchsmittel und mehr als einem Verbrauchsmittel zu unterscheiden. Bei Schutztrennung mit einem Verbrauchsmittel ist die DC-Seite des Umrichters mit einer Batterie über den Gleichstromkreis verbunden. Bei bidirektionalen Lade- und Entladevorgängen stellt sich somit die Frage nach der Stromquelle. Es müssen demnach sowohl Batterie als auch Umrichter die Anforderungen an die einfache Trennung erfüllen.

Zweck der einfachen Trennung ist es, dass durch den Trenntransformator aus dem Wechselspannungsnetz keine Spannung über den Umrichter auf die Gleichstromseite übertragen wird. Die Körper der Gleichstromseite dürfen nicht mit dem Schutzpotentialausgleichsleiter verbunden werden. Die Körper des Gleichstromkreises mit Schutztrennung dürfen zudem nicht mit anderen Stromkreisen oder mit Erde verbunden werden.

Sind mehrere Batterien auf der Gleichspannungsseite parallel geschaltet, stellen sie beim Laden mehrere Verbrauchsmittel dar, die von der DC-Seite des Umrichters geladen werden. Demnach sind gemäß DIN VDE 0100-410 Anhang C.3 ergänzend die folgenden Anforderungen zu beachten:

- Es sind Vorsichtmaßnahmen zu treffen, damit das Risiko einer Beschädigung und Isolationsfehler möglichst gering sind.
- Die Körper der der DC-Seite sind miteinander durch nicht geerdete Schutzpotentialausgleichsleiter zu verbinden. Die Leiter dürfen nicht mit dem Schutzleiter oder mit Körpern anderer Stromkreise oder fremden, leitfähigen Teilen verbunden werden.
- Flexible Mehraderkabel zwischen dem Umrichter zu Batterien und zwischen den Batterien müssen die Anforderungen an eine doppelte oder verstärkte Isolierung gemäß DIN VDE 0100-410 Abs. 412 erfüllen und zusätzlich über einen Schutzleiter verfügen. Dieser ist mit den Körpern zu des getrennten Stromkreises zu verbinden und darf ebenso keine Verbindung zu einem Schutzpotentialausgleich, Erde oder fremden, leitfähigen Teilen haben.
- Der Schutz durch automatische Abschaltung im Fehlerfall ist für den getrennten DC-Stromkreis bei Auftreten eines zweiten Fehlers gemäß DIN VDE 0100-410 Abs. 411, Tabelle 41.1. mit Überstrom-Schutzeinrichtun-

gen sicherzustellen. Kann der Schutz durch automatische Abschaltung aufgrund des begrenzten Kurzschlussstroms des Umrichters auf der DC-Seite nicht sichergestellt werden, muss der Umrichter den Schutz durch automatische Abschaltung über die Ersatzmaßnahme gemäß DIN VDE 0100-410 Anhang D sicherstellen.

- Das Strom-Längenprodukt von 100.000 V · m sollte nicht überschritten werden.

7.2.5 Schutz durch Kleinspannung

Für die Anwendung eines Schutzes durch Kleinspannung mit sicherer Trennung siehe DIN VDE 0100-410. Als Stromversorgungsquelle muss eine getrennte Stromversorgung verwendet werden. Die Batterie ist eine gleichwertige Stromversorgung. Der Umrichter muss die Prüfanforderungen für die Schutzisolierung erfüllen.

Der Umrichter darf im DC-Kreis sowohl unter üblichen Bedingungen als auch unter Einzelfehlerbedingungen die höchstzulässige Spannung von 120 V DC (oberschwingungsfrei) nicht überschreiten. Bei Nennspannungen bis einschließlich 60 V DC darf bei SELV- (**Bild 7.6**) und PELV- (**Bild 7.7**) Stromkreisen auf die Schutzvorkehrung gegen direktes Berühren verzichtet werden.

Bei Nennspannungen ab 60 V DC ist ein Schutz gegen direktes Berühren aktiver Teile mittels Abdeckung, Isolierung oder Schutz durch Hindernisse oder Abstand zulässig. Hierbei ist zu beachten:

- Abdeckungen und Gehäuse müssen mindestens der Schutzart IP2X oder IPXXB entsprechen oder
- Isolierungen müssen einer Prüfspannung von mindestens 500 V für eine Minute entsprechend IEC 60364-4-1 standhalten oder

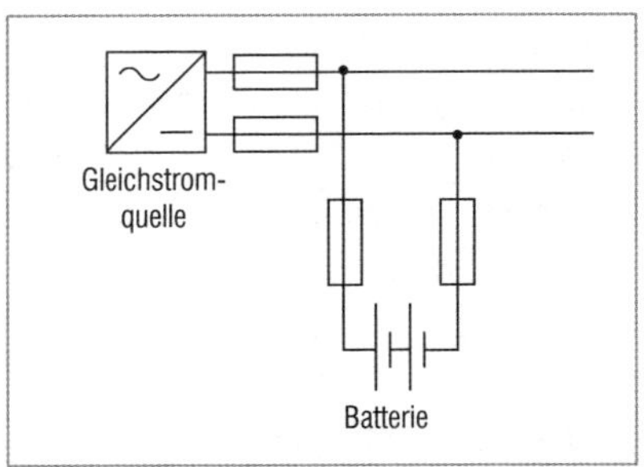

Bild 7.6 SELV nach DIN VDE 0510-482-2

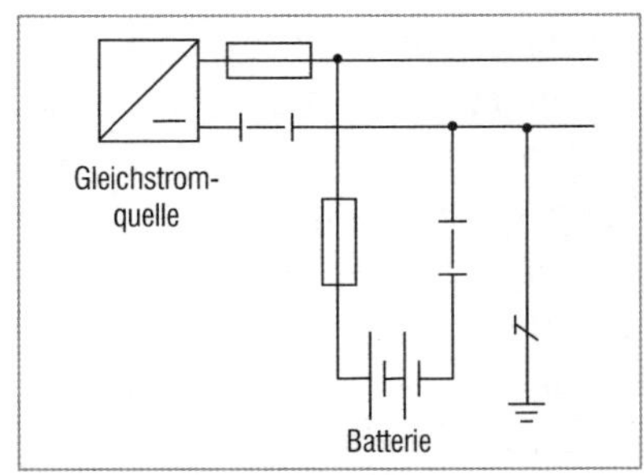

Bild 7.7 PELV nach DIN VDE 0510-482-2

- die Batterien sind bei Anwendung des Schutzes durch Hindernisse oder Abstand in separaten Batterieanlagen oder Batterieräumen untergebracht.

7.2.6 Schutzpotentialausgleich

Der Schutzpotentialausgleich ist eine Maßnahme zum Fehlerschutz. Der Schutzpotentialausgleich verhindert durch die Verbindung aller gleichzeitig berührbaren Körper elektrischer Betriebsmittel und fremder leitfähiger Teile, dass durch Potentialunterschiede für Menschen und Nutzteile gefährliche Berührungsspannungen zwischen fremden leitfähigen Teilen entstehen. Fremde leitfähige Teile sind Teile, die nicht zur elektrischen Anlage gehören, jedoch ein elektrisches Potential in das Gebäude einführen oder verschleppen können. Diese sind mit dem Schutzpotentialausgleich zu verbinden. In der neuen DIN VDE 0100-410 wurden die Anforderungen an die in den Schutzpotentialausgleich einzubeziehenden Teile mit dem auf die Anforderungen zur Ausführung gemäß DIN VDE 0100-540 konkretisiert. Rohrleitungen von Gas-, Wasser-, und Fernwärmesystemen, die von außen in ein Gebäude geführt werden, sind daher so nahe wie möglich an ihrer Eintrittsstelle innerhalb des Gebäudes miteinander zu verbinden. Fremde leitfähige Teile und berührbare Bewährungen der Gebäudestruktur und Gebäudekonstruktion aus Beton sind am Schutzpotentialausgleich anzuschließen.

7.3 Fehlerschutz von Speichern am Niederspannungsnetz

Beim Laden im Inselbetrieb und im Netzparallelbetrieb verhält sich ein Speicher wie ein Verbraucher. Der Betriebsstrom wird innerhalb der Kundenanlage von einer Erzeugungsanlage gespeist. Der Speicher ist in diesem Betriebsmodus an den Netzanschlussklemmen als reiner Verbraucher zu betrachten. Beim Entladen fließt der Betriebsstrom (hier Entladestrom oder Einspeisestrom) vom Speicher in die Verbraucherpfade der Kundenanlage. Im Netzparallelbetrieb wird Residualleistung, also die Differenz zwischen Strombedarf der Verbraucherpfade und der vom Speicher eingespeiste Strom, am Netzanschlusspunkt vom örtlichen Verteilnetzbetreiber eingespeist. Im Inselbetrieb ist die Kundenanlage vom öffentlichen Stromversorgungsnetz getrennt. Demnach kann über den Netzanschlusspunkt Leistungsüberschuss und Leistungsmangel nicht vom öffentlichen Stromversorgungsnetz ausgeglichen werden. Zwischen dem Speicher bzw. dem Speicher in Kombination mit einer Erzeugungsanlage (Photovoltaikanlage o. ä.) und den Verbraucherpfaden muss demnach ein Leistungsgleichgewicht bestehen.

Die Schutzmaßnahmen gegen elektrischen Schlag müssen bei nachgerüsteten Speichern in bestehenden Kundenanlagen sichergestellt sein. Innerhalb von Kundenanlagen wird die Schutzmaßnahme Schutz durch automatische Abschaltung im Fehlerfall angewendet. Hierbei gelten die Anforderungen nach DIN VDE 0100-410 Abs. 411. Diese sind in Verbraucherpfaden, im Speicher, im Netzparallelbetrieb wie auch im Inselbetrieb sicherzustellen. Hierbei sind im Wesentlichen folgende Anlagenteile zu unterscheiden:

- Verbraucherpfade im Netzparallelbetrieb,
- Speicher im Netzparallelbetrieb,
- Speicher im Inselbetrieb,
- Verbraucherpfade im Inselbetrieb.

7.3.1 Verbraucherpfade und Speicher im Netzparallelbetrieb

Die Verbraucherpfade sind im Netzparallelbetrieb nicht von der Erweiterung der elektrischen Anlage um den Speicher betroffen. Die Verbraucherpfade, darunter die Steckdosen- und Beleuchtungsstromkreise der allgemeinen Stromversorgung, sind hier nicht hinsichtlich der Wirksamkeit der Schutzmaßnahme durch automatische Abschaltung beeinträchtigt. Bei Körperschluss in einem Verbraucherpfad wird die automatische Abschaltung der Überstrom-Schutzeinrichtung in den Verteiler- und Endstromkreisen vom öffentlichen Stromversorgungssystem bereitgestellt. Der im Fehlerfall zum Fließen kommende einpolige Kurzschlussstrom ist höher als der erforderliche Abschaltstrom der Überstrom-Schutzeinrichtung, sodass die Abschaltzeiten im TN-System nicht überschritten werden.

$$I_{k,1p} \geq I_a$$

I_a erforderlicher Abschaltstrom der Schutzeinrichtung (oder Bemessungsfehlerstrom der Fehlerstrom-Schutzeinrichtung)
$I_{k,1p}$ einpoliger Kurzschlussstrom, der im Fehlerfall zum Fließen kommt

Der Speicher ist im Netzparallelbetrieb bzgl. der Wirksamkeit der Schutzmaßnahmen gegen elektrischen Schlag wie ein Verbraucher der Schutzklasse 1 zu betrachten. Im Fehlerfall wird wie in den Verbraucherpfaden der Kurzschlussstrom, die Fehlerstelle, vom öffentlichen Stromversorgungssystem gespeist. Für den Speicher ist dabei irrelevant, ob sich dieser gerade im Leerlauf, im Lade- oder Entladebetrieb befindet (**Bild 7.8**).

Die häufigste Netzform ist im städtischen Bereich das TN-System. Sowohl in älteren Anlagen als auch in neueren Anlagen erfolgt die Aufteilung des PEN-Leiters in Schutz- und Neutralleiter an der erstmöglichen Stelle im Hauptstromversorgungssystem. Bei Abriss des PEN-Leiters liegt an den Körpern betriebsmäßig eine gefährliche Berührungsspannung an, die bei Berührung von Körpern zu einer Körperdurchströmung führen. PEN-Leiter müssen deshalb nach DIN VDE 0100-540 Abs. 543.4 in fest installierten elektrischen Anlagen aus mechanischen Gründen einen Leiterquerschnitt von mindestens 10 mm² (Kupfer) oder 16 mm² (Aluminium) verfügen und sind aus Gründen der elektromagnetischen Verträglichkeit in Kundenanlagen zu vermeiden. Die Aufteilung des PEN-Leiters erfolgt an der Versorgungsseite, sodass ab dem Hauptstromversorgungssystem ein TN-S-System vorliegt.

Die Auswahl des Fehlerschutzes für die automatische Abschaltung ist nach DIN VDE 0100-410 und den Herstellerangaben auszuwählen. Grundsätzlich basiert die Schutzmaßnahme auf einer Schutzerdung und einem

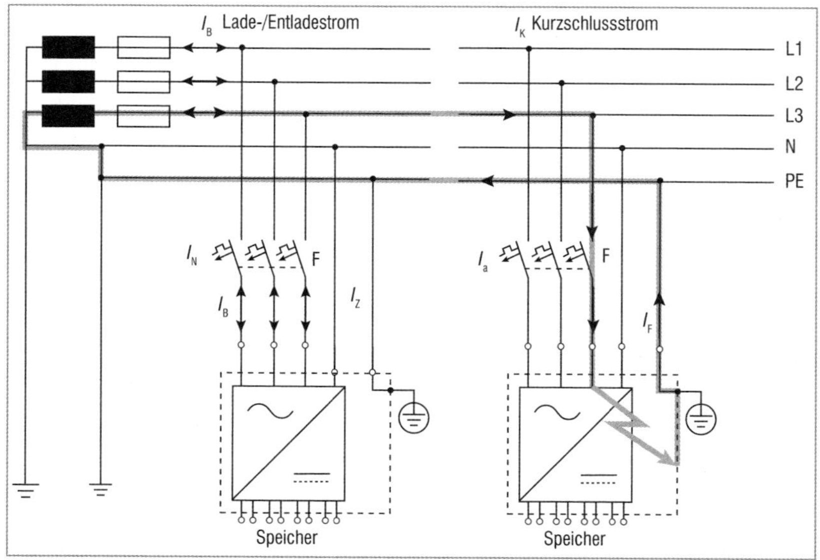

Bild 7.8 Betriebsströme beim Laden und Entladen eines Speichers im Netzparallelbetrieb und Körperschluss in einem Speicher im Netzparallelbetrieb

Schutzpotentialausgleich sowie einer Einrichtung zur automatischen Abschaltung im Fehlerfall. Demnach ist der Körper des Speichers mit dem Schutzleiter des Stromkreises zu verbinden. Die Schutzeinrichtungen sind nach DIN VDE 0100-530 am Anfang des Stromkreises anzuordnen. Da im Netzparallelbetrieb seitens des Fehlerschutzes der Speicher wie ein Verbraucherpfad zu betrachten ist, sind die Schutzeinrichtungen in der Verteilung anzuordnen. In TN-Systemen (die häufigste Netzform) sind für den Fehlerschutz des Speichers nach DIN VDE 0100-410 Abs. 411.5 folgende Schutzeinrichtungen zulässig:

- Überstrom-Schutzeinrichtungen,
- Fehlerstrom-Schutzeinrichtungen, kurz RCDs.

7.3.2 Automatische Abschaltung mit Überstrom-Schutzeinrichtungen

Werden Überstrom-Schutzeinrichtungen für den Fehlerschutz verwendet, muss der Schutzleiter im selben Kabel oder derselben Leitung mit den aktiven Leitern zum Speicher geführt werden. Die Verlegung eines separaten Schutzleiters ist unzulässig. Zudem muss die Einrichtung zur automatischen Abschaltung alle aktiven Leiter trennen. Die Schutzeinrichtung muss alle aktiven Leiter automatisch trennen. Leistungsschalter und Fehlerstrom-Schutzschalter RCD erfüllen i.d.R. die Anforderungen. Sicherungen in Übereinstimmung der Normenreihe DIN EN 60269 erfüllen Trennanforderungen nur, wenn dies der Hersteller vorgibt.

7.3.3 Automatische Abschaltung mit Fehlerstrom-Schutzeinrichtungen

Im Allgemeinen sind Fehlerstrom-Schutzeinrichtungen vom Typ A ausreichend. Übersteigt der DC-Anteil des Schutzleiterstroms 6 mA, wird ein RCD vom Typ A unwirksam, wodurch Fehlerstrom-Schutzeinrichtungen vom Typ B erforderlich sind. Die DIN VDE 0140-1 legt gemeinsame Anforderungen an elektrische Anlagen und Betriebsmittel fest. Nach DIN VDE 0140-1 Abs. 7.6.3.4 ist die Erfordernis einer Fehlerstrom-Schutzeinrichtung sowie dessen Auswahl für alle fest angeschlossenen Betriebsmittel aus der Montage- und Bedingungsanleitung des Speicherherstellers zu entnehmen. Ob und welche RCDs im Einspeisestromkreis erforderlich sind, legt somit der Hersteller fest.

7.3.4 Verbraucherpfade und Speicher im Inselbetrieb

Im Inselbetrieb ist die elektrische Anlage allpolig vom öffentlichen Stromversorgungsnetz getrennt. Der Speicher stellt damit an seinen Netzanschlussklemmen das Stromversorgungssystem für die Kundenanlage bereit. Hierbei liegt zwischen Netzparallelbetrieb und Inselbetrieb eine Nutzungsänderung der bestehenden elektrischen Anlage vor.

Bei Erweiterung eines Speichers in eine bestehende elektrische Anlage hat hier der Errichter, der die Erweiterung vornimmt, die Erfordernis der Anpassung an die bestehenden Anlagenteile zu überprüfen und die Wirksamkeit der Schutzmaßnahmen gegen elektrischen Schlag im Inselbetrieb der Verbraucherpfade nachzuweisen.

Der Kurzschlussstrom des Speichers im Inselbetrieb ist begrenzt. Damit ist die Einhaltung der erforderlichen Abschaltzeiten nach DIN VDE 0100-410 Abs. 411 im Inselbetrieb nicht zwingend sichergestellt. Sind in den Verbraucherpfaden Leitungsschutzschalter vom Typ B 16 installiert, so muss der Speicher mindestens einen Kurzschlussstrom von 120 A (80 A zzgl. 50 % Sicherheitsaufschlag) sicher bereitstellen. Damit stoßen die Leistungshalbleiter-Umrichter in Kompaktspeichern schnell an ihre Grenzen, sodass die Schutzmaßnahmen beeinträchtigt sein können.

Im Inselbetrieb sind deshalb folgende Maßnahmen zu prüfen:

- Nachrüstung von Fehlerstrom-Schutzeinrichtungen in den Verbraucherpfaden,
- Anwendung der Ersatzmaßnahme nach DIN VDE 0100-410 Anhang D im Speicher.

7.3.5 Fehlerstrom-Schutzeinrichtungen in Verbraucherpfaden

Kann im Inselbetrieb der für die automatische Abschaltung der Leitungsschutzschalter erforderliche Abschaltstrom nicht vom Speicher bereitgestellt werden, können in den Verbraucherpfaden Fehlerstrom-Schutzeinrichtungen nachgerüstet werden. Die automatische Abschaltung im Fehlerfall kann somit mit RCDs mit einem Bemessungsfehlerstrom von höchstens 500 mA sichergestellt werden. Der vom Speicher bereitgestellte einpolige Kurzschlussstrom ist höher als der Bemessungsfehlerstrom. Damit wird bei einfachen Fehlerstrom-Schutzeinrichtungen vom Typ A im Fehlerfall die automatische Abschaltung innerhalb 300 ms bewirkt. Allerdings bedeutet eine Nutzungsänderung auch eine Anpassung an die zum Änderungszeitpunkt gültigen VDE-Bestimmungen.

Damit sind Endstromkreise mit Steckvorrichtung, die von Laien bedient werden, sowie in Beleuchtungsstromkreisen in Wohnungen, die für die Benutzung von Laien vorgesehen sind, Fehlerstrom-Schutzeinrichtungen mit einem Bemessungsfehlerstrom von höchstens 30 mA für die Sicherstellung der Abschaltzeiten nach DIN VDE 0100-411, Tabelle 41.1 und als zusätzlicher Schutz erforderlich.

7.3.6 Ersatzmaßnahme nach DIN VDE 0100-410 Anhang D

Die an der Kundenanlage angeschlossene Erzeugungseinheit eines Speichers ist ein Leistungsumrichter-System. Kann die automatische Abschaltung im Inselbetrieb in den Verbraucherpfaden weder durch Überstrom-Schutzeinrichtung noch durch Nachrüstung von Fehlerstrom-Schutzeinrichtungen sichergestellt werden, ist ersatzweise die Sicherstellung einer gleichwertigen Schutzmaßnahme seitens des inselnetzbildenden Systems gemäß DIN VDE 0100-410 Anhang D sicherzustellen.

Ziel der Ersatzmaßnahmen ist, dass im Fehlerfall (Körperschluss) im Verbraucherpfad an der Fehlerstelle anliegende Spannungen innerhalb von 0,4 s (TN-System mit U_0 = 230 V) auf unter AC 50 V herabgesenkt werden und innerhalb 5 s der Speicher die Einspeisung abschaltet. Damit ist die Sicherstellung der Schutzmaßnahmen gegen elektrischen Schlag im Speicher integriert, sodass die Eignung hierfür aus der Montage- und Bedienungsanleitung des Herstellers zu entnehmen ist.

8 Netzformen und Erdungsverhältnisse bei Speichern

In Wohngebäuden ist die Netzform des Verteilnetzbetreibers ein TN-C-System. Die Stromquelle stellt der Ortsnetztransformator dar. Dieser ist in Sternform geschaltet und der Sternpunkt ist über eine starre Erdung, dem Betriebserder, in der Transformatorstation mit Erdpotential verbunden. Sollen Speicher oder andere inselnetzbildende Systeme in Kundenanlagen integriert werden, sind die Netzformen im Netzparallelbetrieb sowie die Erdungsverhältnisse der Kundenanlage in Kombination zu beachten.

Im Hausanschlusskasten oder an der erstmöglichen Stelle im Gebäude wird der PEN-Leiter des öffentlichen Stromversorgungssystems in Neutral- und Schutzleiter aufgetrennt, sodass innerhalb der Kundenanlage ein TN-S-System vorliegt. Bei TT-Systemen ist hier nicht der PEN-Leiter, sondern der Neutralleiter vom öffentlichen Stromversorgungsnetz am Hausanschlusskasten angeschlossen. Ist im Gebäude ein Anlagenerder vorhanden, ist dieser mit dem PEN-Leiter an der Austrennstelle zu verbinden.

Inselnetzfähige Speicher und Erzeugungseinheiten sind in folgende Ausführungen unterteilt:

- Speicher ohne Sternpunkt,
- Speicher mit Sternpunkt.

8.1 Speicher ohne Sternpunktnachbildung

Der Sternpunkt des Speichers ist bei Erzeugungseinheiten nicht mit dem Schutzleiter verbunden. Im Inselbetrieb sind alle aktiven Leiter einschließlich dem Neutralleiter vom öffentlichen Stromversorgungsnetz zu trennen. Der Speicher ist mit allen aktiven Leitern an der Kundenanlage angeschlossen. Der Schutzleiter des Speichers ist, wie bei jedem Betriebsmittel der Schutzklasse 1, am Körper angeschlossen und nicht mit dem Sternpunkt der EZE verbunden. Infolge sind die aktiven Teile des inselnetzbildenden Systems gegen Erde isoliert, sodass im Inselbetrieb ein IT-System vorliegt. Die VDE-AR-E 2510-2 spricht hier von einem Ersatz-IT-System.

Nach VDE-AR-E 2510-2 Abs. 6.410.1 ist im Ersatz-IT-System der Schutz gegen elektrischen Schlag unabhängig vom Schutz durch automatische Abschaltung im Fehlerfall gesondert zu betrachten. Im Gegensatz zum ursprünglichen Zweck der Aufrechterhaltung der Stromversorgung bei Auftreten eines Fehlers muss eine Isolationsüberwachung des Ersatz-IT-Systems beim ersten Fehler innerhalb von 60 s abschalten. Die Isolationsüberwachungseinrichtung übernimmt damit ersatzweise die Funktion einer Schutzeinrichtung.

Nach Abschaltung durch die Isolationsüberwachungseinrichtung ist sowohl eine manuelle als auch eine automatische Zuschaltung im Ersatz-IT-System zulässig, sobald der erforderliche Isolationswiderstand wieder erreicht ist. Auch hier verweist die VDE-AR-E 2510 in Abs. 6.410.1 auf die Angaben des Herstellers. Macht der Hersteller bzgl. den Einstellwerten keine Angaben, gelten folgende Grenzwerte:

- Stufe für die Vorwarnung: 300 Ω/V,
- Ansprechwert: 100 Ω/V.

Bei Kundenanlagen mit Nennspannungen von 400 V/230 V erfolgt demnach eine Vorwarnung bei Unterschreitung des Grenzwertes von 69 kΩ und bewirkt unterhalb 23 kΩ die Abschaltung. Damit erfolgt die Abschaltung bei einem Fehlerstrom ab 10 mA (230 V/23 kΩ = 10 mA). Speicher und Isolationsüberwachungseinrichtung stellen somit den Schutz durch automatische Abschaltung sicher.

Während Speicher im Netzparallelbetrieb i. d. R. als TN-System betrieben werden, bilden Speicher im Inselbetrieb ein isoliertes Stromversorgungssystem (IT-System). Über das gemeinsame Schutzleitersystem sind die Körper gemeinsam an einem Schutzleiter angeschlossen. Im TT-System würde eine Einzelerdung der Körper vorliegen. Bei Errichtung, Änderung und Erweiterung elektrischer Anlagen ist deshalb zu überprüfen, ob die ursprünglich für TN- und TT-Systeme angeschlossenen Betriebsmittel der Verbraucherpfade im IT-System bestimmungsgemäß funktionieren.

Beim ersten Fehler fließt über die Fehlerstelle der Fehlerstrom Id. Dieser berücksichtigt die Ableitströme und die Gesamtimpedanz der elektrischen Anlage gegen Erde. Die Ableitströme fließen über die sogenannten „natürlichen“ Ableitkapazitäten über R_A zum Sternpunkt zurück (siehe **Bild 8.1**).

Infolge der fehlenden niederohmschen Verbindung zwischen Erde und dem Sternpunkt ist der Schutz durch automatische Abschaltung im Fehlerfall durch Fehlerstrom-Schutzeinrichtungen im Inselbetrieb beim ersten Fehler unwirksam. Für den Inselbetrieb ist somit ein gleichwertiger Schutz

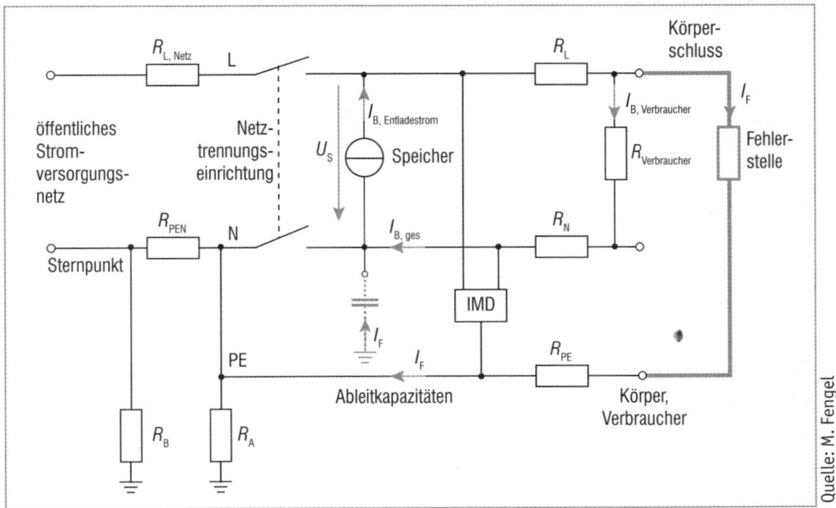

Bild 8.1 Ersatzschaltbild eines Speichers im Ersatz-IT-System ohne Sternpunktnachbildung

sicherzustellen. Hierzu muss die Berührungsspannung gemäß der Bedingung nach DIN VDE 0100-410 Abs. 411.6 begrenzt werden. Es gilt:

$$R_A \cdot I_d \leq 50\,\text{V}$$

Entgegen dem Zweck eines IT-Systems im ursprünglichen Sinne, hat das Ersatz-IT-System nicht den Zweck, die Stromversorgung nach dem ersten Fehler aufrechtzuerhalten. Die neue VDE-AR-E 2510-2 fordert hierzu eine Abschaltung des ersten Fehlers innerhalb einer Minute. Sofern der Hersteller keine zusätzlichen Anforderungen festlegt, wird nach VDE-AR-E 2510-2 Abs. 6.410.1 ein Ansprechwert von 100 Ω/V für die Hauptmeldung und 300 Ω/V für die Vorwarnung empfohlen. Die Isolationsüberwachungseinrichtung muss den Anforderungen nach DIN EN 61557-8 (DIN VDE 0413-8) entsprechen und in der Lage sein, symmetrische Isolationsfehler zu erkennen. Sie kann entweder im inselnetzbildenden System integriert oder außerhalb durch ein separates Gerät installiert sein.

Für die Wirksamkeit der Maßnahme im Ersatz-IT-System sowie den sicheren und bestimmungsgemäßen Betrieb der Verbraucherpfade sind alle Körper der Anlage einzeln oder gruppenweise mit dem Schutzpotentialausgleich zu verbinden. Der Errichter hat hier die Durchgängigkeit der Schutzleiterverbindungen in den Verbraucherpfaden sowie die Wirksamkeit des Anlagenerders als Schutzpotentialausgleich nachzuweisen. Darüber hinaus sind innerhalb der Verbrauchsanlage die Betriebsmittel auf ihre Eignung für den Betrieb im IT-System zu überprüfen. Gas-Brennwert-Systeme und Flammüberwachungen sind zum Beispiel nicht für den Betrieb im IT-System geeignet und damit in ihrer bestimmungsgemäßen Funktion beeinträchtigt.

8.2 Speicher mit Sternpunkt

Eine weitere Ausführung von Speichern im Inselbetrieb sind die sogenannten Speicher mit Sternpunktnachbildung. Sie kommen zum Einsatz, wenn der Inselbetrieb mit einem TN-System sicherzustellen ist. Da in Kundenanlagen zur allgemeinen Stromversorgung in Kombination mit den bestehenden Verbraucherpfaden und Schutzeinrichtungen ein TN-System benötigt wird, stellt diese Ausführung die gängigste Lösung dar.

Speicher mit Sternpunkt setzen für die oben beschriebenen Schutzmaßnahmen gegen elektrischen Schlag voraus, dass die Fehlerschleife bei Körperschluss in einem Verbraucherpfad geschlossen ist. Hierfür ist der Sternpunkt des Speichers mit dem Schutzleiter verbunden.

Im Inselbetrieb sind alle aktiven Leiter des öffentlichen Stromversorgungssystems von der Kundenanlage getrennt. Das inselnetzbildende System (Speicher/Umrichter) muss im Inselbetrieb durch eine temporäre Erdverbindung zwischen Sternpunkt und Haupterdungsschiene die Erdungsverhältnisse nachbilden. Hierfür wird im inselnetzbildenden System der Sternpunkt mittels einem Schließerkontakt im Speicher zur Haupterdungsschiene gebildet. Die drei Außenleiter des vom Umrichter zur Verfügung gestellten Stromversorgungssystems sind in Stern geschaltet. Der Mittelpunktleiter (Neutralleiter) ist herausgeführt. Der herausgeführte Mittelpunktleiter des Sternpunkts verfügt weder über ein definiertes Potential gegen Erde, noch kann im Fehlerfall bei Anwendung der Schutzmaßnahme Schutz durch automatische Abschaltung im Fehlerfall, die Fehlerschleife geschlossen werden. Öffnet die Sternpunktnachbildung im Inselbetrieb, muss der Umrichter abschalten.

In **Bild 8.2** ist der Speicher als Stromquelle im Verbraucherzählpfeilsystem und der Verbraucherpfad als ohmscher Widerstand $R_{\text{Verbraucher}}$ dargestellt. Zur Vereinfachung wird davon ausgegangen, dass der Stromkreis des Speichers unmittelbar nach der Netztrenneinrichtung angeordnet ist, sodass die Leitungsimpedanzen hier vernachlässigt werden können. Die Leiterwiderstände des Verbraucherpfads sind als R_{L}, R_{N} und R_{PE} dargestellt. Die

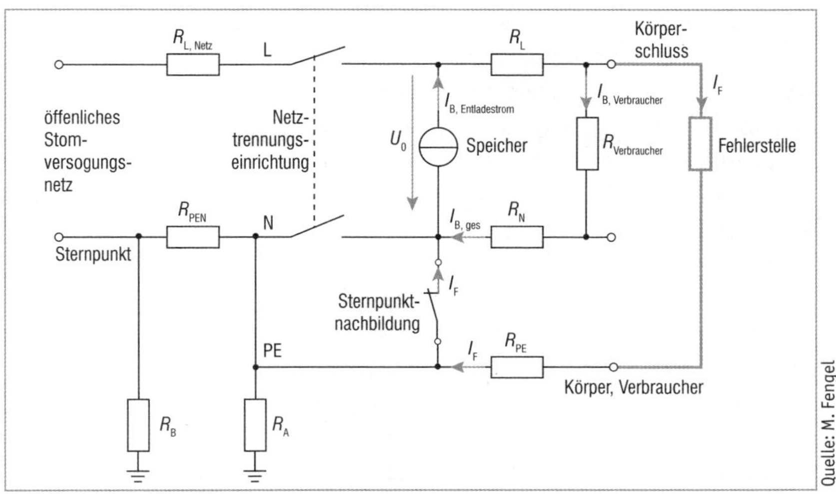

Bild 8.2 Ersatzschaltbild eines Speichers im Inselbetrieb mit geschlossener Sternpunktnachbildung

Sternpunktnachbildung verbindet über eine temporäre Verbindung über einen Schließerkontakt den Sternpunkt des inselnetzbildenden Systems mit dem Schutzleitersystem der Kundenanlage (siehe Bild 8.2). Dadurch wird das Potential des Schutzleitersystems im Inselbetrieb gegenüber Erde definiert. Ebenso wird durch die Sternpunktnachbildung die Fehlerschleife bei Körperschluss geschlossen.

Die Sternpunktnachbildung ist wie ein zentraler Erdungspunkt des inselnetzbildenden Systems gemäß den Anforderungen nach DIN VDE 0100-540 zu betrachten. Aus Stabilitätsgründen muss die Sternpunktnachbildung nach VDE-AR-E 2510-2 über einen Mindestquerschnitt zwischen Anschlussklemme am Umrichter und Haupterdungsschiene von 10 mm² Kupfer oder gleichwertig verfügen.

Im Netzparallelbetrieb darf die Sternpunktnachbildung grundsätzlich nicht aktiv sein, da sonst Neutralleiter und Schutzleiter nach der Auftrennung in einem TN-C-S-Systemen unzulässigerweise zusammengeführt werden. Wäre die Sternpunktnachbildung im Netzparallelbetrieb geschlossen oder wäre der Sternpunkt über eine starre Verbindung mit der Haupterdungsschiene verbunden, würden die Betriebsströme im fehlerfreien Zustand anteilig über das Schutzleiter- und Erdungssystem fließen.

Der Schaltzustand der Sternpunktnachbildung sowie eine Inselnetzerkennung muss vom Speicher an den Netzanschlussklemmen überwachet werden. Gleiches gilt für die Umschaltzeit. Der Umschaltvorgang der Sternpunktnachbildung von Netzparallelbetrieb auf Inselbetrieb darf höchstens 100 ms betragen. Im Netzersatzbetrieb muss der Schaltzustand der Sternpunktnachbildung permanent überwacht werden. Öffnet die Sternpunktnachbildung, muss die interne Steuerung diesen Zustand erkennen und umgehend das inselnetzbildende System abschalten.

Würde die Sternpunktnachbildung außerhalb des Speichers angeordnet sein, müssten Planer und Errichter die genannten Aspekte steuerungstechnisch sicherstellen. Die Verwendung einer externen Sternpunktnachbildung ist demnach nach VDE-AR-E 2510-2 Abs. 6.410.2 unzulässig.

In der neuen Ausgabe der VDE-AR-E 2510-2 wurde der Abschnitt 6.600 Prüfungen hinsichtlich dem Nachweis der Wirksamkeit der Sternpunktnachbildung überarbeitet. Neben der Erprobung der Sternpunktnachbildung und dem Nachweis über die Wirksamkeit der Schutzmaßnahmen im Inselbetrieb ist ergänzend die Durchgängigkeit der Leiter zusätzlich zwischen dem Anschlusspunkt zum Schutzpotentialausgleich zu messen.

Der Umstand einer permanenten niederohmigen Verbindung des Sternpunkts mit dem Schutzleiter des Einspeisestromkreises führt jedoch zu einem Dilemma. Nach DIN VDE 0100-540 Abs. 543.4.3 ist innerhalb einer elektrischen Anlage ein Zusammenführen von Neutral- und Schutzleiter nach Auftrennung des PEN-Leiters unzulässig. Im Netzparallelbetrieb würde sich der Neutralleiterstrom der Verbraucherpfade versorgungsseitig an der Anschlussstelle des Neutralleiters vom Einspeisestromkreis aufteilen. Ein Anteil des Neutralleiterstroms fließt dabei über den Neutralleiter zum PEN bzw. dem Sternpunkt des öffentlichen Stromversorgungssystems zurück. Der andere Anteil fließt über den Neutralleiter des Einspeisestromkreises über die Verbindungsstelle des Sternpunkts des Speichers über den Schutzleiter zum PEN bzw. dem Sternpunkt des öffentlichen Stromversorgungssystems zurück. Damit würde der Schutzleiter unzulässigerweise Betriebsströme führen und betriebsmäßig damit Potentialdifferenzen auf dem Schutzleitersystem verursachen.

Um im Netzparallelbetrieb die Aufteilung der Neutralleiterströme der Verbraucherpfade zu verhindern und gleichzeig im Ersatz-TN-System eine niederohmige Verbindung des Sternpunkts über die Sternpunktnachbildung herzustellen, muss dieser abhängig vom Netzbetrieb geschlossen oder geöffnet sein.

Im Netzparallelbetrieb darf die Sternpunktnachbildung grundsätzlich nicht aktiv sein, da sonst Neutralleiter und Schutzleiter nach der Auftrennung in einem TN-C-S-System unzulässigerweise zusammengeführt würden

(**Bild 8.3**). Wäre die Sternpunktnachbildung im Netzparallelbetrieb geschlossen oder wäre der Sternpunkt über eine starre Verbindung mit der Haupterdungsschiene verbunden, würden die Betriebsströme im fehlerfreien Zustand anteilig über das Schutzleiter- und Erdungssystem fließen.

Die Sternpunktnachbildung schließt vereinfacht ausgedrückt über einen Schalter den Sternpunkt der Erzeugungseinheit im Inselbetrieb mit dem Schutzpotentialausgleich. Alle Schutzleiter der elektrischen Anlage sind mit dem Sternpunkt zu verbinden. Die Sternpunktnachbildung ist sozusagen der Erdungspunkt des inselnetzbildenden Stromversorgungssystems. Sie ist Bestandteil der Fehlerschleife, wodurch die Durchgängigkeit der Leiter im Rahmen der Erstprüfung über den geschlossenen Sternpunkt nachzuweisen ist (**Bild 8.4**).

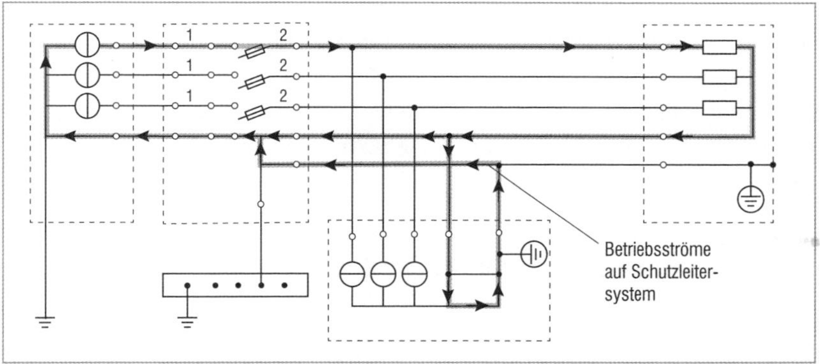

Bild 8.3 Vagabundierende Ströme auf dem Schutzleiter bei geschlossenem Sternpunkt des Speichers im Netzparallelbetrieb

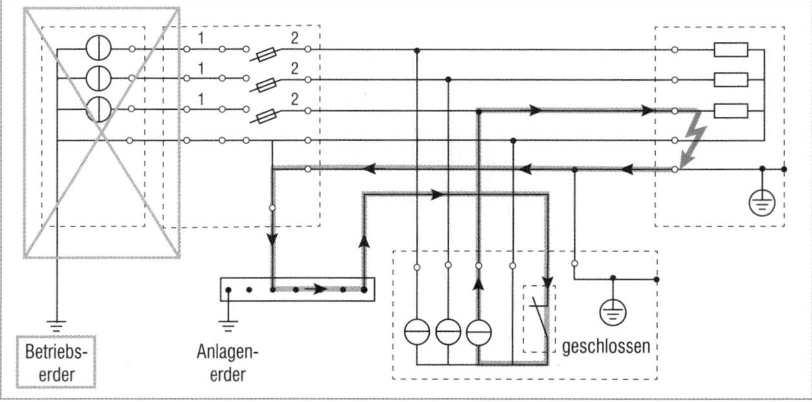

Bild 8.4 Fehlerschleife eines Speichers bei Körperschluss im Verbraucherpfad im Ersatz-TN-System mit geschlossenem Sternpunkt

Aus Stabilitätsgründen muss die Sternpunktnachbildung nach VDE-AR-E 2510-2 Abs. 6.540 über einen Mindestquerschnitt zwischen Anschlussklemme am Umrichter und Haupterdungsschiene von 10 mm² Kupfer oder gleichwertig verfügen. Dieser ist direkt herauszuführen und darf nicht mit dem Schutzleiter des Versorgungsstromkreises verbunden werden. Die Anschlussklemme der Sternpunktnachbildung muss direkt mit der Haupterdungsschiene verbunden werden. Hier hat man sich im Rahmen der Anwenderregel VDE-AR-E 2510-2 der bereits seit 1973 bestehenden Anforderungen an den Mindestquerschnitt des PEN-Leiters aus Stabilitätsgründen bedient.

Im TN-System ist der Sternpunkt der Stromquelle niederohmig mit dem Betriebserder zu verbinden. Im Ersatz-TN-System darf der Betriebserder vom Netzbetreiber nicht verwendet werden. Es gibt ihn quasi nicht. Damit wird der Anlagenerder zum Betriebserder des Inselnetzes, sodass zum Bestehen einer definierten Netzform die Haupterdungsschiene mit dem erdfühligen Fundamenterder zu verbinden ist. Damit obliegt dem Anlagenerrichter auch der Nachweis über die Funktionsfähigkeit der Erdungsanlage nach DIN 18014 Abs. 7.2.

8.2.1 Sternpunktnachbildung aus Sicht der funktionalen Sicherheit

Leistungsumrichter fallen u.a. in den Anwendungsbereich von DIN EN 62477-1 (VDE 0558-477-1). Dort ist u.a. in Abs. 4.4.4 für den Fehlerschutz die Schutzmaßnahme durch automatische Abschaltung der Stromversorgung nach Abschnitt 4.4.4.4 vorgesehen. Hierfür ist ein Schutzpotentialausgleichssystem vorzusehen, sodass bei Versagen der Basissolierung die Fehlerschleife geschlossen ist und der Speicher die Stromversorgung unterbricht. Die Verbindung des Schutzleiters der Erzeugungsanlage mit dem Schutzpotentialausgleich erfolgt über die Sternpunktnachbildung.

Bei fest angeschlossenen Wechselrichtern mit Leistungshalbleiter ist bei Anwendung eines Festanschlusses nach DIN EN 62477-1 (VDE 0558-477-1) Abs. 4.4.4.3.3 a

- ein Schutzleiterquerschnitt von mindestens 10 mm² Cu oder 16 mm² Al oder
- eine automatische Abschaltung des Netzes bei Unterbrechung des Schutzleiters oder die Anbringung eines zweiten Schutzleiters gleichen Querschnitts erforderlich.

Ersteres ist bei Einhaltung der Anforderungen nach DIN VDE 0100-540 erfüllt. Zweiteres ist bei der Sternpunktnachbildung über eine geeignete Erfassung der Schaltzustände, einer sicherheitsbezogenen Steuerung (VPS, SPS) mit einem ausreichenden Diagnosedeckungsgrad zu realisieren. Der Schutz gegen elektrischen Schlag der Sternpunktnachbildung ist somit unter dem Aspekt der funktionalen Sicherheit der Erzeugungsanlage gemäß DIN EN 61508 (VDE 0803) zu betrachten.

Der Speicher umfasst alle zum Laden und Entladen erforderlichen Komponenten. Er besteht aus dem Energiespeicher, dem Batteriemanagementsystem (Laderegler) sowie den zugehörigen Sicherheitseinrichtungen. Die Erzeugungsanlage (EZA) umfasst alle an einem Netz- oder Hausanschluss angeschlossenen Erzeugungseinheiten eines Energieträgers.

Nicht immer bestehen Energiespeichersysteme mit Wechselrichter aus einer einzelnen Einheit, die vom Hersteller als eine funktionelle Einheit gemäß den zutreffenden EU-Richtlinien in den Verkehr gebracht wird. Der Aspekt der funktionalen Sicherheit der Sternpunktnachbildung obliegt demnach dem Produkthersteller, der die sicherheitsrelevanten Einrichtungen gemäß den Aspekten der funktionalen Sicherheit nach DIN EN 61508 (VDE 0803) (alle Teile) sowie der zutreffenden im Amtsblatt der EU gelisteten harmonisierten Normen konstruiert und dem Anwender die für den sicheren bestimmungsgemäßen Betrieb erforderlichen Informationen in Form einer Betriebsanleitung mitliefert. Gleiches gilt bei Bausätzen, die von einem Hersteller/Inverkehrbringer in den Verkehr gebracht werden und entsprechend den Herstellervorgaben bestimmungsgemäß installiert und betrieben werden.

Werden Batterien, Laderegler und Wechselrichter dagegen im Rahmen der Anlagenplanung aus einzelnen Komponenten zu einer Funktionseinheit geplant und vor Ort komplettiert, werden Errichter und Planer zum Hersteller. Besteht die Sternpunktnachbildung aus mehreren Betriebsmitteln, die zu einem sicherheitstechnischen System (SIS) zusammengeschaltet werden, sind die Anforderungen an die funktionale Sicherheit zu beachten. In diesem Fall besteht die sicherheitsgerichtete Funktion aus einer Verschaltung von Sensor-Logik-Aktor unterschiedlicher Betriebsmittel. Hier hat der Errichter für das sicherheitstechnische System die Anforderungen nach DIN EN 61511-1 (VDE 0810-1) zu beachten.

Eine Sicherheitsfunktion (SIF) zeichnet sich dadurch aus, dass ein kritischer Zustand im EES-System/-Speicher automatisch erkannt wird und durch eine Abschaltung oder Regelung bestimmter Stell- und Regelgrößen dieser beseitigt wird. Eine Sicherheitsfunktion besteht aus

- Sensor,
- Logik und
- Aktorik.

Die Zuverlässigkeit der Sicherheitsfunktion bestehend aus Sensor, Logik und Aktor muss den Anforderungen der funktionalen Sicherheit genügen. Das Quantifizierungsmaß der erforderlichen Risikoreduzierung durch eine Sicherheitsfunktion ist der Sicherheitsintegritätslevel (SIL). Anders ausgedrückt, stellt der SIL eine Einstufung der mittleren Wahrscheinlichkeit oder der mittleren Häufigkeit eines gefahrbringenden Ausfalls der Sicherheitsfunktion dar.

Die mittlere Wahrscheinlichkeit eines gefahrbringenden Ausfalls bei Anforderung der Sicherheitsfunktion (PFD_{avg} – probability failure on demand) und die mittlere Häufigkeit eines gefahrbringenden Ausfalls der Sicherheitsfunktion (PFH_{avg} – probability failure per hour) unterscheiden sich in der Einheit (**Tabelle 8.1**). Welche der beiden Einheiten verwendet wird, hängt von dem Anspruch der SIF ab:

- Erfolgt die Anforderung der SIF einmal pro Jahr oder seltener, ist die mittlere Wahrscheinlichkeit eines gefahrbringenden Ausfalls bei Anforderung der Sicherheitsfunktion (PFD_{avg}) heranzuziehen.
- Erfolgt die Anforderung der SIF mindestens einmal pro Jahr oder öfter, ist die mittlere Häufigkeit eines gefahrbringenden Ausfalls bei Anforderung der Sicherheitsfunktion (PFH_{avg}) heranzuziehen. Hier ist der PL (Performance Level) als Maß für die Risikoreduzierung festgelegt (**Tabelle 8.2**).

SIL	PFD_{avg}	PFH in h^{-1}
4	$\geq 10^{-5}$ bis $< 10^{-4}$	$\geq 10^{-9}$ bis $< 10^{-8}$
3	$\geq 10^{-4}$ bis $< 10^{-3}$	$\geq 10^{-8}$ bis $< 10^{-7}$
2	$\geq 10^{-3}$ bis $< 10^{-2}$	$\geq 10^{-7}$ bis $< 10^{-6}$
1	$\geq 10^{-2}$ bis $< 10^{-1}$	$\geq 10^{-6}$ bis $< 10^{-5}$
		$\geq 10^{-5}$ bis $< 10^{-4}$

Tabelle 8.1 Gegenüberstellung PFD und PFH

PL	PFH in h^{-1}	SIL
e	$\geq 10^{-8}$ bis $< 10^{-7}$	3
d	$\geq 10^{-7}$ bis $< 10^{-6}$	2
c	$\geq 10^{-6}$ bis $< 3 \cdot 10^{-6}$	1
b	$\geq 3 \cdot 10^{-6}$ bis $< 10^{-5}$	1
a	$\geq 10^{-5}$ bis $< 10^{-4}$	keine Entsprechung

Tabelle 8.2 Gegenüberstellung PFH und SIL

Die Zuverlässigkeit der zur Risikominderung implementierten Maßnahmen ist entsprechend dem Anwendungsbereich der in **Tabelle 8.3** genannten Normen umzusetzen.

Norm	Geräte	SIS	E/E/PE	Pneumatik Hydraulik	Bemerkung
EN 61508	X	X*	X		Herstellernorm: Erfüllung einer Sicherheitsfunktion unter Einhaltung der Herstelleranlagen
EN 61511*		X	X		Planung, Errichtung und Nutzung
ISO 26262-2					
ISO 13849-1/-2		X	X	X	Anwendung bei Maschinen, wenn die Sicherheitsfunktion nicht ausschließlich durch E/E/PE-Komponenten realisiert wird.
EN 62061 (VDE 0113-50)		X	X		
*siehe folgende Sektornormen					

Tabelle 8.3 Normen für bestimmte Anwendungen der funktionalen Sicherheit

Sicherheitsfunktionen sind so zu gestalten, dass systematische Fehler und stochastische Fehler auf ein tolerierbares Maß reduziert werden.

Systematische Ausfälle sind Ausfälle der Sicherheitsfunktion, die auf Planungs-, Projektierungs- und Programmierungsfehler zurückzuführen sind. Ursächlich für solche Ausfälle ist i. d. R. eine mangelhafte oder eine nachträglich durchgeführte Risikobetrachtung im Rahmen des Produktentwicklungsprozesses. Zwischen Herstellern, Planern und Betreibern können zudem nicht durchdachte Sicherheitsbetrachtungen im Vorfeld zu systematisch bedingten Ausfällen aufgrund falscher Auslegung und/oder Aufstellung der Betriebsmittel führen.

Der Ausfall einzelner Komponenten darf zu keinen kritischen Zuständen oder Ausfällen der Sicherheitsfunktionen führen. Im Kontext der funktionalen Sicherheit wird dies durch die HFT (**H**ardware **F**ehler **T**oleranz) beschrieben.

Grundsätzlich dürfen in Schutzleiter nach DIN VDE 0100-540 Abs. 543.3.3 keine Schaltgeräte eingebracht werden. Dadurch entsteht ein weiteres Dilemma. Zum einen darf der Sternpunkt des Speichers im Netzparallelbetrieb nicht mit dem Schutzleiter verbunden sein, zum anderen muss der Sternpunkt im Inselbetrieb geschlossen sein, damit der Schutz durch automatische Abschaltung im Fehlerfall sichergestellt ist.

Neben der Sicherstellung der niederohmigen Verbindung im Inselbetrieb muss die Steuerung im Speicher die Betriebszustände automatisch erkennen und bei Abweichungen in einen sicheren Zustand übergehen. Bei der

Konstruktion sind vom Hersteller die grundlegenden Sicherheitsprinzipien einzuhalten:

- Ruhestromprinzip,
- Redundanz,
- automatische Fehlererkennung,
- Überwachung der Schaltzustände,
- Abschaltung geöffneter Sternpunktnachbildung im Inselnetz,
- keine Zuschaltung bevor der Sternpunkt geschlossen ist,
- sicherer Zustand bei Ausfällen (Ausfall der Spannungsversorgung).

Die Sternpunktnachbildung muss grundsätzlich im Speicher integriert sein. Komplettiert ein Errichter aus Einzelkomponenten ein sogenanntes Speichersystem, tritt er als Hersteller auf. Dies ist insbesondere aus Sicht der funktionalen Sicherheit zu vermeiden. Deshalb ist nach VDE-AR-E 2510-2 die Sternpunktnachbildung im Speicher vom Hersteller zu integrieren und darf nicht außerhalb des Speichers angeordnet sein. Mit Einhaltung der Herstellervorgaben ist der Hersteller auf der sicheren Seite.

8.3 Fundamenterder

Die Schutzmaßnahmen gegen elektrischen Schlag nach DIN VDE 0100-410 bauen auf einer niederohmigen Verbindung des PEN-Leiters zum Erdreich auf. Im nationalen Anhang der DIN VDE 0100-540 ist in Deutschland in neu errichteten Gebäuden ein Fundamenterder nach der nationalen Norm DIN 18014 zu errichten. Der Nachweis über die korrekte Errichtung und der Wirksamkeit ist bereits informativ in der derzeit aktuellen Ausgabe der DIN VDE 0100-600: Erstprüfung elektrischer Anlagen enthalten. In der neuen DIN VDE 0100-410 ist die Anforderung, einen Fundamenterder nach DIN 18014 zu errichten, verbindlich als Teil der Schutzmaßnahmen in TN-Systemen aufgenommen.

Grundsätzlich ist in neu errichteten Gebäuden ein Fundamenterder zu errichten. Dieser dient dem Blitzschutz, der Schutzerdung von Antennenanlagen, der Schutz- und Funktionserdung von Erzeugungsanlagen und Speichern sowie zur Funktionserdung von Breitbandkabelnetzen und Telekommunikationsnetzen. Des Weiteren erhöht der Fundamenterder die Wirksamkeit des Hauptpotentialausgleichs gemäß DIN VDE 0100-410 und dient der Schutzerdung im TT-System, der Potentialausgleichssteuerung in Gebäuden, der elektromagnetischen Verträglichkeit und der Einhaltung der

Spannungswaage. Bei der Erweiterung von Speichern mit Inselbetrieb übernimmt der Fundamenterder die Funktion des Betriebserders des Speichers im Ersatz-TN-System. Hier hat der Errichter die Wirksamkeit der Erdungsanlage zu überprüfen.

Bei der Planung und Errichtung sind Rückwirkungen durch andere Erdungsanlagen zu berücksichtigen. Es sind Rückwirkungen durch Betriebs-, Ableit- oder Streuströme von Bahnanlagen auf das Niederspannungsnetz zu beachten. Zu Erdungsanlagen von Bahnanlagen ist ein Mindestabstand von 10 m einzuhalten.

Der Nachweis über die korrekte Errichtung und der Wirksamkeit ist bereits im informativen Anhang der derzeit aktuellen Ausgabe der DIN VDE 0100-600 Erstprüfung elektrischer Anlagen enthalten. In der aktuellen Ausgabe der DIN VDE 0100-410 wurden die Anforderungen, einen Fundamenterder nach DIN 18014 zu errichten, verbindlich als Teil der Schutzmaßnahmen in TN-Systemen aufgenommen.

Zur Verbindung der Erdungsanlage sind Anschlussteile zwischen der Haupterdungsschiene für den Schutzpotentialausgleich, den zusätzlichen Potentialausgleichschienen, den Ableitungen des Blitzschutzsystems sowie sonstigen leitfähigen Teilen der Konstruktion über die Haupterdungsschiene miteinander zu verbinden.

Die Durchgangsmessung ist zwischen dem Anschlussteil für die Haupterdungsschiene und allen anderen Anschlussstellen zu messen. Nach DIN 18014 Abs. 5.8. ist hierzu sicherzustellen, dass alle Anschlussstellen untereinander und an Fundament-/Ringerder bzw. Potentialausgleichsleiter einen niederohmigen Durchgang von höchsten 0,2 Ω betragen. Der Nachweis ist durch Messen der Durchgängigkeit mit einem Messgerät nach DIN EN 61557-4 (VDE 0413-4) innerhalb des minimalen Messbereichs von 0,2 A vor dem Einbringen des Betons zu messen.

Bei neu errichteten Gebäuden ist nach DIN 18014 Abs. 7 der Nachweis über die regelkonforme Errichtung der Erdungsanlage entsprechend den derzeit anerkannten Regeln der Technik zu erbringen. Der Nachweis erfolgt anhand der Dokumentation nach DIN 18014 Abs. 7.2:

- Ausführungspläne des Fundamenterders oder des Ringerders einschließlich des Funktionspotentialausgleichsleiters,
- aussagekräftige Fotografien der Gesamterdungsanlage,
- eindeutig zuordnungsbare Detailaufnahmen der Verbindungsstellen, darunter der Haupterdungsschiene, Anschlussteile der Blitzschutzanlage,
- Ergebnisse der Durchgangsmessung nach DIN 18014 Abs. 7.3.

8.4 Systemabbilder

8.4.1 TT-System als TN-S-System im Inselbetrieb

In ländlichen Gebieten findet das TT-System Anwendung. Alle Körper, die gemeinsam durch dieselbe Schutzeinrichtung geschützt werden, sind an einen gemeinsamen Erder anzuschließen. Der Schutz durch automatische Abschaltung im Fehlerfall kann mit einer Überstrom-Schutzeinrichtung oder einer Fehlerstrom-Schutzeinrichtung sichergestellt werden. Im Inselbetrieb ist die Anschlussnutzeranlage vom Hauptstromversorgungssystem und damit vom öffentlichen Stromversorgungsnetz zu trennen:

- Im TN-System sind die drei Außenleiter zu trennen.
- Im TT-System ist eine Trennung aller aktiver Leiter erforderlich.

Über die Sternpunktnachbildung des Umrichters ist im Inselbetrieb der Sternpunkt des inselnetzbildenden Systems mit der Haupterdungsschiene verbunden. Dadurch liegt im Inselbetrieb ein Ersatz-TN-System vor. Demnach sind nach DIN VDE 0100-410 Abs. 411.3.2.2 und Abs. 411.3.2.4 im Netzparallelbetrieb für TT-Systeme und im Inselbetrieb für TN-Systeme sicherzustellen (**Bild 8.5**).

Im TT-System mit Überstrom-Schutzeinrichtungen für den Fehlerschutz muss folgende Abschaltbedingung erfüllt sein:

$$Z_s \leq \frac{U_0}{I_a}$$

Die Fehlerschleifenimpedanz im TT-System erstreckt sich über die Impedanz der Stromquelle, den Außenleiter bis zum Fehlerort, den Schutzleiter der Körper, den Erdungsleiter, den Anlagenerder und den Erder der Stromquelle. Bei einem Leitungsschutzschalter vom Typ B16 darf die Fehlerschleifenimpedanz höchstens 2,8 Ω betragen, was durch die Impedanz des Erdreichs nicht zwingend sichergestellt ist. Unter Berücksichtigung der Betriebsmessabweichung des Messgeräts und der Leitererwärmung darf die Fehlerschleifenimpedanz höchstens 2/3 davon betragen.

Fehlerstrom-Schutzeinrichtung: Im TT-System empfiehlt es sich, den Schutz durch automatische Abschaltung im Fehlerfall aufgrund der hohen Fehlerschleifenimpedanzen mit Fehlerstrom-Schutzeinrichtungen (RCDs) sicherzustellen. Es gelten folgende Bedingungen:

$$R_A \leq \frac{50\,\text{V}}{I_{\Delta N}}$$

R_A ist die Summe der Widerstände des Erders und des Schutzleiters. Ist der Wert unbekannt, kann dieser durch die Fehlerschleifenimpedanz ersetzt werden. Die Abschaltzeiten sind beim fünffachen Bemessungsfehlerstrom und bei selektiven Fehlerstrom-Schutzeinrichtungen (Typ S) beim doppelten Bemessungsfehlerstrom sichergestellt.

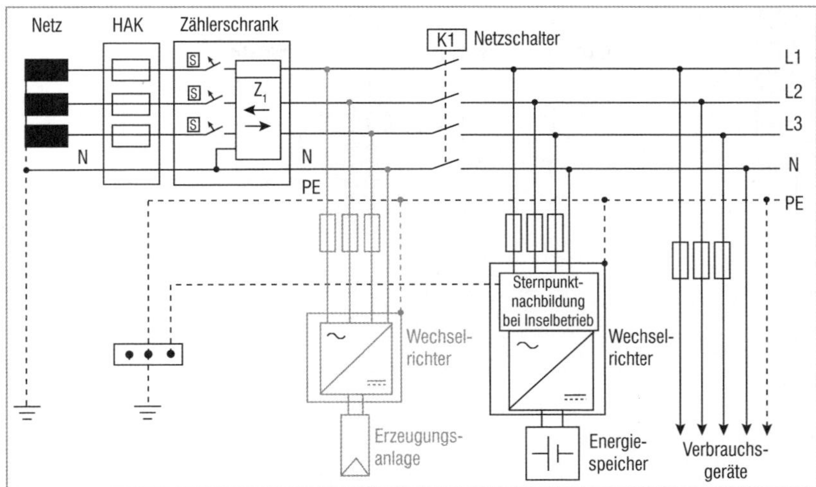

Bild 8.5 Netzparallelbetrieb eines Speichers im TT-System und im Inselbetrieb im TN-S-System

8.4.2 Inselbetrieb im TN-System mit DC-gekoppelter Erzeugungsanlage und Speicher

Bei DC-gekoppelten Wechselrichtern sind Speicher und Erzeugungsanlage, z. B. ein PV-Generator, an einen Leistungsumrichter angeschlossen. Batterieeinheit und Erzeugungsanlage speisen DC-seitig den Leistungsumrichter. Diese kombinierten PV-Stromversorgungssysteme mit integrierten Speichern finden aufgrund der kompakten Bauweise in Wohnhäusern Anwendung.

Am Netzparallelpfad ist der Leistungsumrichter fest angeschlossen (**Bild 8.6**). Im Netzparallelpfad findet sowohl die Einspeisung über die Erzeugungsanlage als auch die Ladung und Entladung des Speichers statt. Im Inselbetrieb trennt der Netzschalter K1 das Hauptstromversorgungssystem und den Netzparallelpfad von der Anschlussnutzeranlage. Über den Schalter K2 im Inselnetzpfad erfolgt die Inselnetzversorgung über die Anschlussklemmen des Leistungsumrichters im Ersatz-TN-S-System mit Sternpunktnachbildung.

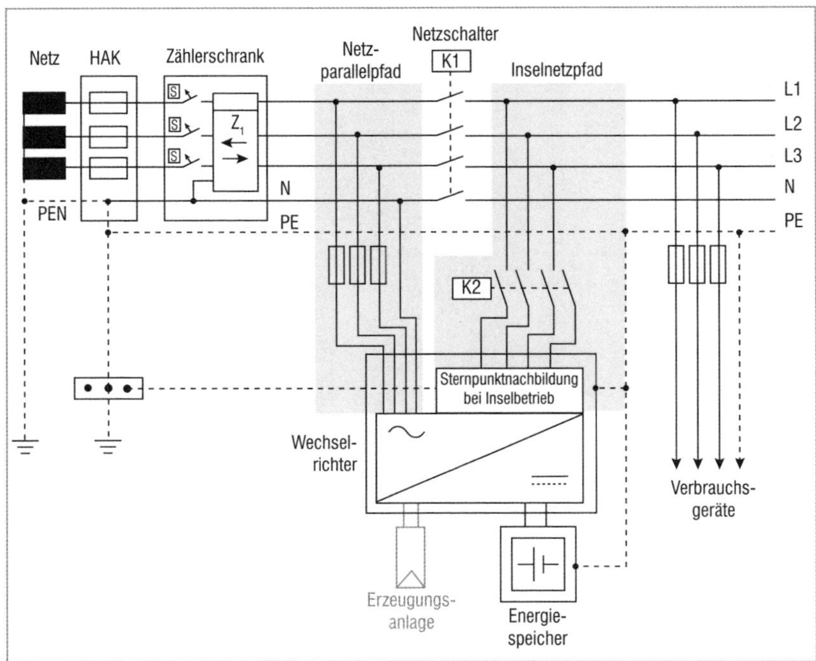

Bild 8.6 Netzparallelbetrieb eines Speichers im TN-C-S-System und im Inselbetrieb im TN-C-S-System mit DC-Kopplung der Erzeugungsanlage und Speicher

8.4.3 TN-System mit Separierung notstromberechtigter Verbrauchsgeräte

Im TN-System mit Separierung notstromberechtigter Verbrauchsgeräte erfolgt im Netzparallelbetrieb die Ladung des Speichers und die Einspeisung in die Anschlussnutzeranlage über die Erzeugungsanlage. Im Vergleich zu den anderen Schaltbildern speist das inselnetzbildende System nicht den gleichen Pfad wie während des Netzparallelbetriebs (**Bild 8.7**).

Im Inselbetrieb werden ausschließlich notstromberechtigte Verbrauchsgeräte über den Speicher versorgt.

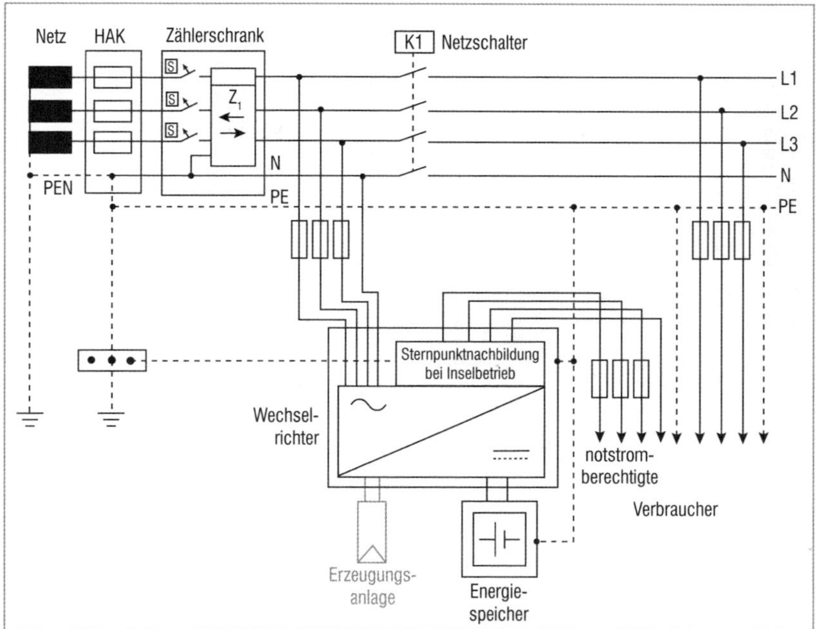

Bild 8.7 Netzparallelbetrieb eines Speichers im TN-C-S-System und Inselbetrieb des Speichers mit Separierung der notstromberechtigten Verbraucher über den Wechselrichter

8.4.4 Einphasige Speicher im Ersatz-TN-System

Speicher mit einer Bemessungsscheinleistung bis 4,6 kVA dürfen nach VDE-AR-N 4100 Abs. 5.5 im Netzparallelbetrieb einphasig angeschlossen werden. Hierzu sind maximal drei Geräte je Außenleiter zulässig. Ab einer Bemessungsleistung von 4,6 kVA ist der Anschluss dreiphasig auszuführen. Zur Vermeidung von Schieflasten ist hier eine Symmetrieeinrichtung erforderlich. Speicher mit einer Bemessungsleitung bis 4,6 kVA werden i.d.R. einzeln in Kundenanlagen integriert.

Im Inselbetrieb speist der Speicher auf einer Phase die Kundenanlage. Zur Versorgung der Verbraucherpfade werden hier über einen Phasenkuppler die drei Außenleiter miteinander verbunden. Damit liegen im einphasigen Ersatz-TN-System alle Außenleiter phasengleich (**Bild 8.8**).

Im Inselbetrieb liegt demnach kein Drehstromsystem mit drei um 120° phasenverschobenen Spannungen in den Außenleitern vor. Drehstromverbraucher, die ein Drehfeld oder die Außenleiterspannungen von 400 V be-

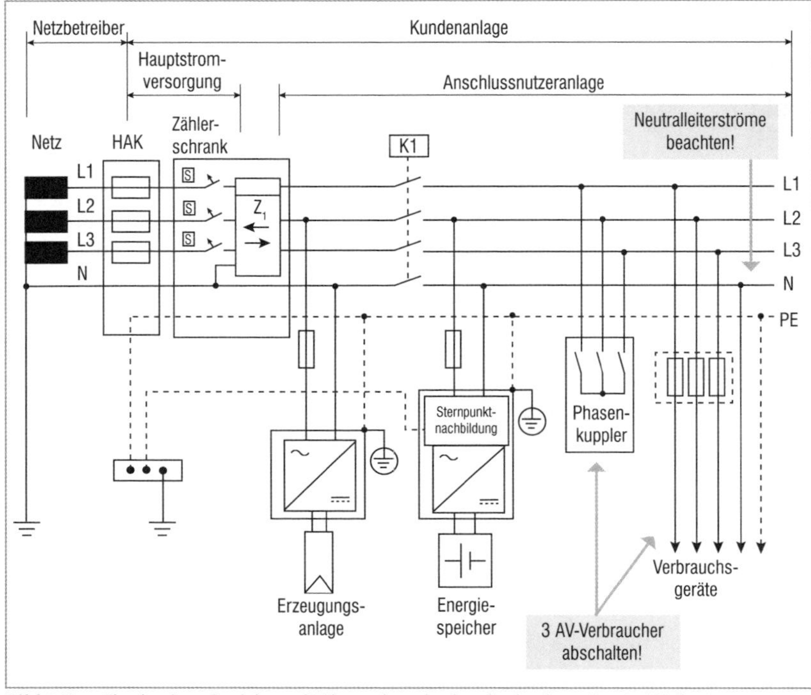

Bild 8.8 Einphasiger Speicher mit Phasenkuppler im einphasigen Ersatz-TN-System

nötigen, funktionieren demnach nicht und sind abzuschalten. Der Errichter ist hier in der Pflicht, die Verbraucherpfade entsprechend auf ihre Eignung zu bewerten und erforderlichenfalls Drehstromverbraucherpfade oder einzelne Verbraucher im Inselbetrieb, z. B. über eine Steuerung, abzuschalten. Spätestens jetzt wird deutlich, dass die Integration von Speichern eine Anpassung und Änderung der bestehenden Kundenanlage mit sich ziehen kann.

Im Inselbetrieb ist der Strom bei Speichern von 4,6 kVA auf 20 A (4,6 kVA/230 V = 20 A) begrenzt. Aufgrund der gleichen Phasenlage addieren sich die Grundschwingungen der Betriebsströme im Neutralleiter nicht zu Null. Damit ist die Strombelastbarkeit der Drehstromverbraucher in den Versorgungspfaden im einphasigen Ersatz-TN-System für die Strombelastbarkeit des Neutralleiters von zwei statt drei aktiven Leitern nach DIN VDE 0298-4 vom Errichter neu zu bewerten.

8.4.4.1 Ausführung des Phasenkupplers

In der Praxis stellt sich immer wieder die Frage nach der Ausführung des Phasenkupplers. Es gibt aber keine Anbieter, die einen einphasigen Speicher mit einem Phasenkuppler am Markt bereitstellen, sodass sich hier der Errichter den bekannten Planungs- und Schutzprinzipien bedienen muss.

Es gibt zwar einzelne Komponenten, die für sich sicher sind. Sind mehrere Komponenten installiert, müssen diese zum einen für sich entsprechend den Herstellervorgaben und den zutreffenden Errichtungsbestimmungen ausgewählt und installiert sein, zum anderen sind die Komponenten (Phasenkoppler, Speicher und Netztrenneinrichtung) funktionell miteinander zu verbinden.

Der Phasenkuppler in einphasigen Ersatzinselnetzen stellt hier wieder eine neue Komponente dar, die in der Gesamtheit der elektrischen Anlage mit den genannten Komponenten integriert werden muss. Speicher bis 4,6 kVA dürfen einphasig an der Anschlussnutzeranlage angeschlossen werden. Im Netzparallelbetrieb der Anschlussnutzeranlage im TN-C-S-System werden die Verbraucher dreiphasig betrieben. Über einen Phasenkuppler werden die Außenleiter der Anschlussnutzeranlage miteinander verbunden. Damit versorgt der einphasige Speicher die Außenleiter der Verbraucherpfade. Im Gegensatz zum dreiphasigen Betrieb liegen die Außenleiter phasengleich.

Der PEN-Leiter des öffentlichen Stromversorgungssystems wird am Netzanschlusspunkt, dem Hausanschlusskasten (kurz HAK), in Neutralleiter und Schutzleiter aufgetrennt. In der Kundenanlage ist ein Speicher mit einer Summenbemessungsleitung von bis zu 4,6 kVA an einem Außenleiter angeschlossen. Im Inselbetrieb trennt der Netzschalter (K1) die Außenleiter vom öffentlichen Stromversorgungssystem und der Phasenkuppler (K2) verbindet die drei Außenleiter. Damit liegt im Inselbetrieb ein einphasiges TN-C-S-System vor.

Nun stellt sich die Frage nach der eigentlichen Funktion des Phasenkopplers. Nach DIN VDE 0100-530 Abs. 530.3.4 ist Schalten eine Funktion, die dazu vorgesehen ist, in einem oder mehreren elektrischen Stromkreisen den Stromfluss einzuschalten oder zu unterbrechen. Da der Phasenkoppler im Inselbetrieb weder eine Trenn- noch Schutzfunktion übernimmt, erfüllt dieser ausschließlich die Funktion des betriebsmäßigen Schaltens. Schutz- und Trennfunktionen werden damit nicht sichergestellt.

Der Phasenkuppler übernimmt demnach ausschließlich die Funktion als Schaltgerät. Er muss demnach in der Lage sein, Betriebsströme zu führen und diese zu unterbrechen. Nach DIN VDE 0100-530, Tabelle 536.1 sind demnach folgende Schaltgeräte zulässig (siehe **Tabelle 8.4**).

Schaltgerät	Norm
Schütze	DIN EN 60947-4-1 (VDE 0660-102) DIN EN 61095 (VDE 0637-3)
Schalter oder Trennschalter	DIN EN 60947-3 (VDE 0660-107) DIN EN 60669-2-2 (VDE 0632-2-2) DIN EN 60669-2-4 (VDE 0632-2-4)
TSE Netzumschalter	DIN EN 60947-6-1 (VDE 0660-114)

Tabelle 8.4 Zulässige Schaltgeräte für die Funktion als Phasenkuppler

8.4.4.2 Ausführung des Phasenkopplers

Mit dem Phasenkoppler besteht hinsichtlich der Sicherheitsaspekte der Steuerung ein ähnliches Dilemma wie bei der Sternpunktnachbildung. Schließt der Phasenkoppler im Netzparallelbetrieb, werden die drei Außenleiter miteinander verbunden. Das Schaltgerät schaltet demnach die Außenleiter kurz. Dies ist in jedem Fall steuerungstechnisch zu verhindern, womit sicherheitsrelevante Elemente in der Steuerung zu integrieren sind. Demnach ist die Steuerung nach DIN VDE 0100-557 Abs. 557.7 gemäß den Normen der Reihe DIN EN 61508 (VDE 0803) hinsichtlich der funktionalen Sicherheit oder vergleichbaren Normen auszuführen.

Kombiniert mit der Anwendung des Ruhestromprinzips ist das Schütz als Phasenkoppler so zu schalten, dass in Ruhestellung die Lastkontakte, die drei Außenleiter im Inselbetrieb verbinden, geöffnet sind. Damit geht das Schütz bei Ausfall des Steuerstromkreises in die sichere Schalterstellung.

Lastkreise werden über Schütze gesteuert. Ein Schütz ist nach DIN VDE 0100-530 Abs. 530.3.20 ein mechanisches Schaltgerät mit einer Ruhestellung, das nicht von Hand betätigt und Ströme unter Betriebsbedingungen im Stromkreis einschließlich Überlast einschalten, führen und ausschalten kann. Somit ist das Schütz als Phasenkoppler für die im Inselnetz zu erwartenden Überlastströme auszulegen. Aufgrund der Leistungsgrenze von 4,6 kVA sind allerdings Ströme über 20 A nicht zu erwarten (4,6 kVA/230 V = 20 A).

Das Schütz wird nicht von Hand betätigt. Demnach verfügt es nicht über ein Bedienelement, wodurch Fehlverhalten von Nutzern ausgeschlossen werden können. Der Phasenkoppler muss über die Steuerung mit dem Speicher und der Netztrenneinrichtung verbunden sind.

Ist die Netztrenneinrichtung (K1) geschlossen, darf der Phasenkoppler (K2) im Netzparallelbetrieb nicht aktiv sein. Erst nachdem die Netztrenneinrichtung (K1) geöffnet ist, darf der Phasenkoppler (K2) die drei Außenleiter zusammenschalten. Öffnet der Phasenkoppler (K2) im einphasigen Inselbetrieb, wird die Stromversorgung der zwei zugeschalteten Außenleiter unterbrochen. Im einphasigen Inselbetrieb sind alle Drehstromverbraucherpfade abgeschaltet, wodurch bei Öffnen des Phasenkopplers (K2) im Inselbetrieb Fehler durch Überlast-Einphasenlauf an Motoren etc. nicht zu erwarten sind. Allerdings ist der Phasenkoppler (K2) gegenüber der Netztrenneinrichtung funktionell zu verriegeln, damit ein Schließen der Netztrenneinrichtung (K1) bei aktivem Phasenkoppler verhindert wird.

8.4.4.3 Redundanz bei Versagen eines Schaltgeräts

Fehler, wie ein Verkleben der Schaltkontakte an Schützen und Schaltgeräten, können nicht ausgeschlossen werden. Neben der gegenseitigen steuerungstechnischen Verriegelung zwischen Netztrenneinrichtung (K1) und Phasenkoppler (K2) sollte das Prinzip der Redundanz angewendet werden. Hierzu wird der Phasenkoppler durch zwei in Reihe geschaltete Schütze aufgebaut. Die Wahrscheinlichkeit des Verklebens beider Schütze kann vernachlässigt werden. Verklebt ein Schütz, öffnet das zweite. Durch Spiegelung der Hilfskontakte kann zudem die Steuerung festgestellt werden. Durch das Prinzip der Redundanz und der Fehlererkennung können so Fehler erkannt werden.

8.4.5 Zusammenfassung

Der Phasenkoppler ist kein konkretes Betriebsmittel, welches einfach die Außenleiter kurzschließen. Vielmehr geht es hier um eine Integration einer Steuerung von Schaltgeräten in bestehende elektrische Anlagen. Hierzu ist der Phasenkuppler als Teil eines steuerungstechnischen Gesamtkonzepts zu betrachten, der mit der Netztrenneinrichtung und der Betriebsart des Speichers zusammenwirkt. Es können jedoch folgende Anforderungen abgeleitet werden:

- Der Phasenkoppler übernimmt nicht die Funktion einer Netztrenneinrichtung oder muss Kurzschlussströme unterbrechen. Ein Schaltgerät wie ein Schütz ist demnach ausreichend.
- Der Phasenkoppler schaltet die drei Außenleiter im Inselbetrieb zusammen. Netztrenneinrichtung und Phasenkoppler sind über eine geeignete Steuerung gegeneinander zu verriegeln, sodass der Phasenkoppler im Netzparallelbetrieb nicht aktiv ist.

9 Schutz bei Überstrom und Überspannung

9.1 Schutz bei Überstrom

Der Schutz bei Überstrom umfasst nach DIN VDE 0100-430 den Kurzschluss- und Überlastschutz. Die Speicher verfügen über einen begrenzten Kurzschlussstrom bzw. schalten bei Kurzschluss ab, sodass dieser Aspekt nicht primär zu betrachten ist.

Der Überlastschutz ist in beiden Betriebsarten über die Nennstromregel und Auslöseregel sicherzustellen. Es gilt:

$$I_B \leq I_N \leq I_Z$$

$$I_2 \leq 1{,}45 \cdot I_Z$$

9.2 Schutz bei Überstrom im Netzparallelbetrieb

Im Netzparallelbetrieb unterscheidet sich ein Speicher von einem Verbraucherpfad nur hinsichtlich der wechselnden Richtung des Betriebsstroms beim Laden und Entladen. Bei der Errichtung des Einspeisestromkreises sind vom Errichter die Kabel und Leitungen gemäß der zulässigen Strombelastbarkeit nach DIN VDE 0298-4 (innerhalb von Gebäuden) sowie Überlastschutzeinrichtung nach dem höchsten Betriebsstrom (Ladestrom, Entladestrom) auszuwählen (**Bild 9.1**). Bei Kurzschluss im Netzparallelbetrieb

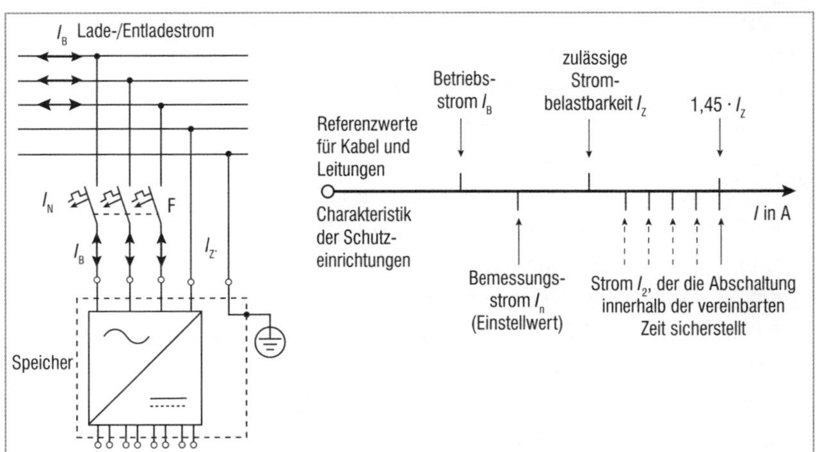

Bild 9.1 Koordination der Einrichtungen zum Überlastschutz gemäß DIN VDE 0100-430

führt der vom öffentlichen Stromversorgungsnetz bereitgestellte Kurzschlussstrom zur Abschaltung, sodass der Einspeisestromkreis hinsichtlich des Kurzschlussschutzes wie ein Verbrauchspfad zu betrachten ist. Gemäß der Art der Schutzeinrichtung, dem Bemessungsstrom, der Leitungslängen und dem Leiterquerschnitt sind zudem die Herstellerangaben zu beachten.

9.3 Schutz bei Überstrom im Inselbetrieb

Im Inselbetrieb ist der maximale Kurzschlussstrom des Speichers für die Dimensionierung der Schutzeinrichtungen zu beachten. Wie auch beim Schutz durch automatische Abschaltung im Fehlerfall ist der Schutz bei Kurzschluss aufgrund des begrenzten Kurzschlussstroms des Speichers nicht grundsätzlich in den Verbraucherpfaden sichergestellt. Die Überstrom-Schutzeinrichtungen, die für den Netzparallelbetrieb in allen Stromkreisen wirksam sind, sind im Inselbetrieb damit unwirksam.

Betrachten wir den Einspeisestromkreis des Speichers im Kurzschlussfall. Neben der Einhaltung der Nennstromregel im Netzparallelbetrieb darf der maximale Kurzschlussstrom des Speichers die Strombelastbarkeit des Einspeisestromkreises unter Berücksichtigung der Reduktionsfaktoren nicht überschreiten. Es gilt deshalb zusätzlich zur Nennstromregel:

$$I_{\text{k, Speicher}} \leq I_{\text{Z}}$$

In den Verbraucherpfaden ist zudem zu prüfen, ob der Kurzschlussstrom des Speichers im Kurzschlussfall die Abschaltung der Überstrom-Schutzeinrichtungen bewirkt. Der Schutz bei Überstrom ist somit anlagenseitig nicht sichergestellt, sodass dieser im (Kompakt-)Speicher integriert werden muss. Diesbezüglich legt die VDE-AR-N 2510 in Abs. 6.430.101 ersatzweise folgende Anforderungen fest:

- Der Speicher muss im Kurzschlussfall innerhalb von 5 s abschalten.
- Bei Verbraucherpfaden ohne Fehlerstrom-Schutzeinrichtungen (RCDs) sind maximal drei automatische Wiederzuschaltversuche, zwischen denen mindestens 90 s liegen müssen, zulässig.
- Die automatische Wiederzuschaltung in Verbraucherpfaden mit Fehlerstrom-Schutzeinrichtung (RCD) ist unzulässig.

Hier hat der Errichter das Vorhandensein von Fehlerstrom-Schutzeinrichtungen in den Verbraucherpfaden festzustellen und den Sachverhalt bei der Parametrierung des Speichers im Rahmen der Inbetriebnahme zu beachten.

Nebenbei ist noch anzumerken, dass im Netzparallelbetrieb die Kurzschlussschutzeinrichtung an der Lastseite des Einspeisestromkreises anzuordnen ist. Da diese aus Sicht des Netzparallelbetriebs angeordnet ist, liegt, sofern eine zusätzliche Schutzeinrichtung für den Inselbetrieb am Speicher angeordnet ist, eine Abweichung entgegen DIN VDE 0100-430 vor.

9.4 Selektivität im Inselbetrieb

Ergibt sich die Notwendigkeit von Fehlerstrom-Schutzeinrichtungen zur Sicherstellung des Schutzes durch automatische Abschaltung, gilt die Einhaltung der Abschaltzeiten als Auswahlkriterium. Vorgaben hinsichtlich des Bemessungsfehlerstroms gibt es nicht. Typische Bemessungsfehlerströme für den Fehlerschutz sind 100 mA, 300 mA, 500 mA.

Im Allgemeinen sind Fehlerstrom-Schutzeinrichtungen (RCDs) vom Typ A ausreichend. Übersteigt der DC-Anteil der Schutzleiterströme 6 mA, werden RCDs vom Typ A unwirksam und es sind Fehlerstrom-Schutzeinrichtungen (RCDs) vom Typ B oder B+ in Übereinstimmung mit VDE 0664-400/-404 zu verwenden. Gleiches gilt, wenn der Speicherhersteller die Verwendung von allstromsensitiven RCDs (Typ B) in der Betriebsanleitung vorschreibt. Allerdings dürfen einer allstromsensitiven Fehlerstrom-Schutzeinrichtung (RCD Typ B) keine Fehlerstrom-Schutzeinrichtungen des Typs A vorgeschaltet sein, da dies sonst durch den Gleichstromanteil unwirksam wird (vgl. DIN VDE 0100-530 Bild A.2). Die Selektivität bei Fehlerströmen ist unter folgenden Bedingungen gegeben:

- Der vorgeschaltete RCD ist selektiv (Typ S) oder verfügt über eine Zeitverzögerung mit entsprechender Einstellung und
- das Verhältnis der Nennfehlerströme zwischen vorgeschalteten RCD zum nachgeschalteten RCD beträgt mindestens 3:1.

Ist für einen Speicher keine Fehlerstrom-Schutzeinrichtung erforderlich, ist die Selektivität der Fehlerstrom-Schutzeinrichtungen in den Verbraucherpfaden im Vergleich zum Netzparallelbetrieb unverändert und daher nicht weiter zu beachten. Ist im Versorgungsstromkreis des Speichers eine Fehlerstrom-Schutzeinrichtung vom Typ A erforderlich, ist im Inselbetrieb das Verhältnis der Nennfehlerströme und die Ausführung zu beachten. Sind in den Versorgungspfaden (siehe **Bild 9.2**, Pfad 3) ausschließlich RCDs vom Typ A installiert und liegt deren Bemessungsfehlerstrom bei 30 mA, muss der RCD im Versorgungsstromkreis des Speichers kurzzeitverzögert sein und muss über mindestens den dreifachen Bemessungsfehlerstrom (300 mA) verfügen. Die Anforderung an die Selektivität hintereinandergeschalteter RCDs ist damit gegeben. Ist hingegen im Verbraucherpfad bereits ein selektiver RCD vorgeschaltet (siehe Bild 9.2, Pfad 2) kann zwischen dem vorgeschalteten RCD und dem RCD im Versorgungsstromkreis des Speichers keine Selektivität erreicht werden.

Sind hingegen im Versorgungsstromkreis des Speichers RCDs vom Typ B erforderlich und sind im Verbraucherpfad RCDs vom Typ B angeordnet, wird der RCD vom Typ A durch den Gleichstromanteil in seiner Wirksamkeit beeinträchtigt. Gleiches gilt bei einem RCD vom Typ B im Versorgungsstromkreis des Speichers mit RCDs vom Typ A im Verbraucherpfad. Diese Anordnung ist demnach unzulässig.

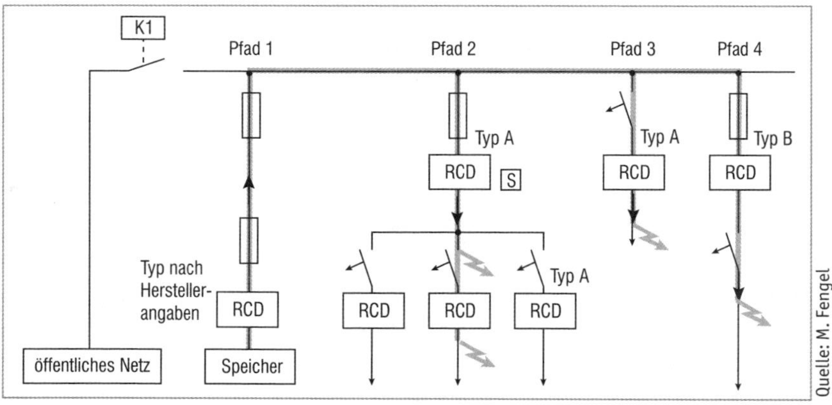

Bild 9.2 Speicher mit mehreren Fehlerstrom-Schutzeinrichtungen im Inselbetrieb

9.5 Schutz bei Überspannung

Die elektrische Anlage ist nach DIN VDE 0100-100 Abs. 131.1 u. a. durch geeignete Maßnahmen gegen Überspannungen und elektromagnetische Beeinflussungen zu schützen. Nach DIN VDE 0100-443 Abs. 443.4 ist durch Errichtung von Überspannungs-Schutzeinrichtungen (SPDs) der Schutz durch Begrenzung von Überspannungen entsprechend der Isolationskoordination sicherzustellen. Damit wird das Risiko durch Überspannungen durch direkte und indirekte Blitzeinschläge und das Risiko gefährlicher Funkenbildung sowie das daraus resultierende Brandrisiko reduziert.

Der Schutz bei Überspannungen ist vorzusehen, wenn Auswirkungen zu erwarten sind auf

- Menschenleben, z. B. bei Anlagen für Sicherheitszwecke und medizinisch genutzte Bereiche,
- öffentliche Einrichtungen, z. B. Ausfall öffentlicher Dienste, Telekommunikationszentren und unwiederbringbare Kulturgüter, z. B. in Museen,
- Gewerbe- oder Industrieaktivitäten, z. B. Hotels, Banken, Industriebetriebe etc.,
- Ansammlungen von Personen, z. B. Schulen, Büros, große Gebäude.

Zudem ist ein Überspannungsschutz bei Einzelpersonen in Wohngebäuden und kleinen Büros, in denen Betriebsmittel der Überspannungskategorie I und II errichtet sind, vorzusehen. Mittlerweile ist in Wohngebäuden grundsätzlich davon auszugehen, dass Betriebsmittel der Überspannungskategorie I und II an die feste Installation angeschlossen sind.

Die Überspannungskategorie ist zum Zweck der Isolationskoordination festgelegt. Die Klassifikation wird nach DIN VDE 0100-534 durch die Bemessungsstoßspannung festgelegt. Die Bemessungsstoßspannung wird vom Hersteller der Betriebsmittel angegeben.

9.6 Überspannungsschutzgeräte

Überspannungsschutzgeräte oder kurz SPD (surge protective device) sind Schutzeinrichtungen, die dazu bestimmt sind, Überspannungen in elektrischen Anlagen zu begrenzen und Impulsströme abzuleiten. Die Überspannungsschutzgeräte sind komplette Baueinheiten, an die die aktiven Leiter, der PA-Leiter und der Schutzleiter angeschlossen werden können. Überspannungsschutzgeräte, die für den Anlagenschutz vorgesehen sind, sind in der Regel als Reiheneinbaugeräte ausgeführt und sind für den Einbau in Verteilern und Niederspannungs-Schaltgerätekombinationen geeignet.

Überspannungsschutzgeräte dienen dem Zweck, den Schutzpegel U_p innerhalb elektrischer Anlagen zu erhöhen. Der Schutzpegel U_p ist als maximale Spannung definiert, die an den Anschlussklemmen der Überspannungs-Schutzeinrichtung (SPD) während der Belastung einem Impuls festgelegter Spannungssteilheit und Belastung mit einem Ableitstoßstrom gegebener Amplitude und Wellenform auftreten kann. Der Schutzpegel U_p wird vom Hersteller angegeben.

Überspannungsschutzgeräte sind in drei Typen unterteilt (**Tabelle 9.1**). Die Typen unterscheiden sich gemäß der Produktnorm DIN EN 61643-11 (VDE 0675-6-11) in ihrer Prüfklasse und den damit verbundenen Referenzparameter.

SPD-Typ	Prüfklasse	Referenzparameter
Typ 1	Prüfklasse I	I_{imp}
Typ 2	Prüfklasse II	I_{n}
Typ 3	Prüfklasse III	U_{oc}

Tabelle 9.1 Gegenüberstellung der SPD-Typen und Prüfklassen nach DIN EN 61643-11 (VDE 0675-6-11)

9.6.1 Überspannungsschutzgeräte Typ 1

Überspannungsschutzgeräte vom Typ 1 sind nach dem Blitzstoßstrom I_{imp} für die Prüfung der Klasse 1 geprüft. Der Blitzstoßstrom I_{imp} ist der Stromscheitelwert eines Ableitstoßstroms durch eine Überspannungs-Schutzeinrichtung mit einer festgelegten Ladung Q und einer festgelegten Energie W/R innerhalb einer festgelegten Zeit.

9.6.2 Überspannungsschutzgeräte Typ 2

Überspannungsschutzgeräte vom Typ 2 sind nach dem Nennableitstrom I_{in} für die Prüfung der Klasse 2 geprüft. Der Nennableitstrom I_{in} ist der Scheitelwert des durch die Überspannungs-Schutzeinrichtung fließenden Stroms mit der Impulsform 8/20. Die Impulsform 8/20 bedeutet eine Stirnzeit des ansteigenden Stromimpulses von 8ms und eine Rückenhalbwertzeit von 20ms.

9.6.3 Überspannungsschutzgeräte Typ 3

Überspannungsschutzgeräte vom Typ 3 sind nach der Leerlaufspannung U_{oc} für die Prüfung der Klasse 3 geprüft. Die Leerlaufspannung U_{oc} ist die Leerlaufspannung des Hybridgenerators am Anschlusspunkt des Prüflings, mit der das Überspannungsschutzgerät geprüft wurde.

9.7 Auswahl nach der Überspannungskategorie

Die Überspannungsschutzgeräte müssen entsprechend der Überspannungskategorie der Betriebsmittel ausgewählt werden. Das Konzept der Überspannungskategorie (**Tabelle 9.2**) wird für Betriebsmittel angewendet, die direkt vom Niederspannungsnetz gespeist werden. Das Konzept beruht auf Wahrscheinlichkeitsüberlegungen. Es beruht jedoch nicht auf der tatsächli-

Überspannungs-kategorie	Bemessungs-stoßspannung in V	Anordnung in Kundenanlagen	Beispiele
I	1.500	Geräte mit Steckvorrichtungen (Schutzkontakt-Steckvorrichtungen), die über ein Netzteil/Trafo Betriebsmittel versorgen	Laptops, Telefone, LAN/WLAN-Router, etc.
II	2.500	Geräte mit Steckvorrichtungen (Kaltgerätestecker) sowie fest angeschlossene Betriebsmittel an einem Endstromkreis	Haushaltsgeräte, handgeführte Geräte, PCs, Küchengeräte etc.
II	4.000	fest angeschlossene Geräte und Betriebsmittel	Betriebsmittel in Verteilungen wie Schutz- und Schaltgeräte (RCDs, SPDs Typ 2, KNX-Schalt-Aktoren etc.) fest angeschlossene Maschinen und Anlagen, wie Drehbänke, Hebebühnen, Herd, Backofen etc.)
IV	6.000	Geräte am Einspeisepunkt und im Hauptstromversorgungs-system	Zähler, SPDs Typ 1, Rundsteuer-empfänger, Hauptschalter

Tabelle 9.2 Übersicht über die Überspannungskategorien

chen Abschwächung der Überspannungen im Verlauf der Installation. Die Überspannungskategorien sind nach den Bemessungsstoßspannungen eingeteilt. Der Wert der Bemessungsstoßspannung wird vom Hersteller angegeben und ist der Spannungswert eines festgelegten Isoliervermögens gegenüber einer transienten Überspannung. Die Isolationskoordinationen werden von Betriebsmittelherstellern für die Bemessungsstoßspannungen 330 V, 500 V, 800 V, 1.500 V, 2.500 V, 4.000 V, 6.000 V, 8.000 V, 12.000 V verwendet. Bei der Anwendung des Prinzips der Isolationskoordination ist zwischen zwei Arten von transienten Überspannungen zu unterscheiden:

- transiente Überspannungen, die an den Eingangsklemmen an einem Betriebsmittel ausgehend von einem Stromversorgungssystem anstehen,
- transiente Überspannungen, die ausgehend von einem Betriebsmittel auf das Stromversorgungssystem einwirken.

Die Überspannungskategorie beschreibt einen Zahlenwert (I bis IV), der eine Bedingung bzgl. der transienten Überspannung festlegt. Maßgebend für die Zuordnung der Betriebsmittel zu einer Überspannungskategorie ist die Spannungsfestigkeit. Bei Betriebsmitteln am Niederspannungsnetz mit einer Nennspannung von 230 V/400 V erstreckt sich die Bemessungsstoßspannungsfestigkeit von 1.500 V (Überspannungskategorie I) bis 6.000 V (Überspannungskategorie IV).

Man spricht hier von einer sogenannten 4+0-Schaltung (**Bild 9.3**). Bei TN-C-Systemen mit PEN-Leiter sind die drei Außenleiter über eigene Schutzpfade mit dem PEN-Leiter verbunden. Diese Schaltung wird als

3+0-Schaltung bezeichnet (**Bild 9.4**). Sowohl eine 4+0- als auch 3+0-Schaltung schützen das Stromversorgungssystem vor Gleichtaktstörungen.

Die 4+0-Schaltung ist grundsätzlich in TN- und TT-Systemen anzuwenden. Der Schutz des Neutralleiters über einen separaten Schutzpfad darf jedoch in TN-S- und TN-C-S-Systemen entfallen, wenn die Stelle der Auftrennung des PEN-Leiters in Schutzleiter und Neutralleiter und der Errichtungsort der Überspannungs-Schutzeinrichtung weniger als 0,5 m auseinander liegen. Mit Anwendungsbeginn der VDE-AR-N 4100 vom April 2018 muss die Auftrennung im Hausanschlusskasten bzw. an der erstmöglichen Stelle im Gebäude, z. B. in der Hauptverteilung erfolgen. Bei neu errichteten Gebäuden liegen in der Regel zwischen dem Hausanschlusskasten (HAK) und der Zählerverteilung mehr als 0,5 m, sodass die Ausnahme in der Regel nicht zutrifft.

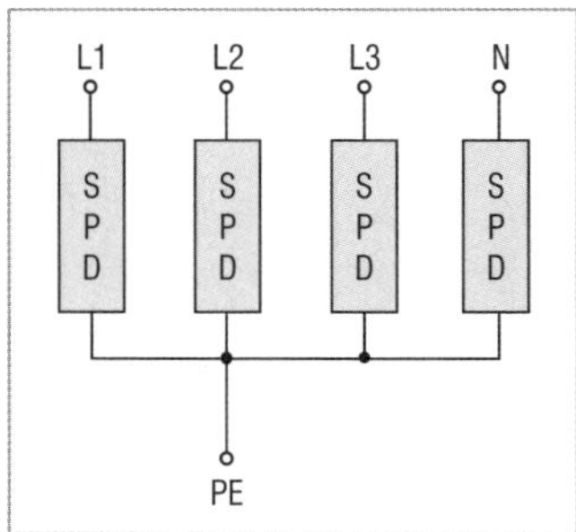

Bild 9.3 4+0-Schaltung gemäß DIN VDE 0100-534

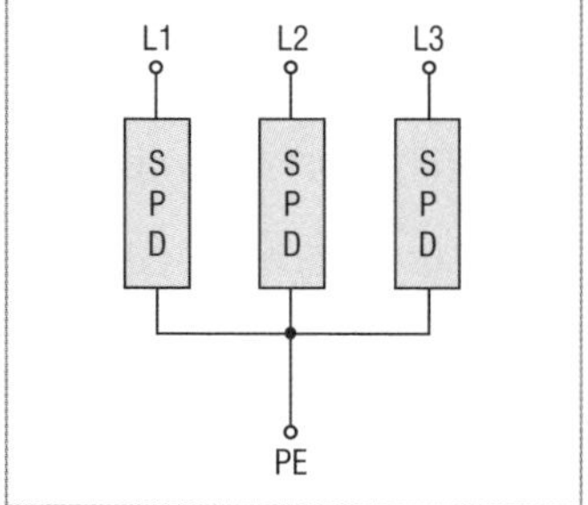

Bild 9.4 3+0-Schaltung gemäß DIN VDE 0100-534

9.7.1 Anschlussschema 2

Beim Anschlussschema 2 handelt es sich um die sogenannte 3+1-Schaltung (**Bild 9.5**). Bei der 3+1-Schaltung sind die drei Außenleiter über einen eigenen Schutzpfad mit dem Neutralleiter des Stromversorgungssystems (Sternpunkt) verbunden. Zwischen Sternpunkt und Schutzleiter ist ein separater Schutzpfad eingebaut. Neben den Gleichtaktstörungen wie bei Anschlussschema 1 schützt das Anschlussschema 2 der 3+1-Schaltung auch vor Gegentaktstörungen.

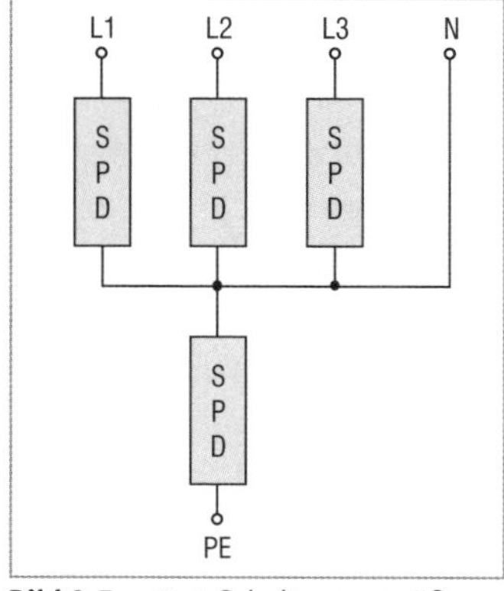

Bild 9.5 3+1-Schaltung gemäß DIN VDE 0100-534

9.8 Auswahl und Anschluss nach Art der Netzform

Bei der Auswahl und dem Anschluss der Überspannungsschutzgeräte ist der Fehlerschutz zu berücksichtigen. Demnach ist die Wirksamkeit der Schutzmaßnahme Schutz durch automatische Abschaltung im Fehlerfall gemäß DIN VDE 0100-410 Abs. 411 sicherzustellen.

Sind die Überspannungs-Schutzeinrichtungen (SPDs) in der Nähe des Speisepunkts der elektrischen Anlage errichtet, sind nach DIN VDE 0100-534 folgende Anschlussvarianten anwendbar (vgl. **Tabelle 9.3**).

In TN-Systemen ist der Schutz durch vorgeschaltete Überstrom-Schutzeinrichtungen vorzusehen. Die Überstrom-Schutzeinrichtung muss so ausgewählt sein, dass die Abschaltzeiten nach DIN VDE 0100-410 Tabelle 41.1 sichergestellt sind. Zudem sind die Angaben des Herstellers zu beachten. Zulässig sind grundsätzlich beide Anschlussschemata. In TT-Systemen ist der Schutz durch automatische Abschaltung im Fehlerfall durch eine Fehlerstrom-Schutzeinrichtung sicherzustellen. Um bei Fehlerstrom-Schutzeinrichtungen (RCDs) Fehlauslösungen oder das Verschweißen von Kontakten zu vermeiden, soll eine Belastung mit hohen Impulsströmen oder Blitzteilströmen möglichst vermieden werden. Deshalb sollten Überspannungs-Schutzeinrichtungen (SPDs) vom Typ 1 oder Typ 2 auf der Versorgungsseite (Einspeiseseite) der Fehlerstrom-Schutzeinrichtung (RCD) errichtet werden. Sind Überspannungen von der Lastseite (Ausgangsseite) der Fehlerstrom-Schutzeinrichtung (RCD) zu erwarten, z.B. durch im Außenbereich angebrachte Betriebsmittel, die nicht durch ein Blitzschutzsystem geschützt sind, dann sollten Überspannungs-Schutzeinrichtungen (SPDs) vom Typ 1 oder Typ 2 auch auf der Lastseite der Fehlerstrom-Schutzeinrichtung (RCD) errichtet werden. In IT-Systemen sind keine zusätzlichen Maßnahmen erforderlich.

Netzform	Anschlussschema	
	Anschlussschema 1	Anschlussschema 2
TN-System	anwendbar	anwendbar
TT-System	nur nach einer Fehlerstrom-Schutzeinrichtung	anwendbar
IT-System mit herausgeführtem Neutralleiter	anwendbar	anwendbar
IT-System ohne herausgeführtem Neutralleiter	anwendbar	nicht anwendbar

Tabelle 9.3 Anschlusschemata für die Anschluss von Überspannungsableitern nach Netzformen gemäß DIN VDE 0100-534

9.9 Auswahl entsprechend der höchsten Dauerspannung

In Wechselspannungssystemen sind die Überspannungsschutzgeräte nach der höchsten Dauerspannung U_c auszuwählen. Die Auswahl erfolgt nach Art des Stromversorgungssystems. Zwischen den Außenleitern und dem Neutralleiter sowie zwischen Außenleitern und Schutzleitern ist die maximal zulässige Strangspannung mit einem Aufschlagsfaktor von 1,1 auszuwählen (**Tabelle 9.4**). Der Aufschlagsfaktor von 1,1 entspricht dem nach DIN VDE 0175-1 festgelegten oberen Toleranzbereich der Versorgungsspannung. In IT-Systemen heben sich die Spannungen der nicht fehlerbehafteten Außenleiter auf die Höhe der Spannung zwischen zwei Außenleitern (Netzspannung) gegen Erde an, sodass nicht die Strangspannung U_0 gegen Erde, sondern die SPDs in IT-Systemen zwischen Außenleitern und Erde die Spannung zwischen zwei Außenleitern auszuwählen sind.

In Systemen mit starrer Erdung des Sternpunkts der Stromquelle (TT- und TT-Systemen) ist aufgrund der Verbindung von Neutral- und Schutzleiter bei Fehlerbedingungen nicht davon auszugehen, dass die Spannung des Neutralleiters auf die maximale Strangspannung U_0 ansteigt. Hier kann auf den Aufschlagfaktor 1,1 verzichtet werden.

Überspannungs-Schutzeinrichtungen	System nach Art der Erdverbindung des Verteilungsnetzes		
	TN-System	TT-System	IT-System
Außenleiter und Neutralleiter	$\frac{1{,}1 \cdot U}{\sqrt{3}}$	$\frac{1{,}1 \cdot U}{\sqrt{3}}$	$\frac{1{,}1 \cdot U}{\sqrt{3}}$
Außenleiter und Schutzleiter	$\frac{1{,}1 \cdot U}{\sqrt{3}}$	$\frac{1{,}1 \cdot U}{\sqrt{3}}$	$1{,}1 \cdot U$
Außenleiter und PEN-Leiter	$\frac{1{,}1 \cdot U}{\sqrt{3}}$	nicht anwendbar	nicht anwendbar
Neutralleiter und Schutzleiter	$\frac{U}{\sqrt{3}}$	$\frac{U}{\sqrt{3}}$	$\frac{1{,}1 \cdot U}{\sqrt{3}}$
zwischen Außenleiter	$1{,}1 \cdot U$	$1{,}1 \cdot U$	$1{,}1 \cdot U$

Tabelle 9.4 Höchste Dauerspannung in Abhängigkeit der Netzform gemäß DIN VDE 0100-534

9.10 Auswahl des Überspannungsschutzes im Hauptstromversorgungssystem

In Hauptstromversorgungssystemen besteht das Risiko direkter Blitzeinschläge. Hierfür sind die Überspannungs-Schutzeinrichtungen vom Typ 1 in Übereinstimmung der Produktnorm DIN EN 61643-11 (VDE 0675-6-11) im Hauptstromversorgungssystem vorgesehen:

- Es ist sicherzustellen, dass bei einem inneren Kurzschluss der SPD dauerhaft vom Netz getrennt wird.
- Es sind ausschließlich spannungsschaltende SPDs vom Typ 1 (mit Funkenstrecken) einzusetzen.
- Es dürfen keine Varistoren verwendet werden. Eine Parallelschaltung mit einem Varistor und Funkenstrecke ist unzulässig.
- Es dürfen durch Statusanzeigen (z. B. LED-Anzeigen) keine Betriebsströme verursacht werden.
- Die Kurzschlussfestigkeit I_{SCCR} des SPDs vom Typ 1 muss mindestens 25 kA betragen.
- Der Folgestrom I_r darf nicht zum Auslösen der Hausanschlusssicherung führen. (Das Folgestromverhalten hat der Hersteller anzugeben.)
- Die schutzisolierten Gehäuse für die Aufnahme der SPDs vom Typ 1 müssen plombierbar sein.
- Eine Überprüfung der Statusanzeige muss ohne Öffnung plombierter Gehäuse möglich sein.

Die Verwendung von kombinierten SPDs, die zusätzlich die Anforderungen eines SPDs vom Typ 2 und ggf. Typ 3 der Produktnormen DIN EN 61643-11 (VDE 0675-6-11) erfüllen, sind bei gleichzeitiger Erfüllung der genannten Anforderungen zulässig. Bei Anlagen mit erhöhtem Sicherheitsbedürfnis, wie in Krankenhäusern, Industriebetrieben etc., sind Fernmeldekontakte zulässig, wenn

- der Hilfsstromkreis aus dem gemessenen Teil der Anschlussnutzeranlage stammt und
- die Fernanzeige Teil der Anschlussnutzeranlage ist.

Die Einrichtungen zum Schutz bei Überspannung vom Typ 1 in Hauptstromversorgungssystemen sind nach DIN VDE 0100-534 nach Art der Erdverbindung auszuwählen. Der SPD vom Typ 1 Hauptstromversorgungssystem ist seitens der Erdverbindung an der Haupterdungsschiene/Haupterdungsklemme und zusätzlich mit dem Schutzleiter der Kundenanlage anzuschließen. Die Verbindung ist nach DIN VDE 0100-534 Abs. 534.4.10 mit einem Leiterquerschnitt von mindestens 16 mm² oder gleichwertig anzuschließen. SPDs vom Typ 1 im Hauptstromversorgungssystem dürfen nicht im Hausanschlusskasten installiert werden. Sie sind im netzseitigen Anschlussraum des Zählerschranks, in einem Hauptverteiler oder in einem separaten Gehäuse zu installieren.

9.10.1 Freileitungseinspeisungen

Bei Freileitungseinspeisungen (**Tabelle 9.5**) ist mit direkten Blitzeinschlägen in die Kundenanlage seitens der Einspeisestelle zu rechnen. Hierfür ist der direkte Blitzeinschlag in den letzten Mast vor dem Gebäudeeintritt der Leitung zu berücksichtigen. Hierzu sind die Überspannungsschutzgeräte neben den Anschlussschemata insbesondere nach dem Blitzstoßstrom I_{im}p gemäß DIN VDE 0100-534 Anhang B Tabelle B.1 auszuwählen.

Bei Gebäuden mit Freileitungseinspeisung besteht ein höheres Risiko eines direkten Blitzeinschlags in den letzten Mast. Die Leiterverbindungen und damit die Induktivitäten zwischen SPD und Haupterdungsschiene sind möglichst kurz zu halten. Aus funktionalen Gründen ist eine Anordnung in der Nähe der Gebäudeeinspeisung zu empfehlen.

Anschlussschema	I_{imp} in kA			
	System nach Art der Erdverbindung			
	Einphasen-Systeme		Dreiphasen-Systeme	
	1	2	1	2
L – N		5		5
L – PE	5		5	
N – PE	5	10	5	20

Tabelle 9.5 Auswahl des Blitzstoßstroms nach DIN VDE 0100-534 Anhang B für Freileitungseinspeisung (Tabelle gilt für die Blitzschutzklassen III und IV)

9.11 Überspannungsschutz von Speichern und Erzeugungsanlagen

Der Überspannungsschutz bei Speichern und Erzeugungsanlagen am Niederspannungsnetz innerhalb von Kundenanlagen ist nach DIN VDE 0100-443, DIN VDE 0100-534 und VDE-AR-N 4100 zu koordinieren.

In neu errichteten Gebäuden werden Speicher und Erzeugungsanlagen bereits während der Planung berücksichtigt, sodass diese entweder mit der elektrischen Anlage errichtet werden oder gegebenenfalls nachträglich in die Kundenanlage integriert werden können.

Wird in eine bestehende elektrische Anlage eine Erzeugungsanlage bzw. ein Speicher integriert, liegt eine sogenannte Erweiterung der elektrischen Anlage vor. Hinsichtlich des Blitz- und Überspannungsschutzes ist demnach die Erfordernis einer Anpassung der von der Änderung betroffenen Anlagenteile zu prüfen.

Nach derzeitigem Stand hat in Deutschland nach DIN VDE 0100-712 Abs. 712.443 die Entscheidung zur Verwendung von Überspannungsschutzgeräten in PV-Anlagen nach DIN EN 62305-3 Beiblatt 5 (VDE 0185-305-3 Beiblatt 5) zu erfolgen. Mit diesem nationalen Verweis ist das Beiblatt, welches für sich einen rein informativen Charakter hat und weitere Möglichkeiten, die Anforderungen zu erfüllen, nicht ausschließt, Bestandteil der Errichtungsbestimmungen.

Mit Anwendungsbeginn der VDE-AR-N 4100 mit Ausgabe vom April 2019 sind nach Abs. 11.2 Überspannungs-Schutzeinrichtungen im Hauptstromversorgungssystem vom Typ 1 vorzusehen. Wird die PV-Anlage nachträglich in eine Kundenanlage integriert, ist hier von einer Erweiterung die Rede, sodass eine Anpassung diesbezüglich bei älteren Kundenanlagen zu prüfen ist. Der Anschluss der Überspannungs-Schutzeinrichtung vom Typ 1 im Hauptversorgungssystem und vom Typ 2 in der Verteilung ist nach DIN VDE 0100-534 Abs. 534.4.10 zu koordinieren.

Bei AC-gekoppelten Systemen ist der Speicher hinter dem Zähler in der Anschlussnutzeranlage installiert. Sind PV-Anlage und Speicher in derselben Anschlussnutzeranlage installiert, ist der Überspannungsschutz von beiden Erzeugungsanlagen (Speicher und PV-Anlage) zu betrachten (**Bild 9.6**).

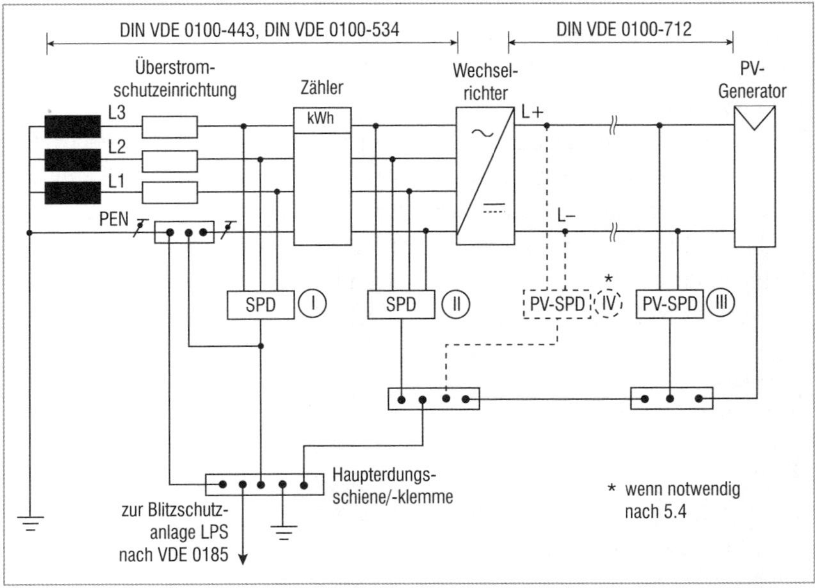

Bild 9.6 Koordination der Überspannungsschutzgeräte in einem PV-Stromversorgungssystem nach DIN VDE 0100-712

Hinsichtlich der Auswahl der Überspannungsschutzgeräte sind bei vorhandenen PV-Anlagen folgende Anwendungsfälle zu unterscheiden:

A. Es ist keine Blitzschutzanlage auf dem Dach installiert.
B. Es ist eine Blitzschutzanlage auf dem Dach installiert und die Trennungsabstände sind eingehalten.
C. Es ist eine Blitzschutzanlage auf dem Dach installiert und die Trennungsabstände sind nicht eingehalten.

9.11.1 PV-Anlagen mit Speicher ohne Blitzschutzanlage

Ist keine Blitzschutzanlage auf dem Dach vorhanden, ist ein direkter Blitzeinschlag in die Montagekonstruktion bzw. die DC-Leitungen unwahrscheinlich. Eine Überspannung kann demzufolge vom öffentlichen Stromversorgungssystem in die Anlage eingekoppelt werden. Demnach ist in der Hauptverteilung, wie nach VDE-AR-N 4100 gefordert, ein Überspannungsschutzgerät vom Typ 1 erforderlich. Die Erfordernis einer Nachrüstung eines Überspannungsschutzgeräts vom Typ 1 kann gegeben sein, wenn die PV-Anlage vor Anwendungsbeginn der VDE-AR-N 4100 installiert wurde und die elektrische Anlage ab Anwendungsbeginn der VDE-AR-N 4100 um einen Speicher im AC Pfad erweitert wird (**Tabelle 9.6**).

Zwischen Zähler und Hauptsicherung sind Überspannungsableiter (SPD) des Typs 2 entsprechend der Produktnorm DIN EN 61643-11 (VDE 0675-6-11) einzubauen.

1. Zwischen den Anschlussstellen der Gleichspannungsseite des Wechselrichters und des PV-Generators sind Überspannungsableiter (SPD) des Typs 2 entsprechend der Produktnorm DIN EN 61643-11 (VDE 0675-6-11) unmittelbar nach Gebäudeeintritt der DC-Leitungen einzubauen.
2. Beträgt der Abstand zwischen dem SPD und dem zu schützenden Wechselrichter mehr als 10 m, z. B. wenn nach dem Eintritt der Leitung in die

Situation Trennungsabstände und äußerer Blitzschutz		PA der Montagekonstruktion	SPD Einbauort I	SPD Einbauort II	SPD Einbauort III
A	kein äußerer Blitzschutz	6 mm²	Typ 2* Typ 1**	Typ 2	Typ 2
B	äußerer Blitzschutz mit Einhaltung der Trennungsabstände	6 mm²	Typ 1	Typ 2	Typ 2
C	äußerer Blitzschutz ohne Einhaltung der Trennungsabstände	16 mm²	Typ 1	Typ 1	Typ 1

* Gemäß DIN VDE 0185-305-3 Beiblatt 5 ist ein SPD vom Typ 2 im Hauptstromversorgungssystem vorzusehen.
** Die Anwenderregel VDE-AR-N 4100 fordert ein SPD vom Typ 1 im Hauptstromversorgungssystem.

Tabelle 9.6 Einbausituationen und Auswahl von Überspannungs-Schutzeinrichtungen

bauliche Anlage die Leitung vom Dachgeschoss in den Keller verlegt ist, dann sind zusätzliche Überspannungsschutzgeräte in der Nähe des zu schützenden Wechselrichters gefordert. Diese sind unmittelbar in der Nähe der Wechselrichter zu installieren.

3. Die Montage einer Photovoltaikanlage mit und ohne Speicher stellt eine Erweiterung der elektrischen Anlage dar. Somit sind die davon betroffenen Anlagenteile, auch bei „Bestandsanlagen“, an die derzeit gültigen Regeln der Technik anzupassen. Deshalb sind zudem nach VDE 0185-305-3 Beiblatt 5 zwischen den Anschlussstellen der Wechselspannungsseite des Wechselrichters und des Zählers Überspannungsableiter (SPD) des Typs 2 entsprechend der Produktnorm DIN EN 61643-11 (VDE 0675-6-11) einzubauen. Dazu sind u. a. die Anforderungen nach DIN VDE 0100-534 zu beachten.

9.11.2 PV-Anlagen mit Speicher mit Blitzschutzanlage und eingehaltenem Trennungsabstand

Ist auf dem Gebäude eine Blitzschutzanlage vorhanden und sind die Trennungsabstände eingehalten, liegt gemäß DIN EN 62305-3 Beiblatt 5 (VDE 0185-305-3 Beiblatt 5) die Einbausituation B vor. Bei einer Nachrüstung einer Erzeugungsanlage bzw. eines Speichers ist aufgrund der VDE-AE-N 4100 hinsichtlich des Blitz- und Überspannungsschutzes die Anforderung auch erfüllt. Der Speicher sollte demnach innerhalb des Gebäudes, sofern sich dieser nicht im Schutzbereich eines Kombi-Ableiters der Hauptverteilung vom Typ 1 und 2 befindet, mit einem Überspannungsschutzgerät (SPD) vom Typ 2 geschützt werden.

9.11.3 PV-Anlagen mit Speicher mit Blitzschutzanlage ohne Einhaltung des Trennungsabstands

Bei DC-gekoppelten Systemen ist der Laderegler des Speichers Teil der Gleichspannungsseite der PV-Anlage. Somit ist der Speicher im Einbauort III eingebaut, wodurch dieser in den Überspannungsschutz einzubinden ist. Demnach ist dieser mit einem Überspannungsschutzgerät vom Typ 1 gemeinsam mit dem PV-Generator zu schützen.

Bei AC-gekoppelten Systemen ist zu unterscheiden, ob der Speicher innerhalb der Anschlussnutzeranlage der PV-Anlage liegt oder über einen separaten Pfad installiert ist. Ist der Speicher in derselben Anschlussnutzeranlage installiert, sind gemäß DIN EN 62305-3 Beiblatt 5 (VDE 0185-305-3 Beiblatt 5) am Einbauort II Überspannungsschutzgeräte vom Typ 1 zu installieren. Hier empfiehlt es sich, sofern möglich, den Speicher einer separaten Anschlussnutzeranlage zu installieren, sodass hier ggf. ein Überspannungsschutzgerät vom Typ 2 ausreichend ist.

10 Einspeisung in Endstromkreise

Erzeugungseinheiten zur Einspeisung in Endstromkreise sind im Zuge der Energiewende für Mieter und Wohnungseigentümer entwickelt worden. Dadurch sollen auch Mieter und Wohnungseigentümer der Beitrag an der Energiewende, die sog. Energiewende von unten, ermöglicht werden. Diese sind für den kleinen Mann entwickelt worden, der nicht die Möglichkeit hat, ein komplettes Hausdach mit einem PV-Stromversorgungssystem zu versehen. Die Mini-PV-Anlagen, oder auch Balkon-PV-Anlagen genannt, bestehen aus einem PV-Modul mit integriertem Wechselrichter. Über eine Anschlussleitung mit Schutzkontaktstecker werden die Anlagen einfach in Betrieb genommen. Die Einspeisung erfolgt über den bestehenden Stromkreis. Hierfür wird ganz einfach die vorhandene Schutzkontaktsteckdose auf dem Balkon verwendet. Dadurch soll jeder Laie in die Lage versetzt werden, so eine Anlage zu erwerben und einfach in Betrieb zu nehmen. Allerdings wurden Anlagen, die über einen Schutzkontaktstecker die elektrische Energie in einen Endstromkreis einspeisen, in Deutschland verboten.

10.1 Einspeisung in Anschlussnutzeranlagen

Bestehende elektrische Anlagen sind zum Errichtungszeitpunkt zu den derzeit gültigen Regeln der Technik zu errichten. In Wohngebäuden dienen diese dem alleinigen Zweck der Stromversorgung; also Stromentnahme, von Haushalten über Stecker oder fest angeschlossenen Verbrauchmittel. Elektrische Anlagen, die zum Zeitpunkt der Errichtung nach den gültigen VDE-Bestimmungen errichtet wurden, gelten nach § 49 EnWG als sicher.

Bei Anschluss von Erzeugungseinheiten am Endstromkreis erfolgt eine zusätzliche Einspeisung in den Endstromkreis parallel zum Niederspannungsnetz. Demnach wird dieser nicht mehr ausschließlich zur Stromentnahme – wie ursprünglich vorgesehen – verwendet. Dadurch besteht eine Nutzungsänderung, woraus sich die Pflicht zur Anpassung an die derzeit anerkannten Regeln der Technik des von der Änderung betroffenen Teils der Anschlussnutzeranlage ableiten lässt. Aus der Nutzungsänderung ergibt sich gemäß § 49 (1) EnWG die Notwendigkeit, die Anlage an die derzeit anerkannten Regeln der Technik der Normenreihe DIN VDE 0100 anzupassen.

Elektrische Anlagen und Betriebsmittel und Erzeugungseinheiten fallen bzgl. der Schutzmaßnahmen Schutz gegen elektrischen Schlag in den Anwendungsbereich der Sicherheitsgrundnorm DIN EN 61140 (VDE 0140-1). Die Norm beinhaltet gemeinsame Anforderungen an den Schutz gegen elektrischen Schlag für Anlagen und Betriebsmittel. Daraus leiten sich die Schutzmaßnahmen gegen elektrischen Schlag an elektrischen Anlagen nach DIN VDE 0100-410 ab. Die Sicherheitsgrundnorm ist zudem im Amtsblatt der Europäischen Union zur Niederspannungsrichtlinie 2014/35/EU gelistet und gilt demnach als harmonisierte Norm für die Beschaffenheit elektrischer Betriebsmittel. Somit hat jeder Hersteller, der im europäischen Wirtschaftsraum ein elektrisches Betriebsmittel in den Verkehr bringt, seine Betriebsmittel u. a. entsprechend dieser Sicherheitsgrundnorm zu konstruieren, damit der Schutz gegen elektrischen Schlag gegeben ist. Darunter fallen auch Erzeugungseinheiten, die für die Einspeisung in Endstromkreise vorgesehen sind. Erzeugungseinheiten für die Einspeisung in Endstromkreise sind typischerweise:

- Batteriespeicher (Mini-Speicher),
- Pufferspeicher zur unterbrechungsfreien Stromversorgung (USV),
- Plug-in-PV-Anlagen (sog. Mini- oder Balkon-PV-Anlagen),
- rückspeisefähige Ladeeinrichtungen für Elektrofahrzeuge.

10.2 Schutzmaßnahmen nach DIN VDE 0100

Die Errichtung elektrischer Anlagen fällt in den Anwendungsbereich der Normenreihe VDE 0100. Hierzu sind insbesondere bzgl. beim Schutz gegen elektrischen Schlag sowie beim Schutz gegen Brände, die folgenden Aspekte zu berücksichtigen:

- Schutz gegen elektrischen Schlag nach DIN VDE 0100-410,
- Schutz vor thermischen Auswirkungen nach DIN VDE 0100-420,
- Schutz bei Überstrom nach DIN VDE 0100-430,
- Schutz bei Überspannungen,
- Schutz bei Unterbrechung der Stromversorgung.

10.3 Schutz gegen elektrischen Schlag

Maßnahmen zum Schutz gegen elektrischen Schlag beinhalten Schutzvorkehrungen an den Basisschutz und an den Fehlerschutz. Beide Schutzvorkehrungen sind immer zusammen anzuwenden. Der Basisschutz stellt hierbei eine Vorkehrung dar, damit unter normalen Bedingungen eine Berührung von gefährlichen aktiven Teilen verhindert wird. Der Fehlerschutz, auch Schutz bei indirektem Berühren genannt, stellt eine vom Basisschutz unabhängige Maßnahme dar, die einen Schutz gegen elektrischen Schlag unter den Bedingungen eines Einzelfehlers, z. B. bei Versagen des Basisschutzes, gewährleistet. Beide Schutzvorkehrungen dürfen nur in Kombination angewendet werden,

- durch eine Schutzvorkehrung bestehend aus Basisisolierung und zusätzlicher Isolierung bzw. einer verstärkten Isolierung oder
- aus der Schutzmaßnahme Schutz durch automatische Abschaltung der Stromversorgung, bestehend aus einer Basisschutzvorkehrung und einer Fehlerschutzvorkehrung.

Die Schutzmaßnahme Schutz durch doppelte oder verstärkte Isolierung nach DIN VDE 0100-410 Abs. 412 wird vorwiegend bei Betriebsmitteln in Niederspannungs-Schaltgerätekombinationen angewendet. Diese sind der Schutzklasse 2 zugeordnet. In Endstromkreisen, die zur allgemeinen Versorgung ortsveränderlicher Betriebsmittel mit Nennspannungen von 400/230 V/50 Hz und Betriebsströmen bis 32 A zur allgemeinen Versorgung ortsveränderlicher Verbrauchsmittel vorgesehen sind, ist die Schutzmaßnahme Schutz durch automatische Abschaltung im Fehlerfall nach DIN VDE 0100-410 Abs. 411 anzuwenden.

10.4 Schutzkontaktstecker und -steckdose

Die Stifte der Schutzkontaktstecker dienen als Kontakt der aktiven Leiter bei Stromentnahme aus einer Schutzkontaktsteckdose. Elektrische Betriebsmittel mit Stecker sind nach DIN EN 61140 (VDE 0140-1) Abs. 7 entsprechend einer Schutzklasse zu klassifizieren. Diese Klassifikation der Schutzklasse kann auch nach Anschluss an die elektrische Anlage erreicht werden. Hierzu sind jedoch durch den Betriebsmittelhersteller die notwendigen Angaben erforderlich. Im ausgesteckten Zustand führen i. d. R. die Steckerstifte keine berührungsgefährlichen Spannungen, da die steckerfertige Erzeugungsanlage ausschließlich bei vorhandener Netzspannung den Einspeisebetrieb aufnimmt. Schutzkontaktstecker an steckerfertigen Erzeugungsanlagen verfügen im ausgesteckten Zustand über keine Basisisolierung. Die Nennspannung liegt an den Steckerstiften bei 230V (AC). Aufgrund der Spannung von 230V (AC) und der fehlenden Basisisolierung der Steckerkontakte, können steckerfertige Erzeugungsanlagen weder der Schutzklasse 0 noch der Schutzklasse 3 zugeordnet werden. Im eingesteckten Zustand der steckerfertigen Erzeugungsanlage sind die Anforderungen an die Schutzklasse 2 durch die doppelte bzw. verstärkte Isolierung des Schutzkontaktsteckers und der Schutzkontaktsteckdose nach DIN EN 61140 (VDE 0140-1) Abs. 7.4 erfüllt. Schutzkontaktsteckdosen werden entsprechend ihrer bestimmungsgemäßen Verwendung in elektrischen Anlagen verwendet, wenn diese ausschließlich zur Versorgung ortsveränderlicher Verbrauchsmittel verwendet werden. Zudem wird die vorhandene Schutzkontaktsteckdose sowie die bestehende elektrische Anlage nicht entsprechend dem Errichtungszwecke als reine Verbraucheranlage verwendet. Seitens der ortsfesten elektrischen Anlage sind nach DIN VDE 0100-511 Abs. 4.6 Steckdosen und Stecker in einem Leitungszug so anzubringen, dass die Steckerstifte in ausgestecktem Zustand nicht unter Spannung stehen. Damit werden Schutzkontaktstecker und Schutzkontaktsteckdose entgegen der bestimmungsgemäßen Verwendung unzulässig betrieben.

10.5 Die Anschlussnutzeranlage

Endstromkreise sind nach DIN VDE 0100-410 Abs. 411.3.2.1 mit einer Schutzeinrichtung zu versehen, die im Falle eines Fehlers (Körperschluss oder Kurzschluss) die Stromversorgung zu dem Außenleiter eines Stromkreises oder Betriebsmittels in der geforderten Abschaltzeit (TN-Systeme mit 230V (AC): 0,4s) automatisch unterbricht. Diese Schutzmaßnahme darf in TN-Systemen nach DIN VDE 0100-410 Abs. 411.4.5 mit einer Überstrom-Schutzeinrichtung oder einer Fehlerstrom-Schutzeinrichtung (RCD) realisiert werden. In der Regel werden hierfür bei Bestandsgebäuden, die vor 2007 errichtet wurden, Leitungsschutzschalter eingesetzt.

Die Schutzmaßnahme Schutz durch automatische Abschaltung der Stromversorgung im Fehlerfalle ist nur wirksam, wenn die Abschaltung innerhalb der vorgegebenen Zeit nach DIN VDE 0100-410, Tabelle 41.1 erfolgt. Der magnetische Schnellauslöser des Leitungsschutzschalters benötigt hierfür, abhängig von der Charakteristik (i. d. R. B16), einen ausreichend hohen Kurzschlussstrom (B16: 5 · 16 A = 80 A) zur sicheren Erkennung und Abschaltung des Stromkreises. Für Endstromkreise in Wohngebäuden wurden i. d. R. Leitungsschutzschalter vom Typ B16 und einem Leitungsquerschnitt, der im Putz oder unter Putz verlegten Leitungen vom Typ NYM mit einem Nennquerschnitt von 3 x 1,5 mm^2 (Kupfer) verwendet. Hieraus ergibt sich ein erforderlicher Auslösestrom (5 · 16 A (Charakteristik B = 5)) von mindestens 80 A. Dieser muss im Fehlerfall fließen, damit der Leitungsschutzschalter innerhalb der geforderten Abschaltzeit von 0,4 s den Stromkreis bei Körperschluss oder Kurzschluss abschaltet.

Schutzkontaktsteckdosen auf Balkonen, so hat es die Erfahrung gezeigt, sind i. d. R. auf derselben Schutzeinrichtung wie das angrenzende Zimmer der Wohneinheit angeschlossen. Somit besteht der Stromkreis aus mehreren Steckdosen sowie der Raumbeleuchtung.

Ein Kurzschluss bei einer reinen Entnahme durch Verbrauchsmittel, wie Fernseher, Heizlüfter, Beleuchtung etc., treibt die Netzspannung den für die Abschaltung erforderlichen Fehlerstrom, der bei einer ausreichend niedrigen Impedanz der Fehlerschleife einen ausreichend hohen Strom treibt, der wiederum zur Abschaltung innerhalb der geforderten 0,4 s (in TN-Systemen mit 230 V Nennspannung) führt. Der Fehlerstrom muss quasi ausreichend hoch sein, damit die Überstrom-Schutzeinrichtung diesen rechtzeitig als Überstrom erkennt und so eine automatische Abschaltung bewirkt. Endstromkreise in neu errichteten elektrischen Anlagen weisen normalerweise sehr niedrige Fehlerschleifenimpedanzen im Rahmen der Erstprüfung nach DIN VDE 0100-600 auf. In bestehenden elektrischen Anlagen kann sich im Laufe der Zeit dieser Wert deutlich verschlechtern, sodass abzgl. der Betriebsmessabweichung des Messgeräts dieser nahe unterhalb des Grenzwerts von 2,8 Ω (230 V/5 · 16 A) liegt. Hier kann im Worst Case der Leitungsschutzschalter verspätet abschalten.

10.6 Schutz vor Überströmen und thermischen Auswirkungen

Elektrische Anlagen und Betriebsmittel können durch zu hohe Ströme (Überstrom) beeinträchtigt werden. Der Begriff Überstrom beinhaltet Überlast- und Kurzschlussstrom. Überlastströme entstehen betriebsbedingt durch häufige und länger andauernde Überlastung ohne einen Isolationsfehler. Kurzschluss entsteht durch unbeabsichtigte Isolationsfehler aufgrund fehlerhafter Betriebsmittel o. ä. Dies kann zu einer länger andauernden Erwärmung der Leitung führen. Die Folge ist eine beschleunigte Alterung des Isolationsmaterials. Es wird dadurch spröde und die Isolationseigenschaften sind damit beeinträchtigt. Es bilden sich Risse in der Isolation, diese führen wiederum durch Verschmutzung zu Kriechstrecken. Die Folge sind Fehlerströme und Lichtbögen, die zum Brand führen können. Zur Vermeidung von thermischen und mechanischen Auswirkungen auf die Isolierung, Verbindungen, Anschlüsse etc. sind gemäß DIN VDE 0100-430 Abs. 430.3 Schutzeinrichtungen vorzusehen. Überströme sind durch geeignete Schutzvorkehrungen in den Außenleitern des Stromkreises zu unterbrechen. Für den Schutz vor betriebsmäßiger Überlast darf der Bemessungsstrom der Schutzeinrichtung die zulässige Dauerstrombelastbarkeit des Kabels nach DIN VDE 0298-4 nicht überschreiten. Die Dauerstrombelastbarkeit ergibt sich u. a. aus der Verlegeart, der Häufung, der Temperaturen und dem Gleichzeitigkeitsfaktor. Bei Erzeugungsanlagen ist von einem Gleichzeitigkeitsfaktor $g = 1$ auszugehen, da diese Anlagen normalerweise mit ihrem Nennstrom einspeisen. Steckdosenstromkreise in Wohngebäuden sind hingegen mit einem Gleichzeitigkeitsfaktor zwischen 0,1 und 0,2 ausgelegt. Damit die Leitung nicht unzulässig hoch überlastet wird, muss u. a. nach DIN VDE 0100-410 Abs. 433.1(1) die Nennstromregel eingehalten werden. Diese besagt, dass der Bemessungsstrom der Schutzeinrichtung die zulässige Dauerstrombelastbarkeit der Leitung nicht überschreiten darf. Auf der Lastseite dürfen auch beim Parallelbetrieb der steckerfertigen Erzeugungsanlage die Dauerstrombelastbarkeit der Kabel und Leitungen nicht überschritten werden. Im Vergleich zum reinen Verbraucherstromkreis kommt durch die Stromerzeugungseinrichtung eine zusätzliche Stromquelle hinzu, die nach der Schutzeinrichtung des Endstromkreises zu einer Überlastung des Stromkreises führen kann, ohne dass diese den zusätzlichen Einspeisestrom der Erzeugungsanlage erkennt und den Stromkreis somit verspätet oder gar nicht abschaltet.

10.7 Anforderungen nach DIN VDE V 0100-551-1

Im Mai 2018 ist der Normenentwurf DIN VDE V 0100-551-1 erschienen. Diese Vornorm ergänzt die derzeit gültige Norm DIN VDE 0100-551, die bisher den Parallelbetrieb von Stromversorgungseinrichtungen mit anderen

Stromquellen, die an einem öffentlichen Stromversorgungsnetz angeschlossen sind, in Deutschland ausschließt. Demnach dürfen Stromerzeugungseinrichtungen, darunter die sogenannten Mini-PV-Anlagen (auch Balkon-PV-Anlagen) genannt, betrieben werden. Diese dürfen entweder an der Versorgungsseite oder an der Lastseite angeschlossen werden. Stromerzeugungseinrichtungen für den Parallelbetrieb mit anderen Stromquellen, die an einem öffentlichen Stromversorgungsnetz angeschlossen sind, sind sowohl beim Anschluss auf der Versorgungsseite als auch beim Anschluss auf der Lastseite eines Versorgungsnetzes fest anzuschließen. Alternativ kann auch eine dafür vorgesehene Energiesteckvorrichtung, z. B. nach DIN VDE V 0628-1 verwendet werden. Hierfür sind die Energiesteckdosen sowie der Stromkreis im Verteiler entsprechend zu kennzeichnen (**Bild 10.1**).

Lastseitig ist die Einspeisung der Stromerzeugungseinrichtung über einen Schutzkontaktstecker in einen Endstromkreis unzulässig. Leitungen und Betriebsmittel sind ausreichend gegen Überstrom, Kurzschluss und damit vor zu hohen Erwärmungen zu schützen. Die Überstrom-Schutzeinrichtung sowie die Strombelastbarkeit der Kabel und Leitungen des Endstromkreises sind mit der angeschlossenen Stromerzeugungseinrichtung so auszulegen, dass die Anforderungen an den Schutz bei Überstrom nach DIN VDE 0100-430 erfüllt sind.

Bei Endstromkreisen, an denen ausschließlich Verbrauchsmittel betrieben werden, ist die Dauerstrombelastung durch den Bemessungsstrom der Überstrom-Schutzeinrichtung begrenzt. In Endstromkreisen mit zusätzlicher Stromerzeugungseinheit und einem gleichzeitig angeschlossenen Verbrauchsmittel wird der Leitungsabschnitt des Verbrauchers im Stromkreis zusätzlich von der Stromerzeugungseinheit gespeist. Die Strombelastung der Leitung kann in Summe die Dauerstrombelastbarkeit der Leitung überschreiten. Deshalb darf die Summe aus dem Bemessungsstrom, der

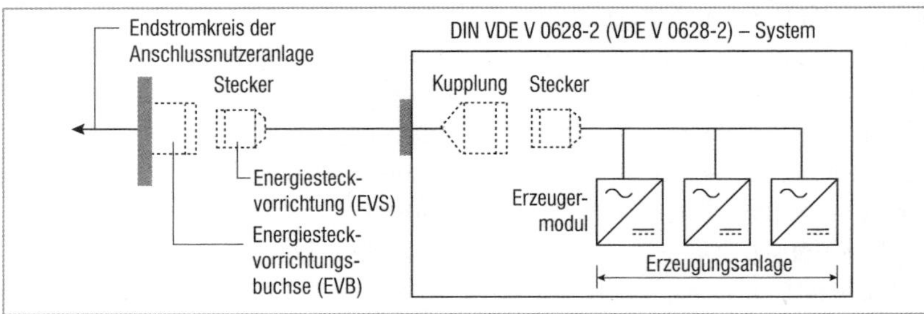

Bild 10.1 Anschluss einer Energiesteckvorrichtung über eine Energiesteckvorrichtung nach DIN V 0628

Schutzeinrichtung und dem Bemessungsausgangsstrangstrom der Stromerzeugungseinrichtung die Dauerstrombelastbarkeit I_Z der Leitung nicht überschreiten. Bei Erweiterung bzw. Änderung eines bestehenden Endstromkreises um eine Balkon-PV-Anlage ist deshalb zu prüfen, ob durch die zusätzliche betriebsmäßige Strombelastung des Bemessungsausgangsstroms I_g der Stromerzeugungseinheit die Dauerstrombelastbarkeit I_Z der Leiter im Stromkreis der bestehenden Anlage nach DIN VDE 0100-520 und DIN VDE 0298-4 überschritten wird. Klassische Abhilfemaßnahme wäre hier die Leitung durch eine Leitung mit dem nächsthöheren Leiternennquerschnitt zu ersetzen. Allerdings stellt diese Änderung in bestehenden elektrischen Anlagen die aufwendigste Lösung dar. Damit wäre eine Erweiterung der bestehenden elektrischen Anlage um einen separaten Einspeisestromkreis die optimalere Lösung. Die am leichtesten zu realisierende Lösung zur Ertüchtigung stellt häufig die Erneuerung der Schutzeinrichtung mit einem kleineren Bemessungsstrom dar. Damit ist eine Überlastung der Leiter bei intakter Schutzeinrichtung zwar ausgeschlossen, jedoch schränkt der geringere Bemessungsstrom der Schutzeinrichtung durch frühzeitige Überlastauslösung ein. Dadurch ist bei Benutzung von Verbrauchsmitteln mit hohen Nennleistungen, wie Staubsauger, Heizlüfter etc., mit einer frühzeitigen und ungewollten Abschaltung des Stromkreises zu rechnen. Die Vornorm DIN V VDE 0100-551-1 Abs. 551.7.2 i) führt als Anmerkung an, dass das Schutzziel an den Schutz vor thermischer Belastung auch durch eine sichere Kommunikation zwischen Stromerzeugungseinrichtung und netzseitiger Schutzeinrichtung sichergestellt werden kann. Allerdings wird die Ausführung der sicheren Kommunikation von Stromerzeugungseinheit und Schutzeinrichtung nicht konkretisiert. Letzten Endes würde die Lösung so aussehen, dass die Schutzeinrichtung des Endstromkreises den aktuellen Einspeisestrom der Stromerzeugungseinrichtung übersendet bekommt und diesen zur Überlasterkennung hinzurechnet.

Die Frage nach den Kosten und nach geeigneten Herstellern bleibt jedoch offen und stellt somit für den Elektriker sicherlich momentan noch keine adäquate Abhilfe dar. Zukünftig sollen die Anwendungsregel VDE-AR-E 2100-550 sowie die DIN EN 61140 (VDE 0140-1) zusätzlich Hinweise zu den einzuhaltenden Schutzzielen enthalten.

Der Endstromkreis muss neben dem Schutz bei Überstrom und Kurzschluss mit einer Fehlerstrom-Schutzeinrichtung (RCD) als Schutz bei indirektem Berühren geschützt sein. Die Anforderungen an den Schutz durch automatische Abschaltung der Stromversorgung sowie an den zusätzlichen

Schutz nach DIN VDE 0100-410 Abs. 411 und 415 müssen hierbei erfüllt sein. Der zusätzliche Schutz für Endstromkreise, auch im Freien, ist erreicht, wenn der Bemessungsfehlerstrom der Fehlerstrom-Schutzeinrichtung (RCD) nicht mehr als 30 mA beträgt. Der Fehlerschutz ist aufgrund des Bemessungsfehlerstroms von höchstens 30 mA nach DIN VDE 0100-530 Abs. 531.3.6 ebenfalls erfüllt, wenn die Fehlerstrom-Schutzeinrichtung so angeordnet ist, dass eine Auslösung nicht zur Abschaltung aller Endstromkreise des Verteilerstromkreises führen kann und an der Einspeisestelle des Endstromkreises angeordnet ist. Eine Nachrüstung in bestehenden elektrischen Verteilungen, z. B. durch eine in der Energiesteckdose integrierte Fehlerstrom-Schutzeinrichtung, so wie man es von Schutzkontaktsteckdosen her kennt, ist somit unzulässig.

Grundsätzlich sind elektrische Betriebsmittel, insbesondere Schutzeinrichtungen, so auszuwählen und zu installieren, dass diese für die vorliegenden Beanspruchungen geeignet sind und dadurch nicht unwirksam werden. Mini-PV-Anlagen und Erzeugungsanlagen mit Stecker in kompakter Bauweise verfügen i. d. R. über Wechselrichter ohne einfache Trennung. Der Wechselrichter ist demnach ein getakteter Energiewandler. Die Umwandlung des Gleichstroms in Wechselstrom verursacht Oberwellen. Gleiches entsteht bei einer Vielzahl elektronischer Verbrauchsmittel im Stromkreis, wie PC, Ladegeräte usw. Dadurch besteht im Fehlerfall der Fehlerstrom aus einem Wechselstrom- und einem Gleichstromanteil. Grundsätzlich sind Fehlerstrom-Schutzeinrichtungen vom Typ A ausreichend. Allerdings führt der Gleichstromanteil bei Fehlerstrom-Schutzeinrichtungen vom Typ A zu einer Sättigung des Eisenkerns. Ab Gleichfehlerströmen größer als 6 mA werden Fehlerstrom-Schutzeinrichtungen vom Typ A unwirksam. In diesem Fall sind nach DIN VDE 0100-530 Abs. 513.3.6 Fehlerstrom-Schutzeinrichtungen (RCD) vom Typ B oder B+ zu verwenden und es muss sichergestellt sein, dass das Betriebsmittel, in diesem Fall die Stromerzeugungseinrichtung, dauerhaft über die gesamte Nutzungsdauer nur mit dieser Steckdose verwendet wird. Alternativ kann das Betriebsmittel fest angeschlossen werden. Beide Anforderungen sind in der derzeitigen Vornorm DIN VDE V 0100-551-1 durch die Verwendung einer speziellen Energiesteckvorrichtung oder durch den festen Anschluss der Stromerzeugungseinrichtung erfüllt.

Die errichtende Fachfirma hat deshalb zu prüfen, ob der Gleichfehlerstromanteil der Stromerzeugungseinrichtung sowie die zu erwartenden Gleichfehlerströme der im selben Stromkreis angeschlossenen Verbrauchsmittel 6 mA Gleichfehlerstromanteil überschreiten. In diesem Fall ist eine wesentlich teurere Fehlerstrom-Schutzeinrichtung vom Typ B zu verwenden oder die Stromerzeugungseinrichtung fest anzuschließen. Selbstredend, dass die Anforderungen an die höchst zulässigen Abschaltzeiten nach DIN VDE 0100-410 Abs. 411, Tabelle 41.1 sowie die Abschaltbedingungen in TN-Systemen erfüllt sein müssen.

Auf der Lastseite angeschlossene Stromerzeugungseinrichtungen dürfen nach DIN VDE V 0100-551 Abs. 511.7.2 nicht hinter der Schutzeinrichtung des Endstromkreises mit Erde verbunden werden. Es müssen alle aktiven Leiter, einschließlich dem Neutralleiter, unterbrochen werden. Ist eine Einhaltung der Abschaltzeit nicht möglich, ist ersatzweise sicherzustellen, dass die Ausgangsspannung gemäß DIN VDE 0100-410 Anhang D innerhalb der erforderlichen Abschaltzeit einen Wert von 50 V nicht überschreitet und innerhalb von 5 s die Stromerzeugungseinrichtung abschaltet. Allerdings sind bei der Verwendung von Leitungsschutzschaltern mit integrierter Fehlerstrom-Schutzeinrichtung (RCD), die sowieso die aktiven Leiter unterbricht, diese Überlegungen für den Praktiker hinfällig.

10.8 Anmeldeverfahren

Netzgekoppelte Erzeugungseinheiten am Niederspannungsnetz sind seitens des Schutzes durch automatische Abschaltung im Netzparallelbetrieb wie Verbrauchsmittel zu betrachten. Bei Körperschluss in der Erzeugungseinheit wird die Fehlerstelle mit vernachlässigbar geringer Impedanz vom Niederspannungsnetz gespeist. Die Abschaltung erfolgt auf der Versorgungsseite des Endstromkreises über einen Leitungsschutzschalter oder eine Fehlerstrom-Schutzeinrichtung. Nach Abschaltung des Stromkreises muss die Inselnetzerkennung über eine selbsttätige Trennstelle die Erzeugungseinheit vom Stromkreis trennen.

Bei steckerfertigen oder fest angeschlossenen Erzeugungsanlagen zur Einspeisung in Endstromkreise mit einer Bemessungsanschlussscheinleistung von höchstens 600 VA ist ein Zweirichtungszähler (vgl. VDE-AR-N 4100 Abs. 5.5.3) auf dem zentralen Zählerplatz der Anschlussnutzeranlage vorzusehen (**Bild 10.2**). Sind diese Anforderungen sowie die Anforderungen nach VDE V 0100-551-1 erfüllt, hat der Anlagenerrichter das Inbetriebsetzungsprotokoll nach VDE-AR-N 4105 auszufüllen und die korrekte Installation zu bestätigen.

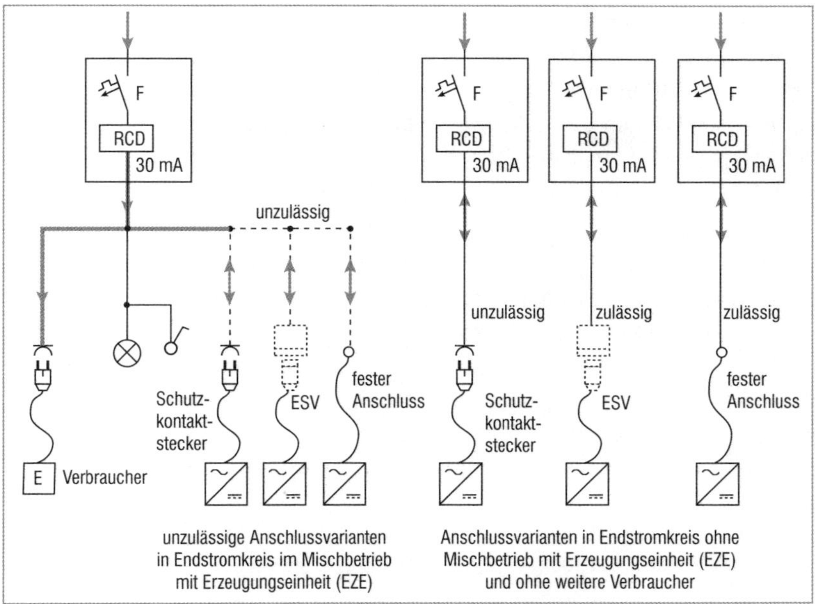

Bild 10.2 Anschlussvarianten für Erzeugungsanlagen, die in Endstromkreise einspeisen

10.9 Sonderform: Rückspeisefähige Ladepunkte für Elektrofahrzeuge

Rückspeisefähige Ladepunkte für Elektrofahrzeuge stellen eine Sonderform der Einspeisung in einen Endstromkreis dar. Elektrofahrzeuge (EV) sind laut DIN VDE 0100-722 Fahrzeuge, die mit einem Elektromotor angetrieben werden, die ihren Strom von einer wiederaufladbaren Speicherbatterie oder einem anderen ortsveränderlichen Energiespeicher bezieht und zur Wiederaufladung von einer außerhalb des Fahrzeugs befindlichen Quelle, wie dem Niederspannungsnetz aus der Nutzeranlage, wiederaufgeladen wird.

Im Zuge der Sektorkopplung wird auch rückspeisefähigen Ladepunkten eine größere Bedeutung beigemessen. Gemäß den Anforderungen nach DIN VDE 0100-722 sind Stromkreise, die zum Laden von Elektrofahrzeugen vorgesehen sind, einzeln abzusichern. Fehlerstrom-Schutzeinrichtungen (RCD) dürfen vor mehreren Stromkreisen als sogenannte „Sammel"-RCD angeordnet werden, sodass die Anforderungen gemäß DIN VDE 0100-551 diesbezüglich ohnehin erfüllt sind.

Eine Verwechslung der Stromkreise ist auszuschließen. Ergänzend hierzu muss ein eigener rückspeisefähiger Stromkreis über eine fest angeschlossene Ladeeinrichtung fest angeschlossen sein und darf fahrzeugseitig nicht verwechselt werden. Eine Rückspeisung in einen Endstromkreis bei den Ladebetriebsarten 1 über eine Schuko- oder Industriesteckvorrichtung (CEE) sind demnach für einen bidirektionalen Betrieb unzulässig.

Mit Steckvorrichtungen vom Typ 2 oder „combined charging system Comb – 2" nach DIN EN 62196 (VDE 0623-5) sind die Anforderungen hingegen erfüllt. Hierbei findet nach DIN EN 61851-1 Abs. 6.4.2 über die wahlfreien Funktionen der Ladebetriebsarten 2, 3, und 4 auch die Auswahl der Ladestromstärke sowie die Steuerung des Stromflusses in beide Richtungen statt. Zur Sicherstellung, dass der Ladestrom die Bemessungskapazität des speisenden Netzes sowie die zulässige Batterielade- und -entladeströme nicht überschreitet, sind manuelle oder automatische Vorrichtungen vorzusehen.

10.10 Zusammenfassung

Der Betrieb von steckerfertigen Erzeugungsanlagen, die über einen Schutzkontaktstecker in einen Endstromkreis einspeisen, ist aus folgenden Gründen unzulässig:

Die Steckerstifte verfügen weder über einen Basisschutz noch liegt die Nennspannung unterhalb von 50 V (AC). Demnach können sie entgegen der Sicherheitsgrundnorm DIN EN 61140 (VDE 0140-1) keiner Schutzklasse zugeordnet werden. Die vom Hersteller der steckerfertigen Erzeugungsanlage vorgesehene bestimmungsgemäße Verwendung widerspricht den Grundsätzen des Schutzes gegen elektrischen Schlag sowie dem ursprünglichen Errichtungszweck der ortsfesten elektrischen Anlage und darf demnach nicht in den Verkehr gebracht werden.

Die Einspeisung in einen Endstromkreis über eine Schutzkontaktsteckdose entspricht nicht dem ursprünglichen Verwendungszweck der Anlage und der bestimmungsgemäßen Verwendung der Schutzkontaktsteckdose. Demnach besteht eine Nutzungsänderung, wodurch die Notwendigkeit einer Anpassung der elektrischen Anlage, bzw. dem von der Nutzungsänderung betroffenen Teil, zu prüfen ist. Hinzu kommt, dass der Laie die Beschaffenheit der ortsfesten elektrischen Anlage zum bestimmungsgemäßen

Betrieb nicht einschätzen kann und somit eine erhöhte Gefährdung für sich, für andere und für Sachgüter besteht. Die Einspeisung in Endstromkreise über Schutzkontaktstecker und Schutzkontaktsteckdosen in elektrischen Anlagen ist deshalb zu Recht in Deutschland verboten.

Der Schutz vor Überstrom ist in bestehenden elektrischen Anlagen eingeschränkt bis hin zur Unwirksamkeit. Kabel, Leitungen, Steckdosen etc. zwischen den Klemmen am Entnahmepunkt des Verbrauchers werden innerhalb des Stromkreises bis hin zum Verbrauchsmittel so gleichzeitig aus dem öffentlichen Netz und der Plug-in-PV-Anlage gespeist. Die Summe der Ströme kann betriebsmäßig die maximal zulässige Strombelastbarkeit der Kabel und Leitungsanlage überschreiten, sodass der Leitungsabschnitt betriebsmäßig überlastet werden kann. Dies führt u.a. zur schnelleren Alterung der Leitungsisolierung und zu erhöhten Verlustleistungen an den Kontaktstellen. Dies wiederum führt zu unzulässig hohen Erwärmungen an den Kabeln und Betriebsmitteln und stellt demnach eine Brandgefahr dar.

Die Ausführung der steckerfertigen Erzeugungsanlage mit einer Energiesteckvorrichtung oder festem Anschluss sind ausschließlich von qualifiziertem Personal durchzuführen. Die Stromversorgungseinrichtung stellt durch den Einspeisebetrieb der ursprünglich zur Stromentnahme errichteten elektrischen Anlage eine Nutzungsänderung dar. Der sogenannte Bestandschutz wird durch die Nutzungsänderung aufgehoben. Demnach ist die elektrische Anlage an die derzeit gültigen Regeln der Technik anzupassen.

Hierfür sind neben den allgemeinen normativen Anforderungen der Reihe DIN VDE 0100 speziell die Anforderungen der Normen DIN VDE 0100-551 und DIN VDE V 0100-551-1 zu beachten:

- Es muss ein Festanschluss oder eine dafür vorgesehene Energiesteckvorrichtung nach DIN VDE V 0628-1 vorliegen.
- Der Bemessungsstrom der Schutzeinrichtung des Stromkreises I_n und der Bemessungsstrom der Stromerzeugungseinrichtung I_g dürfen in Summe nicht die zulässige Dauerstrombelastbarkeit I_z der Leitung überschreiten. Hierfür bestehen folgende Möglichkeiten:
  - Auslegung der Kabel und Leitungen auf $I_z \geq I_n + I_b$,
  - Austausch der Schutzeinrichtung gegen eine Schutzeinrichtung mit geringerem Bemessungsstrom.
- Eine sichere Kommunikation zwischen Stromerzeugungseinrichtung und netzseitiger Schutzeinrichtung muss gewährleistet sein.
- Es darf maximal eine Stromerzeugungseinheit an einem Endstromkreis betrieben werden.

- Eine Fehlerstrom-Schutzeinrichtung, die alle aktiven Leiter unterbricht, muss in Übereinstimmung mit DIN VDE 0100-410 Abs. 411 und 415 vorgesehen werden. Hierbei ist der Gleichfehlerstromanteil zu beachten und ggf.
  - bei Energiesteckvorrichtungen ein RCD vom Typ B zu verwenden oder
  - die Stromversorgungseinheit fest anzuschließen.
- Aktive Leiter des Endstromkreises und der Stromerzeugungseinrichtung dürfen nicht hinter der Schutzeinrichtung mit Erde verbunden werden.

11 Aufstellung von Speichern

Elektrische Speichersysteme sind Teil der Erzeugungseinheiten. Hinsichtlich des Aufstellortes sind folgende Schutzziele zu beachten:

- Schutz vor äußeren Beeinträchtigungen durch Feuer, Wasser, Feuchtigkeit, Vibrationen und Erschütterungen, Ungeziefer und Nagetieren, Verschmutzungen und Ablagerungen,
- keine von der Batterie ausgehende Gefahren durch zu hohe Spannungen, Elektrolyte und Gase sowie Korrosion; keine kritischen Zustände wie die Bildung einer explosionsgefährlichen Atmosphäre und Zündquellen,
- der Schutz vor Zutritt von unbefugten Personen muss sichergestellt sein,
- der Schutz vor externen Umwelteinflüssen durch Sonneneinstrahlung, Temperaturen, Luftfeuchte etc. muss gegeben sein.

Die Anforderungen an die Unterbringung sowie die Festlegung weiterer Maßnahmen werden von den Herstellern vorgegeben. Für die Errichtung der Anlage sind die Anforderungen an die Errichtung aus den Normen sowie die gesetzlichen Vorgaben und privatrechtlichen Obliegenheiten zu beachten. Grundsätzlich sind Batterien geschützt in Räumen innerhalb von Gebäuden oder Behältern unterzubringen. Behälter, Schränke oder Batteriefächer von Geräten (sog. Kombischränke) für Speichersysteme können innerhalb und außerhalb von Gebäuden aufgestellt werden. Ebenso können Wechselrichter über Vorkehrungen zur Aufnahme von stationären Batterien verfügen. Diese sind ebenso als Behälter zu betrachten.

11.1 Container, Schränke

Batterieschränke, die mit Batterien, Wechselrichtern, Schaltgeräten, Klemmen und Schutzeinrichtungen zu einer Funktionseinheit komplettiert sind, fallen u.a. in den Anwendungsbereich der Niederspannungsrichtlinie 2014/35/EU und der EMV-Richtlinie 2014/30/EU (**Bilder 11.1** und **11.2**). Diese finden auf Grundlage des Produktsicherheitsgesetzes (ProdSG) und des Gesetzes zu elektromagnetischer Verträglichkeit (EMVG) Anwendung. Wer einen Batterieschrank mit den entsprechenden Komponenten vervollständigt, ist somit nicht nur Errichter der Anlage, sondern Hersteller im Sinne der Niederspannungsrichtlinie 2014/35/EU. Demnach dürfen nach

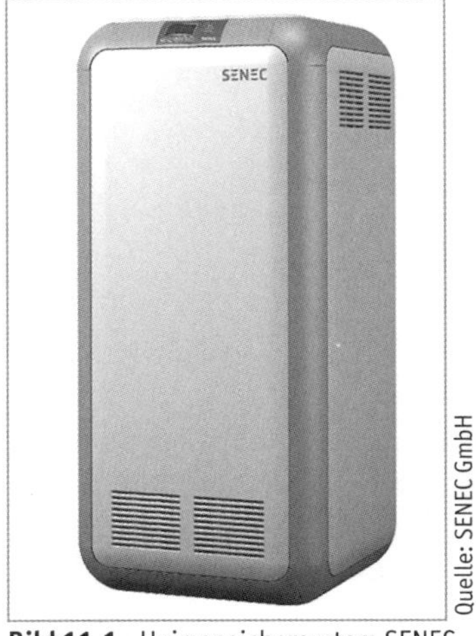

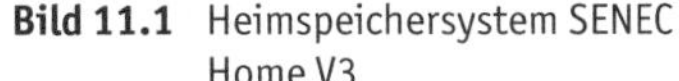
Bild 11.1 Heimspeichersystem SENEC Home V3

Bild 11.2 Heimspeichersystem SENEC Home V3

Art. 3 elektrische Betriebsmittel nur dann auf dem Unionsmarkt bereitgestellt werden, wenn sie – entsprechend dem in der Union geltenden Stand der Sicherheitstechnik – so hergestellt sind, dass die in Anhang 1 gelisteten Schutzziele bei ordnungsgemäßer Installation, Wartung und bestimmungsgemäßer Verwendung hinsichtlich Gesundheit und Sicherheit von Menschen, Haus- und Nutztieren sowie von Sachgütern sichergestellt sind. Ebenso dürfen die Batterieschränke, Steuerschränke und Betriebsmittel aus Sicht der elektromagnetischen Verträglichkeit andere technische Einrichtungen weder stören noch dürfen diese selbst als Störsenke durch andere Störquellen in ihren Funktionen beeinträchtigt werden.

Nach Artikel 3 der Niederspannungsrichtlinie 2014/35/EU sind Betriebsmittel, die in den Anwendungsbereich fallen, gemäß den Sicherheitszielen nach Anhang 1 zu konstruieren. Diese sind vor allem der Schutz gegen elektrischen Schlag sowie der Schutz gegen thermische Auswirkungen. Der Hersteller hat die bestimmungsgemäße Verwendung festzulegen und eine vorhersehbare Fehlanwendung für die ordnungsgemäße Installation, Wartung und den Betrieb im Rahmen seiner Risikobeurteilung zu berücksichtigen.

Der Hersteller hat ein Konformitätsbewertungsverfahren nach 2014/35/EU durchzuführen, eine Konformitätserklärung sowie die erforderlichen Dokumente zu erstellen und eine CE-Kennzeichnung anzubringen. Hersteller ist auch, wer ein Betriebsmittel oder eine Niederspannungs-Schaltgerätekombination (Steuerschrank) unter eigenem Namen oder eigener Handelsmarke vermarktet oder, wie in diesem Fall, zu einer Niederspannungs-Schaltgerätekombination komplettiert. Damit ist der Elektroinstallateur des Steuerschranks auch Hersteller.

Niederspannungs-Schaltgerätekombinationen sind nach den im Amtsblatt der EU gelisteten harmonisierten Normen, insbesondere nach (DIN) EN 61439-1:2012-06 Niederspannungs-Schaltgerätekombinationen — Teil 1: Allgemeine Festlegungen zu konstruieren. Die Niederspannungs-Schaltgerätekombination wird zudem ausschließlich zum Schalten und zur Steuerung von Lasten verwendet, die nicht für Laien zugänglich sind. Somit handelt es sich bei den Steuerschränken um Energie-Schaltgerätekombinationen. Demnach sind zusätzlich die Anforderungen nach DIN EN 61439-2 zu beachten.

Da es sich bei den Batterieschränken nicht um Serienprodukte handelt, hat der Hersteller nach Absatz 11 einen Nachweis über die Stückprüfung für die Steuerschränke zu erstellen. Ein Stücknachweis für die eingebauten Schalt- und Steuergeräte sowie weitere Betriebsmittel sind unter der Voraussetzung, dass diese entsprechend den zutreffenden harmonisierten Normen in Verkehr gebracht wurden und vom Schaltschrankbauer entsprechend den zu erwartenden Beanspruchungen ausgewählt und verwendet werden, nicht notwendig. Der Stücknachweis ist demnach ausschließlich für die nach DIN EN 61439-1 Abs. 11.1 gelisteten Anforderungen für die gesamte Niederspannungs-Schaltgerätekombination nach den Absätzen 11.2 bis 11.8 über

- die Schutzart von Gehäusen,
- die Luft- und Kriechstrecken,
- den Schutz gegen elektrischen Schlag und Durchgängigkeit der Schutzleiter,
- den Einbau von Betriebsmitteln,
- innere elektrische Stromkreise und Verbindungen,
- die Anschlüsse für von außen eingeführte Leiter,
- die mechanischen Funktionen und
- das Verhalten wie Isolationseigenschaften sowie Verdrahtung, Betriebsverhalten und Funktion zu erbringen und die Dokumentation zu übergeben. Darüber hinaus bestehen bei Batterieschränken erhöhte Gefährdungen durch austretende Elektrolyte und explosionsgefährliche Atmosphären bei Überladen.

Bei der Unterbringung einer Batterie in einem Schrank oder Behälter, welcher nicht vom Hersteller des Energiespeichersystems geliefert wird, müssen neben den Vorgaben vom Hersteller folgende Anforderungen erfüllt sein (**Bilder 11.3** und **11.4**):

- Der Hersteller hat zu prüfen, ob zum Schutz vor der Bildung explosiver Gaskonzentrationen besondere Maßnahmen hinsichtlich der Beschaffenheit des Schranks und des Raums erforderlich sind.
- Es sind durch den Einbau von Zwischenwänden und konstruktive Maßnahmen Einteilungen zur Reduzierung des explosionsgefährlichen Volumens durchzuführen. Die damit verbundene Erwärmung innerhalb des Schranks ist zu berücksichtigen.
- Der Schrank oder der Behälter muss auf das Gewicht der Batterie ausgelegt sein, muss gegen Kippen gesichert sein und darf höchstens 2.200 mm hoch, 800 mm tief und 600 mm breit sein (AGI-Arbeitsblatt J31-1). Das Innere des Schranks oder Behälters muss widerstandsfähig gegen Elektrolyte und chemisch resistent sein, entsprechend der genutzten Batterietechnologie.
- Die Zellen/Blöcke sowie die Pole sind in einem ausreichenden Abstand zueinander und zum Gehäuse anzuordnen:
  - Abstand zwischen Blöcken: ≥ 5 mm,
  - Abstand Pol zu Gehäuseelementen: ≥ 40 mm,
  - Abstand zwischen Zellenoberkante und der darüber befindlichen Konstruktion: ≥ 40 mm und bei herausziehbaren Fächern: ≥ 20 mm,
  - Abstand Polkappe zur geschlossenen Tür: ≥ 30 mm.
- Bei geschlossenen Batterien sind die Abstände zudem so zu bemessen, dass der Elektrolytstand kontrolliert werden kann und ein einfacher Tausch der Zellen möglich ist. Alternativ kann dies durch herausziehbare Batteriefächer konstruktiv realisiert werden.
- Schränke oder Behälter müssen verschließbar sein und den direkten Zugang zu gefährlichen Teilen verhindern.
- Es sind Maßnahmen zum Schutz gegen gefährliche Körperströme und Vorkehrungen gegen Explosionsgefahr nach Herstellerangaben zu treffen.
- Schränke oder Behälter müssen so konstruiert sein, dass der Zugang für Wartungsarbeiten unter Verwendung der normalen Werkzeuge leicht möglich ist.
- Batterien müssen in sauberer und trockener Umgebung aufgestellt werden, um die Bildung von Kriechstrecken infolge Verschmutzung oder Korrosion zu verhindern. Der Mindestisolationswiderstand zwischen dem Batteriestromkreis und anderen lokalen leitfähigen Teilen muss größer als 100 Ω/V (Nennspannung der Batterie) sein.

- Vor Durchführung jeglicher Prüfungen muss nachgewiesen werden, dass keine gefährliche Spannung zwischen der Batterie und dem zugehörigen Gestell oder dem Gehäuse anliegt. Die Batterie muss vom äußeren Stromkreis getrennt werden, bevor eine Prüfung des Isolationswiderstands zu Erde durchgeführt wird.

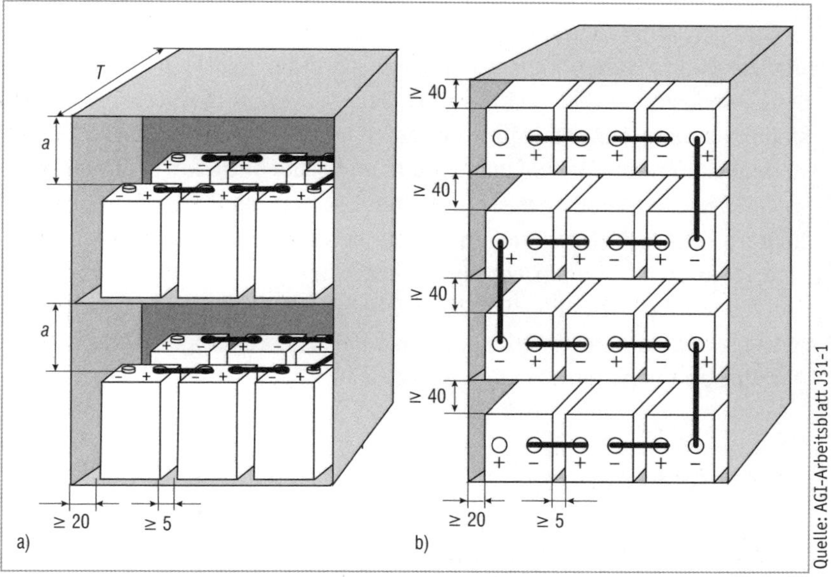

Bild 11.3 Einbau von verschlossenen Batterien in Schränken
a) mehrteilig, Festeinbau b) einreihig, Einzelzelle, liegender Festeinbau

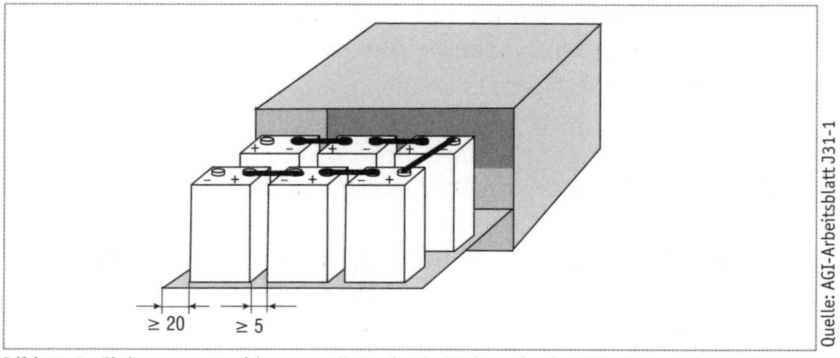

Bild 11.4 Einbau von verschlossenen Batterien in Fächern (mehrteilig, herausziehbar)

11.2 Batterieräume

Grundsätzlich sind Kabel und Leitungen sowie Betriebsmittel so auszuwählen, dass sie für die jeweils zutreffenden Beanspruchungen geeignet sind. Gleichzeitig dürfen diese weder andere Anlagenteile beeinträchtigen noch darf es in Kombination zu Gefährdungen kommen.

In elektrischen Betriebsmitteln, wie Schaltern, Ventilatoren, Steckdosen und Leuchten, treten betriebsmäßig Funken durch Schalt- oder Kommutierungsvorgänge auf. Bei Ausgasen der Batterien kann es durch Zusammentreffen der explosionsfähigen Atmosphäre und der betriebsmäßigen Funken in den Betriebsmitteln zur Entzündung und schließlich zur Explosion kommen. Dieser Zustand ist durch geeignete Auswahl und Anordnung zu verhindern. Die Betriebsmittel, in denen betriebsmäßig Funken entstehen, sind mindestens 500 mm von den Zellöffnungen entfernt anzuordnen. Andernfalls ist nach DIN EN 50272-2 (VDE 0510-485-2) Anhang B der Sicherheitsabstand zu berechnen oder gemäß den Anforderungen nach DIN EN 60079-10 zu verfahren.

11.3 Temperaturen

Die Raumtemperatur soll möglichst zwischen +5 °C und +35 °C liegen. Andernfalls sind geeignete Maßnahmen zur Einhaltung der Raumtemperatur erforderlich. Es sind Heizungen zu verwenden, die eine Oberflächentemperatur von 300 °C nicht überschreiten. Diese sind so anzuordnen, dass die Batterien nicht ungleich erwärmt werden. Raumheizungen mit offener Feuerung und Geräte mit glühenden Oberflächen sind unzulässig.

11.4 Auswahl und Anordnung von Leuchten

Leuchten sind gangmittig anzubringen. Sie müssen mindestens die Schutzart IP1X ausweisen. Die Beleuchtungsstärke sollte in Gangmitte auf Höhe von 0,5 m mindestens 300 lux betragen. Mögliche alterungsbedingte Faktoren sind zu berücksichtigen. Im Batterieraum dürfen ausschließlich netzbetriebene Handleuchten mit Schutzglas der Schutzart IP54 und der Schutzklasse 2 ohne Schalter verwendet werden.

11.5 Aufstellung von Batterien

Batterien werden je nach Anwendungsfall und Art der Gebäudenutzung innerhalb von Gebäuden oder außerhalb von Gebäuden installiert. Für die Aufstellung sind die jeweiligen Landesbauordnungen zu beachten. Hier sind die Anforderungen an zentrale Batterieanlagen für bauordnungsrechtlich vorgeschriebene sicherheitstechnische Anlagen und Einrichtungen gemäß EltBauRL-M-V (Richtlinie über den Bau von elektrischen Betriebsräumen für elektrische Anlagen) Abschnitt 7 zu beachten:

- Raumabschließende Bauteile, ausgenommen Außenwände, sind entsprechend der erforderlichen Feuerwiderstandsfähigkeit auszuführen.
- Leitungsdurchführungen und Öffnungen sind entsprechend den Brandschutzanforderungen des Raums zu verschließen.
- Die Feuerwiderstandsdauer der Türen muss mindestens T30 entsprechen.

11.6 Ausführung von Fenstern und Türen

Batterien sind für Laien unzugänglich zu machen. Ist die Batterie nicht in einem abschließbaren oder nur mit Werkzeug zu öffnendem Schrank oder Behälter untergebracht, muss die Batterie in einem verschließbaren Raum untergebracht sein. In diesem Fall muss eine verschließbare selbstschließende Anti-Panik-Tür verwendet werden. Alternativ dazu kann diese von innen mit einem Notfallhebel leicht geöffnet werden. Fenster von Batterieräumen sind von außen z. B. mit einem engmaschigen Geflecht zu versehen oder mit Drahtglas verglaste Fenster gegenüber öffentlichen Flächen unzugänglich zu machen.

Wände sollten möglichst glatt sein, um Staubablagerungen zu vermeiden. Die Türen müssen mit der Bezeichnung „Batterieraum" beschildert sein.

11.7 Maßnahmen im Notfall

Im Fall einer Evakuierung muss zu jeder Zeit ein unverstellter Fluchtweg von mindestens 600 mm Breite vorhanden sein. Mögliche Reduzierungen der Gangbreiten durch Werkzeug, Messgeräte o. ä. im Rahmen von Wartungs- und Instandsetzungsarbeiten sind bei der Planung zu beachten.

Bei Inspektionen, Instandhaltungen und Austausch von Zellen ist ein Fluchtweg von mindestens 600 mm freizuhalten. Hierfür müssen die Türen über eine ausreichende Breite verfügen, in Fluchtrichtung aufschlagen und mit einem Panikschloss ausgestattet sein, sodass diese von innen ohne Schlüssel geöffnet werden können.

11.8 Ausführung von Wänden und Fußböden

Besteht die Gefahr, dass Elektrolyte oder andere Chemikalien aus einer Batterie austreten können, muss der Fußboden gegen Elektrolyte undurchlässig und chemisch resistent sein. Alternativ können die Batterien in einer Auffangwanne aufgestellt werden. Die Auffangwanne muss gegen austretende Flüssigkeiten resistent sein und über ein ausreichend hohes Auffangvolumen verfügen. Dehnungsfugen an Böden, Wänden und Decken sind mit elektrolytbeständigen, dauerelastischen Stoffen nach DIN 18540 zu verschließen. Der Fußboden muss auf das Gewicht der Batterie bzw. des Schranks oder Behälters ausgelegt sein. Hierbei ist gegebenenfalls für zukünftige Erweiterungen ein Reservezuschlag zu berücksichtigen.

Ab einer Batteriegröße von 1.500 Ah ist mit auslaufenden Flüssigkeiten über die Türschwelle hinweg zu rechnen. Deshalb sind Maßnahmen vorzusehen, die im Schadensfall einen Übertritt des Elektrolyten auf andere Räume, z. B. mit Türschwellen, verhindern (AGI-Arbeitsblatt J31-1 5.3.2).

Durch Ausgasen der Batterien können explosionsgefährliche Atmosphären innerhalb des Raums entstehen. Entsteht eine explosionsgefährliche Atmosphäre, sind Zündquellen durch elektrostatische Aufladungen und Bildung eines Funkens durch elektrostatische Aufladungen im Batterieraum zu vermeiden. In dem Bereich, in dem sich Personen aufhalten, ist der Fußboden elektrostatisch ableitfähig auszuführen. Hierfür ist ein elektrostatisch ableitfähiger Bereich von 1,25 m um die Batterie herum vorzusehen. Der Ableitwiderstand R des Bodens in einem Radius von 1,25 m um die Batterien muss zu einem geerdeten Punkt nach IEC 61340-1 unterhalb 10 MΩ liegen. Im Widerspruch dazu darf dieser jedoch aus Gründen des Schutzes von Personen nicht zu gering sein:

- bei Batteriespannungen ≤ 500 V: 50 kΩ bis 10 MΩ,
- bei Batteriespannungen > 500 V: 100 kΩ bis 10 MΩ.

In der Praxis haben sich hierfür glatt abgezogene Betonböden oder Zementstriche mit einer ableitfähigen Beschichtung, Hochdruck-Asphaltplatten AGI

A60 und keramische Fliesen und Platten gemäß DIN EN 121 und DIN EN 176 bewährt.

Zur Ableitung elektrostatischer Aufladungen werden elektrisch gut leitende Bänder oder Litzen in die Bettfugen des Plattenbelags oder in die Beschichtungsschicht eingelegt. Die Anzahl und Lage der Bänder und der Anschlüsse richtet sich nach der

- Ableitfähigkeit der zu verwendenden Werkstoffe,
- Bauwerksgeometrie und Flächengröße sowie
- den Herstellerangaben.

Es sollten aus Sicherheitsgründen mindestens zwei Anschlüsse je Einzelfläche vorhanden sein. Die Ausführung der Arbeiten sollte entsprechend per Fotografie etc. während der Bauphase dokumentiert werden.

11.9 Kennzeichnungen

11.9.1 Räume, Schränke und Container

Batterieräume mit Batteriespannung ab 60 V sind mit einem Warnschild „Warnung vor gefährlicher elektrischer Spannung“ zu kennzeichnen. Die Kennzeichnung ist Teil der Schutzmaßnahmen Schutz durch Hindernisse und Abstand. Batterieräume mit Batteriespannungen über 120 V (DC) sind als abgeschlossene elektrische Betriebsstätten auszuführen.

Abgeschlossene elektrische Betriebsstätten sind gegenüber elektrischen Betriebsstätten grundsätzlich für Laien und unbefugte Personen unter Verschluss zu halten. Die Sicherstellung der Zugangsregelung und damit die Verwahrung von Schlüsseln, Zugangskarten etc. obliegt dem Betreiber im Rahmen seiner Organisationspflichten. Zu abgeschlossenen elektrischen Betriebsstätten gehören typischerweise neben Batterieräumen auch abgeschlossene Schalt- und Verteileranlagen, Transformatorzellen und die Übergabestation.

In abgeschlossenen elektrischen Betriebsstätten müssen nach DIN VDE 0100-731 Abs. 731.514.5 alle elektrischen Betriebsmittel, darunter Servicesteckdosen, Beleuchtungseinrichtungen, Lichtschalter, Telefonanlagen mittels Anordnungsplänen identifizierbar sein. Hierzu ist am Eingang oder an einer geeigneten Stelle der abgeschlossenen elektrischen Betriebsstätte ein Anordnungsplan nach DIN EN 61082-1 (VDE 0040-1) anzubringen und die Betriebsmittel in Übereinstimmung der Normenreihe DIN EN 81346 zu kennzeichnen.

Zutrittsberechtigte Personen sind vor den von Batterien ausgehenden Gefahren zu warnen. Es ist vor ätzenden Flüssigkeiten und explosiven Gasen zu warnen. Bei verschlossenen und gasdichten Batterien sind Schutzbrille und Schutzhandschuhe zu tragen.

Auf Türen von Batterieräumen sind die erforderlichen Kennzeichnungen nach DIN 4844 anzubringen (**Tabelle 11.1**). Die Kennzeichnung ist Teil der Schutzmaßnahme Schutz durch Hindernisse oder Abstand.

Zeichen	Erläuterung
	Warnschild „Warnung vor gefährlicher elektrischer Spannung" (DIN 4844-2 D-W 008) bei DC-Spannungen > 60 V
	Warnschild „Warnung vor Gefahren durch Batterien" (DIN 4844-2 D-W 020) zum Hinweis auf ätzende Elektrolyte, explosive Gase, gefährliche Spannungen und Ströme
	„Warnschild Explosions- und Brandgefahr" (DIN 4844-2 W021) Kurzschlüsse vermeiden. Elektrostatische Auf- bzw. Entladungen/Funken sind zu vermeiden.
	Warnschild „Elektrolyt ist stark ätzend!" (DIN 4844-2 W004) Optionale Zusatzinformation bei VRLA-Batterien: Im normalen Betrieb ist die Berührung mit dem Elektrolyten ausgeschlossen. Bei Zerstörung der Gehäuse ist der freiwerdende gebundene Elektrolyt genauso ätzend wie flüssiger Elektrolyt.
	Verbotsschild „Feuer, offenes Licht und Rauchen verboten" (DIN 4844-2 D-P 002)
	Gebotsschild „Schutzbrille und Schutzkleidung tragen" (DIN 4844-2 D-M 001)
	Gebotsschild „Schutzhandschuhe tragen" (DIN 4844 D-M006)
	Hinweisschild: Gebrauchsanweisung beachten und sichtbar in der Nähe der Batterie anbringen. Arbeiten an Batterien nur nach Unterweisung durch Fachpersonal. (DIN 4844-2 D-M 018)
	Hinweisschild: Säurespritzer im Auge oder auf der Haut mit viel klarem Wasser aus- bzw. abspülen. Danach unverzüglich einen Arzt aufsuchen! Mit Säure verunreinigte Kleidung mit viel Wasser auswaschen. (DIN 4844-2 D-E 006)

Tabelle 11.1 Sicherheits-, Verbots- und Gebotszeichen nach DIN 4844 für Batterieräume

11.9.2 Kennzeichnung an Gebäuden

Einsatzkräfte müssen im Brandfall auf einem Blick Gefährdungen erkennen können. Wie beim obligatorischen Hinweisschild, welches über das Vorhandensein einer PV-Anlage am Gebäude informiert, sind an Gebäuden mit Speichern Hinweisschilder an den Zugangspunkten für Rettungskräfte und/oder in den Elektroverteilungen anzubringen (**Bild 11.5**). Dieses Hinweisschild kann in Kombination oder ohne Erzeugungsanlage angebracht werden. In jedem Fall sind die Maßnahmen im Brandschutzkonzept zu berücksichtigen.

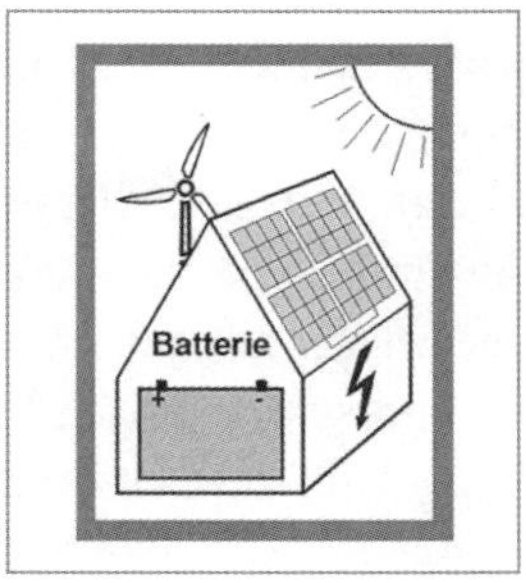

Bild 11.5 Kennzeichnung einer Erzeugungsanlage mit Speicher am Haus nach VDE-AR-E 2510-2

11.10 Lüftung von Batterieräumen

Bei Ladung und Erhaltungsladung tritt Wasserstoff und Sauerstoff aus den Batterien aus. Es entsteht ein explosionsfähiges Luft-Gas-Gemisch (Knallgas). Trifft das explosionsfähige Luft-Gas-Gemisch auf eine Zündquelle, kommt es zur Explosion. Mögliche Zündquellen sind:

- Funken durch Werkzeug,
- Funken ausgehend von elektrischen Betriebsmitteln durch Kommutierungsvorgänge bei Motoren, Schaltvorgängen an Relais o. ä.,
- Zündung durch heiße Oberflächen.

Die Ausbreitung eines explosiven Gases hängt von der Freisetzungsrate des Gases und von den Belüftungsmerkmalen in der Nähe der Quelle der Gasfreisetzung ab. Die Entstehung solcher explosionsfähigen Atmosphären ist als primäre Maßnahme durch den Sicherheitsabstand d zu verhindern. Dieser kann sichergestellt werden durch

- eine ausreichende Belüftung oder/und
- durch Trennwände zwischen den Batterien.

Innerhalb von Batterieräumen ist im Vergleich zu Containern oder Schränken eine konstruktive Trennung nicht möglich. Batterieräume müssen deshalb ausreichend belüftet sein. Gegen Ende der Ladung und bei Überladung erzeugt eine Batterie durch die elektrolytische Zersetzung von Wasser ein Wasserstoff-Sauerstoff-Gasgemisch. Die Überladung von Batterien ist deshalb durch einen Überladeschutz zu verhindern.

Wasserstoff ist ca. 14-mal leichter als Luft. Der Zündbereich von Wasserstoff ist bei einer Konzentration zwischen 4 % vol und 77 % vol relativ hoch. Ab einer Wasserstoffkonzentration von 4 % vol kann somit das Luft-Gas-Gemisch gezündet werden.

Damit sich kein Wasserstoff unter der Decke im Raum oder im oberen Abschnitt eines Schranks oder Behälters ansammelt, sind die Abluftöffnungen an gut geeigneten Stellen anzuordnen. Da Wasserstoff leichter als Luft ist und sich demnach im oberen Bereich ansammelt, sollten die Zuluftöffnungen im unteren Bereich angeordnet werden.

Als primäre Explosionsschutzmaßnahme sind Wasserstoffkonzentrationen von 4 % vol sowie die Ansammlung im Raum oder im Schrank bzw. Behälter durch natürliche oder technische Belüftung (Zwangsbelüftung) zu vermeiden.

11.10.1 Luftdurchflussmenge

Durch einen ausreichend hohen Luftstrom ist die Wasserstoffkonzentration unter der Explosionsgrenze (UEG) von 4 % vol zu halten. Die hierfür erforderliche Luftdurchflussmenge der Belüftung ist mit folgender Gleichung zu berechnen:

$$Q = v \cdot q \cdot s \cdot I_{Gas} \cdot C_{rt} \cdot 10^{-3}$$

Q Luftstrom der Belüftung in [m³/h]

v erforderliche Verdünnung von Wasserstoff: $v = \frac{100\,\% - 4\,\%}{4\,\%} = 24$

q $0{,}42 \cdot 10^{-3}\,m^3/Ah$ erzeugter Wasserstoff bei 0 °C; für Berechnungen bei 25 °C muss der Wert q für 0 °C mit dem Faktor 1,095 multipliziert werden

s allgemeiner Sicherheitsfaktor ($s = 5$)

n Anzahl der Zellen

I_{Gas} Strom, der die Gasentwicklung verursacht, bezogen auf die Bemessungskapazität [mA/Ah]

$$I_{Gas} = I_{float/boost} \cdot f_g \cdot f_s$$

I_{float} Erhaltungsladestrom im vollgeladenen Zustand mit einer festgelegten Erhaltungsladespannung bei 20 °C

I_{boost} Starkladestrom im vollgeladenen Zustand mit einer festgelegten Erhaltungsladespannung bei 20 °C

f_g Gasemissionsfaktor: der Anteil des Stroms, der im vollgeladenen Zustand die Wasserstoffbildung verursacht

f_s Sicherheitsfaktor: Berücksichtigung von fehlerhaften Zellen in einem Batteriestrang und von gealterten Batterien

Damit der Raum ausreichend über die Zuluft durchströmt wird, ist die Zuluftöffnung gegenüber der Abluftöffnung im unteren Bereich anzuordnen. Befinden sich Zuluft- und Abluftöffnungen an derselben Wand, ist zur Sicherstellung eines ausreichenden Luftwechsels ein Trennabstand von mindestens 2 m einzuhalten. Der Abluftkanal muss in einer ausreichenden Höhe ins Freie (Fortluft) führen. Die Luftströmung darf nicht durch Gegenstände wie Klimaanlagen oder Schornsteine etc. beeinträchtigt werden.

Bei natürlicher Belüftung (**Bild 11.6**) wird eine Luftgeschwindigkeit von 0,1 m/s angenommen. Die Fläche von Zuluft- und Abluftöffnung muss mindestens die folgende freie Fläche aufweisen:

$$A \geq 28 \cdot Q$$

A freier Öffnungsquerschnitt der Zuluft- und Abluftöffnung [cm^2]

Q Volumenstrom der Frischluft [m^3/h]

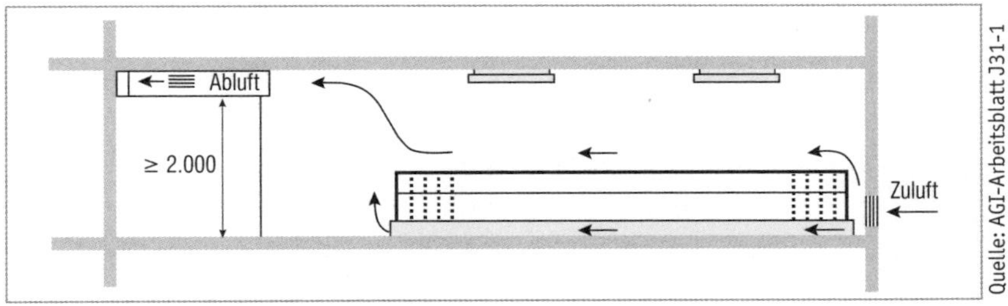

Bild 11.6 Batterieraum mit natürlicher Belüftung

Kann durch eine natürliche Belüftung kein angemessener Luftstrom erreicht werden, ist eine Zwangsbelüftung erforderlich. Eine Zwangsbelüftung, sowie die damit verbundenen Steuerungen, sind damit Teil der Sicherheitsfunktion zum primären Explosionsschutz (Vermeidung einer explosionsgefährlichen Atmosphäre). Die Funktionen sind zu überwachen.

- Das Ladegerät ist mit dem Belüftungssystem funktionell zu koppeln. Ein Ausfall des Belüftungssystems muss eine Abschaltung des Ladegeräts bewirken oder
- es ist ein Alarm in Form eines akustischen Signals abzusetzen.
- Der Lüfter und der Motor des Abluftkanals sind so auszuwählen und anzuordnen, dass keine Funken und heißen Oberflächen im Luftstrom sind.

Eine natürliche Belüftung in Batterieräumen ist aus Gründen der geringeren Fehleranfälligkeit deshalb vorzuziehen.

Unter Umständen kann bei Fehlfunktionen des Ladegeräts, bei Überladung unter Fehlerbedingungen mehr Gas freigesetzt werden. Dieser Umstand ist bei der Auslegung der Belüftung zu berücksichtigen.

11.10.2 Berechnung des erforderlichen Sicherheitsabstands

In der unmittelbaren Nähe der Quelle der Freisetzung einer Zelle oder Batterie ist die Verdünnung explosiver Gase nicht immer sichergestellt. Deshalb muss ein Sicherheitsabstand *d* eingehalten werden (**Bild 11.7**), der sich durch die Luft erstreckt und innerhalb dessen Flammen, Funken, Lichtbögen oder glühende Geräte (mit einer höchst zulässigen Oberflächentemperatur von 300 °C) untersagt sind. Die Ausbreitung eines explosiven Gases hängt von der Freisetzungsrate des Gases sowie von den Belüftungsmerkmalen in der Nähe der Quelle der Gasfreisetzung ab.

Die Kennwerte sind **Tabelle 11.2** zu entnehmen.

Der Sicherheitsabstand wird unter der Annahme einer halbkugelförmigen Ausbreitung um die Freisetzungsquelle berechnet.

$$d = 28{,}8 \cdot \sqrt[3]{I_{Gas}} \cdot \sqrt[3]{C_N}$$

I_{Gas} Strom in mA/Ah, der die Ladegase erzeugt
C_N Nennkapazität in Ah
d erforderlicher Sicherheitsabstand in mm

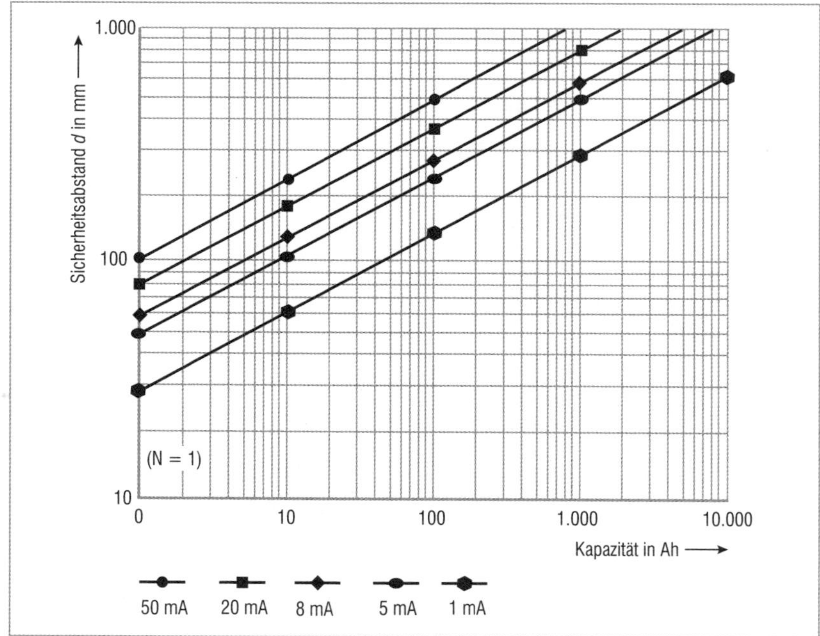

Bild 11.7 Sicherheitsabstand d in Abhängigkeit der Bemessungskapazität für verschiedene Ladeströme nach DIN EN IEC 62485-2

Parameter	Bleibatterien, geschlossene Zellen Sb < 3 %[a]	Bleibatterien, VRLA-Zellen	NiCd-Batterien, geschlossene Zellen[b]
Gasfreisetzungsfaktor f_g	1	0,2	1
Sicherheitsfaktor der Gasfreisetzung f_s (inkl. 10 % fehlerhafte Zellen und Alterung)	5	5	5
Erhaltungsladespannung[c] $U_{Erhaltung}$ in V/Zelle	2,23	2,27	1,40
typischer Erhaltungsladestrom $I_{Erhaltung}$ in mA/Ah	1	1	1
Strom (Erhaltung) I_{Gas} in mA/Ah (unter Erhaltungsladebedingungen, für die Berechnung des Luftstroms relevant)	5	1	5
Starkladespannung[c] $U_{Erhaltung}$ in V/Zelle	2,40	2,40	1,55
typischer Starkladestrom $I_{Erhaltung}$ in mA/Ah	4	8	10
Strom (Starkladung) I_{Gas} in mA/Ah (unter Starkladebedingungen, für die Berechnung des Luftstroms relevant)	20	8	50

a Ist der Antimongehalt (Sb) höher als 3 %, muss der in den Berechnungen verwendete Stromwert verdoppelt werden.

b Bei NiCd- und NiMH-Zellen vom Typ Rekombination ist der Hersteller zu kontaktieren.

c Erhaltungs- und Starkladespannung können in Abhängigkeit der spezifischen Dichte des Elektrolyts in Bleibatterien variieren.

Tabelle 11.2 Parameter für verschiedene Batterietypen

12 Anforderungen an den Netzanschluss

12.1 Netzanschluss von Speichern

Die VDE-AR-N 4100 mit Ausgabe April 2019 legt bzgl. der Installation von Speichern in neue oder in bestehende Kundenanlagen in Abschnitt 4.1 eine Anmeldepflicht und eine Zustimmungspflicht des Netzbetreibers fest. Demnach sind Speicher mit Bemessungsleistungen ab 3,6 kVA beim Netzbetreiber gemäß seinen vorgegebenen Verfahren anzumelden. Speicher ab einer Summenbemessungsleistung von 12 kVA je Kundenanlage bedürfen einer Zustimmung des Netzbetreibers. Die Zustimmung des Netzbetreibers ist zudem bei Erweiterung der Kundenanlage über der vereinbarten gleichzeitig benötigten Leitung sowie bei Trennung und Zusammenlegung von Anschlussnutzeranlagen erforderlich. Dieser darf die Zustimmung verweigern, wenn

- der Netzanschluss nicht leistungsgerecht ausgelegt ist, oder
- mögliche Netzrückwirkungen die Netzstabilität und Versorgungssicherheit beeinträchtigen.

12.1.1 Anpassungspflicht und wesentliche Änderung

Für bestehende Anlagen und unveränderte Teile von Kundenanlagen besteht keine Anpassungspflicht, sofern ein sicherer und störungsfreier Betrieb der Kundenanlage sichergestellt ist.

Eine „wesentliche Änderung" in bestehenden Kundenanlagen liegt nach VDE AR-N 4100 Abs. 4.4 bei Erweiterungen, Nutzungsänderungen oder Änderung der Betriebsbedingungen vor. In diesen Fällen hat der Errichter die Notwendigkeit einer Anpassung der bestehenden Kundenanlage zu prüfen und erforderlichenfalls eine Anpassung vorzunehmen.

Nach VDE AR-N 4105 stellt eine gleichwertige Änderung oder Austausch im Sinne der Instandsetzung von Komponenten der EZE oder des Speichers und Anlagenteilen keine wesentliche Änderung dar, wodurch keine Pflicht zur Anpassung hergeleitet werden kann. Gleichwertige Änderungen sind demnach als Instandsetzungsmaßnahme zu verstehen, wodurch die zum Zeitpunkt der Errichtung geltenden anerkannten Regeln der Technik zu beachten sind.

Eine Pflicht zur Anpassung der Kundenanlage besteht bei Erhöhung der benötigten Leistung, Änderung von haushaltsüblichen Verbrauchsverhalten zu Anwendungen mit Dauerstrom (z. B. Errichtung von Ladesystemen für EV), Nachrüstung von steuerbaren Verbrauchseinrichtungen nach § 14a EnWG, Umwandlung der Bezugsanlage in eine Bezugsanlage mit Netzeinspeisung, Änderung der Raumnutzung, Änderung einer Anschlussnutzeranlage von einem einphasigen in einen dreiphasigen Anschluss und/oder Änderung der Netzform.

Bei Erzeugungsanlagen und Speichern liegen bei Änderung der vereinbarten Netzanschlussleistung SAmax um > 10 %, einer Verschlechterung der Netzrückwirkungen um die gültigen Grenzwerte oder einer Änderung des Schutzkonzepts sowie bei Änderung der eingespeisten Leistung eine wesentliche Änderung vor. Demnach besteht bei folgenden Änderungen eine Anpassungspflicht:

- Erhöhung der benötigten bzw. eingespeisten elektrischen Leistung,
- Änderung von haushaltsüblichem Verbrauchsverhalten zu Anwendungen mit Dauerstrom,
- Nachrüstung von steuerbaren Verbrauchseinrichtungen nach § 14a EnWG,
- Umwandlung einer Bezugsanlage in eine Bezugsanlage mit Netzeinspeisung,
- Änderung der Raumnutzung,
- Änderung einer Anschlussnutzeranlage von einem einphasigen in einen dreiphasigen Anschluss,
- Änderung der Netzform.

12.1.2 Anmeldung und Zustimmung von Speichern am Niederspannungsnetz

Die Anmeldung elektrischer Anlagen und Geräte sind unter Berücksichtigung der Nutzer- und Eigentümerverhältnisse durchzuführen. Handelt es sich beim Anschlussnehmer und Grundstücksbesitzer um unterschiedliche juristische Personen, ist nach NAV § 2 (3) die schriftliche Zustimmung des Eigentümers erforderlich. Die Herstellung des Netzanschlusses erfolgt nach NAV § 6 (1) durch den Netzbetreiber. Der Anschlussnehmer hat den Auftrag dem Netzbetreiber schriftlich zu erteilen. Hierbei sind die Vordrucke des zuständigen Netzbetreibers zu verwenden.

Der Netzbetreiber hat den Netzanschluss leistungsgerecht auszulegen. Bei der Auslegung und Bereitstellung der Anschlussleistung hat der Netzbetreiber neben der gleichzeitig benötigten Leistung, die Art der Nutzung und die möglichen Netzrückwirkungen zu beurteilen. Bei Erweiterung, Neuerrichtung und Änderungen elektrischer Anlagen um Erzeugungsanlagen, Speichern und Ladeeinrichtungen für Elektrofahrzeuge sind gesondert zu betrachten. Eine Anmeldepflicht besteht nach VDE-AR-N 4100 bei Ladeeinrichtungen für Elektrofahrzeuge und stationären Speichern mit einer Nennleitung ≥ 3,6 kVA. Allerdings besteht nach Niederspannungsanschlussverordnung die 3,6-kVA-Grenze für Ladepunkte für Elektrofahrzeuge nicht. Demnach sind grundsätzlich alle Ladepunkte beim zuständigen Netzbetreiber anzumelden.

Im Hinblick auf mögliche Netzrückwirkungen der gleichzeitig benötigten Leistung sowie der Art der Anschlussnutzeranlage bedürfen u. a. folgende Änderungen und Erweiterungen der vorherigen Beurteilung und Zustimmung des Netzbetreibers (**Tabelle 12.1**).

Anlage Z Zustimmungspflicht A Anmeldepflicht			**VDE AR-N 4100**	**Symmetrie-anforderungen**	**Ausführung des Hauptstromversorgungssystems**	**Bemerkung**
neue Anschlussnutzeranlagen		Z		X	X	Beachtung der zutreffenden Anforderungen aus: – VDE-AR-N 4100 – VDE-AR-N 4105 – VDE-AR-N 4110 (EZA >135 kW)
Erweiterungen über der vereinbarten gleichzeitig benötigten Leistung		Z		X	X	
Trennung oder Zusammenlegung von Anschlussnutzeranlagen		Z		X	X	
vorrübergehend angeschlossene Anlagen		Z	13 Anhang I Anhang J	X	X	Ab einer Aufstelldauer von 13 Monaten gelten vorübergehend angeschlossene Anlagen als Anschlussschränke im Freien.
Anschlussschränke im Freien		Z	12	X		Reduktionsfaktor für Strombelastbarkeit von 0,94 der nach VDE AR-N 4100 7.3.2 vorgegebenen Bestückungsvarianten.
Ladeeinrichtungen für Elektrofahrzeuge	ab 0 kVA	A*	NAV § 19(2)	X	X	Anpassungspflicht der Kundenanlage aufgrund der Erweiterung bzw. Änderung eines bestehenden Stromkreises von haushaltsüblichem Verbrauchsverhalten zur Anwendung mit Dauerstrom.
	≥ 3,6 kVA	A	10.6			
	≥ Σ 12 kVA	Z				
* Gemäß NAV § 19 (2) besteht eine grundsätzliche Anmeldepflicht. (Die Untergrenze von 3,6 kVA gibt es nicht.)						

Tabelle 12.1 Übersicht über Anmeldeverfahren von verschiedenen Erzeugungsanlagen und Verbrauchern am Niederspannungsnetz (Teil 1/2)

Anlage Z Zustimmungspflicht A Anmeldepflicht			VDE AR-N 4100	Symmetrieanforderungen	Ausführung des Hauptstromversorgungssystems	Bemerkung
stationäre Speicher	≥ 3,6 kVA	A	10.5	X	X	Anpassungspflicht der von der Erweiterung betroffenen Anlagenteile Die Wirksamkeit der Schutzmaßnahmen der Kundenanlage (Verbraucheranlage) ist im Inselnetz zu überprüfen.
	≥ Σ 12 kVA	Z	14		X	
Erzeugungsanlagen		Z	14	X	X	VDE-AR-N 4105 VDE-AR-N 4110 (>135 kW) DIN VDE 0100-551 DIN VDE 0100-712 (PV-Anlagen) DIN VDE 0100722 (rückspeisefähige LP) VDE-AR-N 2510-2 (stationäre Speicher)
Notstromaggregate		Z	10.4	X		
stationäre Wärmepumpen		Z		X		
ortsfeste Einzelgeräte ≥ 12 kVA		Z		X		
elektrische Verbrauchsmittel bei Überschreitung der zulässigen Netzrückwirkungen		Z	5.4, B.1, Anhang C	X		Beurteilung der Netzrückwirkungen ab einem Eingangsstrom von 75 A erforderlich
* Gemäß NAV § 19 (2) besteht eine grundsätzliche Anmeldepflicht. (Die Untergrenze von 3,6 kVA gibt es nicht.)						

Tabelle 12.1 Übersicht über Anmeldeverfahren von verschiedenen Erzeugungsanlagen und Verbrauchern am Niederspannungsnetz (Teil 2/2)

Für die Anmeldung elektrischer Anlagen und Geräte beim zuständigen Netzbetreiber sind neben den Vordrucken folgende Unterlagen einzureichen:

- Antragstellung zur Anmeldung zum Netzanschluss,
- Lageplan mit Flurstücknummer, aus denen der Aufstellort des Speichers hervorgeht,
- Datenblatt für jede Erzeugungseinheit,
- Datenblatt für Speicher,
- Einheitenzertifikate der Erzeugungseinheiten,
- bei Erzeugungseinheiten mit einem Eingangsstrom ab 75 A ist der Prüfbericht über „Netzrückwirkungen" für Erzeugungseinheiten gemäß VDE-AR-N 4100 Abs. 5.4 erforderlich,
- Beschreibung der Schutzeinrichtungen des Netz- und Anlagenschutzes (NA-Schutz),

- Zertifikat des Netz- und Anlagenschutzes (NA-Schutz),
- Prüfbericht zum NA-Schutz, sofern vom Netzbetreiber gefordert,
- Zertifikat der Leitungsüberwachung am Netzanschlusspunkt
  - $P_{AV,E}$-Überwachung, 70-%-Begrenzung nach VDE-AR-N 4105 Abs. 5.7.4.2,
  - Symmetrieeinrichtung nach VDE-AR-N 4100 Abs. 5.5,
- Übersichtsschaltplan des Anschlusses des Speichers am Niederspannungsnetz mit den Daten der eingesetzten Betriebsmittel, Anordnung der Mess- und Schutzeinrichtungen und Anordnung der Zählerplätze.

12.1.3 Das Anlagenzertifikat

Speicher am Niederspannungsnetz sind als Erzeugungsanlagen zu betrachten. Für Erzeugungsanlagen gelten für den Netzanschluss neben der VDE-AR-N 4100 noch folgende Anwenderregeln (**Bild 12.1**):

- VDE AR-N 4105,
- VDE AR-N 4110.

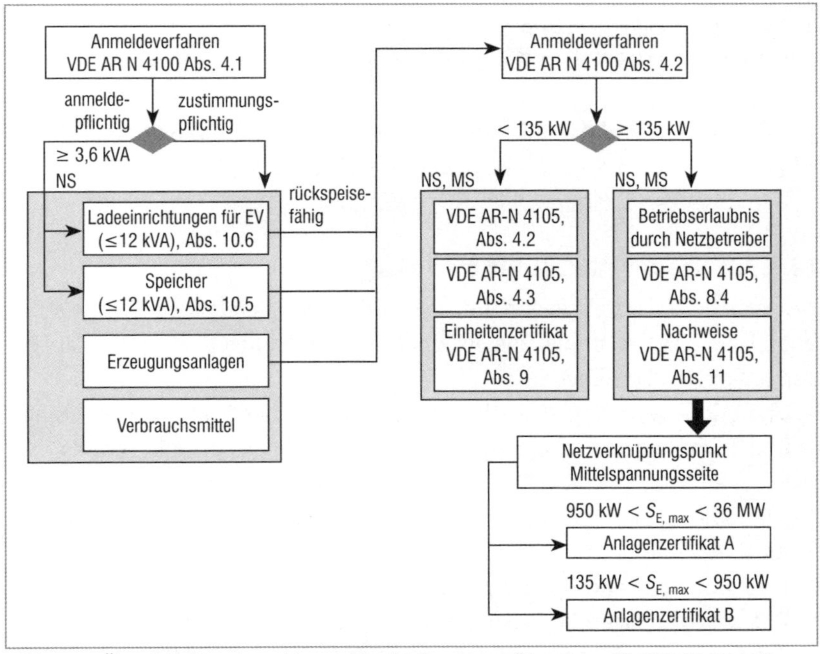

Bild 12.1 Übersicht über Anmelde- und Zertifizierungsverfahren gemäß VDE-AR-N 4100, 4105, 4110

Am Netzanschlusspunkt ist die Kundenanlage mit Speicher an das Netz der allgemeinen Stromversorgung angeschlossen. Der Netzverknüpfungspunkt befindet sich an der nächstgelegenen Stelle im Netz der allgemeinen Stromversorgung, an dem weitere Kundenanlagen angeschlossen werden können. In der Regel ist der Netzverknüpfungspunkt gleich dem Netzanschlusspunkt.

Bei Speichern mit einer Summenbemessungsleistung ab 135 kW erfolgt die Zustimmung der endgültigen Betriebserlaubnis durch den Netzbetreiber. Ausschlaggebend für die Erfordernis und Art des Anlagenzertifikats ist die Summenbemessungsleistung des Speichers und die Spannungsebene des Netzverknüpfungspunkts. Die VDE-AR-N 4110 legt das erforderliche Zertifizierungsverfahren fest.

12.1.3.1 Speicher < 135 kW

Erzeugungsanlagen und Speicher mit einer maximalen Wirkleistung (P_{Amax}) unter 135 kW sind unabhängig von der Spannungsebene des Netzverknüpfungspunkts nach dem Betriebserlaubnisverfahren nach NC RfG gemäß VDE-AR-N 4105 und VDE-AR-N-4110 in Betrieb zu nehmen. Für die Anmeldung sind folgende Anforderungen zu beachten:

- VDE-AR-N 4105 Kap. 4.2 – Anmeldung und anschlussrelevante Unterlagen,
- VDE-AR-N 4105 Kap. 4.3 – Inbetriebsetzung der EZA u/o des Speichers,
- VDE-AR-N 4105 Kap. 9 – Nachweis der elektrischen Eigenschaften (Einheitenzertifikat).

12.1.3.2 Speicher ab 135 kW bis 36 MW

Bei Speichern und Erzeugungsanlagen mit einer maximalen Wirkleistung (P_{Amax}) ab 135 KW erfolgt die Erteilung der endgültigen Betriebserlaubnis durch den Netzbetreiber.

- VDE-AR-N 4105 Kap. 8.4 – Besonderheiten bei der Planung, Errichtung und beim Betrieb von Erzeugungsanlagen und Speichern mit jeweils $P_{Amax} \geq 135$ kW,
- VDE-AR-N 4110 Kap. 11 – Nachweis der elektrischen Eigenschaften für EZA,
- Liegt der Netzverknüpfungspunkt auf der Mittelspannungsebene, ist bei Erzeugungsanlagen im Leistungsbereich zwischen 135 kW und ≤ 950 kW das Anlagenzertifikat B und zwischen 950 kW bis zu 36 MW das Anlagenzertifikat A nach VDE AR-N 4110 Kap. 11 erforderlich.

12.1.4 Anmeldepflicht von Inselanlagen

Neben den reinen netzgekoppelten Erzeugungsanlagen mit oder ohne Speicher und den reinen Inselanlagen, also Erzeugungsanlagen ohne synchrone Verbindung zu einem öffentlichen Stromversorgungsnetz, wie wir es aus Camping- oder Gartenhausanwendungen kennen, gibt es auch Erzeugungsanlagen, die beide Betriebsarten beherrschen. Bei diesen Anlagen wird über eine Netztrenneinrichtung die Kundenanlage vom öffentlichen Stromversorgungsnetz im Inselbetrieb getrennt. Ich beziehe mich in den folgenden Ausführungen jedoch ausschließlich auf reine Inselanlagen.

Aus Sicht der Anmeldung sind zum einen die Anforderungen an die Anmeldung im Melderegister und die der Verteilnetzbetreiber genauer zu betrachten. Die Niederspannungsanschlussverordnung regelt nach § 1 die allgemeinen Bedingungen zum Anschluss von Kundenanlagen am Niederspannungsnetz. Sie legt damit die Rechte und Pflichten zwischen dem Anschlussnehmer und dem Netzbetreiber dar. Nach VDE-AR-N 4100 Abs. 4.1 ist der Netzanschluss sowie die Messeinrichtung vom Netzbetreiber leistungsgerecht unter Berücksichtigung der gleichzeitig benötigten Leistung auszulegen. Hierzu sind auch mögliche Netzrückwirkungen durch die Kundenanlage und damit die Verbrauchsmittel und Erzeugungsanlagen zu berücksichtigen. Für Erzeugungsanlagen ist hinsichtlich des Netzanschlusses auch die VDE-AR-N 4105 in Kombination mit der VDE-AR-N 4100 zu beachten. Im Anwendungsbereich der VDE-AR-N 4105 heißt es:

„Die VDE-Anwendungsregel VDE-AR-N 4100 ‚Technische Regeln für den Anschluss von Kundenanlagen an das Niederspannungsnetz und deren Betrieb (TAR Niederspannung)' fasst die technischen Anforderungen zusammen, die bei der Planung, bei der Errichtung, beim Anschluss und beim Betrieb von allen Kundenanlagen – also von Bezugsanlagen, Erzeugungsanlagen und Speichern – an das Niederspannungsnetz des Netzbetreibers zu beachten sind."

Damit sind die technischen Anschlussbedingungen sowie die VDE-AR-N 4100 und die VDE-AR-N 4105 im Netzparallelbetrieb mit einem Stromversorgungssystem eines Netzbetreibers zu berücksichtigen. Reine Inselanlagen sind somit vom Anwendungsbereich ausgenommen, woraus eine Meldepflicht beim Verteilnetzbetreiber auf Grundlage der Niederspannungsanschlussverordnung nicht abgeleitet werden kann. Wie auch bei der Anmeldung beim zuständigen Verteilnetzbetreiber sind erstmal die Zuständigkeiten und der Zweck der Bundesnetzagentur zu klären.

Die Bundesnetzagentur hat die Aufgabe, den Rahmen für einen diskriminierungsfreien, fairen Wettbewerb zu setzen mit einem Marktzugang für die Marktteilnehmer und Transparenz u.a. im Bereich Energie für die erforderlichen Investitionen in zukunftsfähige Netze. Sie regelt den Wettbewerb zwischen Anbietern und sorgt gleichzeitig dafür, dass Verbraucherrechte gewahrt bleiben. Im Bereich der elektrischen Energieversorgung regelt die Bundesnetzagentur die Öffnung der Netze für neue Anbieter. Das Marktstammregister (kurz MaStR) dient als umfassendes Register des Strom- und Gasmarkts, das von Behörden und den Marktakteuren des Energiebereichs genutzt werden kann.

Bei reinen Inselanlagen wird die elektrische Energie an einem Ort (in einer Anlage) erzeugt, gespeichert und verbraucht. Damit ist in der Regel davon auszugehen, dass es sich bei Anbieter und Erzeuger um dieselbe natürliche oder juristische Person handelt. Da die Inselanlage vom öffentlichen Stromversorgungsnetz getrennt ist, findet so weder ein Wettbewerb zwischen unterschiedlichen Anbietern statt, noch sind Verbraucherrechte von einer Behörde zu wahren, woraus eine Pflicht zur Anmeldungen im Melderegister demnach nicht besteht.

12.2 Netz- und Anlagenschutz (NA-Schutz)

Erzeugungsanlagen am Niederspannungsnetz sind unter Beachtung der gültigen Vorschriften so zu errichten und zu betreiben, dass sie für den Parallelbetrieb mit dem Niederspannungsnetz des zuständigen Netzbetreibers keine unzulässige Rückwirkungen auf das Netz oder andere Kundenanlagen haben.

Zur Sicherstellung der Anforderung gilt seit Januar 2012 für den Betrieb von dezentralen Erzeugungsanlagen am Niederspannungsnetz die Anwendungsregel VDE-AR-N 4105. Seit dem 1. Juli 2012 ist demnach ein Netz- und Anlagenschutz (kurz: NA-Schutz) bei netzgekoppelten Erzeugungsanlagen Pflicht. Hierbei handelt es sich um eine typgeprüfte Schutzeinrichtung mit NA-Schutz-Zertifikat.

Der NA-Schutz erfasst permanent die Spannungs- und Frequenzwerte des Niederspannungsnetzes und schaltet über einen Kuppelschalter die gesamte Erzeugungsanlage bei unzulässigen Spannungs- und Frequenzwerten außerhalb der nach VDE-AR-N 4105 Abs. 6 vorgegebenen Grenzwerte vom Niederspannungsnetz ab. Damit soll eine ungewollte Einspeisung der Erzeugungsanlage in ein vom übrigen Verteilungsnetz getrenntes Netzteil sowie die Speisung von Fehlern im Netz verhindert werden.

Die Ausführung des NA-Schutzes hängt von der Summe der maximalen Scheinleistungen aller Erzeugungsanlagen und Speicher am Netzanschlusspunkt (POC) ab. Dabei sind sowohl Bestandsanlagen als auch Neuanlagen zu berücksichtigen.

- Bei Erzeugungsanlagen mit $\sum S_{\mathrm{A\,max}} \leq 30\,\mathrm{kVA}$ ist ein zentraler NA-Schutz (am zentralen Zählerplatz oder einer Unterverteilung) oder ein integrierter NA-Schutz vorzusehen.
- Bei Erzeugungsanlagen mit $\sum S_{\mathrm{A\,max}} > 30\,\mathrm{kVA}$ ist ein zentraler NA-Schutz erforderlich.

Speicher über 30 kVA, die nicht in das Niederspannungsnetz des Netzbetreibers einspeisen, sind bei der Berechnung nicht zu berücksichtigen. Ein integrierter NA-Schutz ist ausreichend.

Liegt die maximale Scheinleistung der Erzeugungsanlage durch Erweiterung in Summe über 30 kVA, besteht die Notwendigkeit der Nachrüstung der Bestandsanlagen. Eine Notwendigkeit der Nachrüstung ist gegeben bei:

- Zubau und Erweiterung von neuen Erzeugungseinheiten,
- nachträgliche Installation von Speichern,
- Änderungen des Betriebsmodus des/der Speicher, vom reinen Inselbetrieb in den Einspeisebetrieb in das Niederspannungsnetz des Netzbetreibers.

Grundsätzlich darf ein Ausfall der Hilfsspannung des zentralen NA-Schutzes oder der Steuerung des integrierten NA-Schutzes die Schutzfunktionen nicht beeinträchtigen. Der NA-Schutz muss in diesem Fall eine unverzögerte Auslösung des Kuppelschalters bewirken. Die Schutzfunktionen müssen auch bei einem Fehler der Anlagensteuerung (z. B. Spannungsausfall) erhalten bleiben.

Zentraler und integrierter NA-Schutz sowie der Kuppelschalter sind entsprechend den zu erwartenden Betriebsbeanspruchungen auszuwählen. Hierzu ist insbesondere die Zuverlässigkeit des Schaltvermögens sowie der Schalthäufigkeit zu berücksichtigen. Bei inselnetzbildenden Systemen erfüllt der Kuppelschalter zusätzlich die Funktion der Netztrenneinrichtung. In diesem Fall ist ein allpoliges Schalten erforderlich.

Grundsätzlich darf ein Fehler nicht zum Verlust der Schutzfunktion führen. Fehler gemeinsamer Ursache sind zu berücksichtigen, wenn die Wahrscheinlichkeit für das Auftreten eines solchen Fehlers von Bedeutung ist. Bei Auftreten eines Fehlers muss eine Abschaltung der Erzeugungsanlage erfolgen. Der Zustand ist beim zentralen NA-Schutz auf dem Display anzuzeigen.

Der NA-Schutz (Netz- und Anlagenschutz) ist eine typgeprüfte Schutzeinrichtung mit NA-Schutz-Zertifikat. Der NA-Schutz dient der Inselnetzerkennung und verhindert so eine ungewollte Einspeisung der Erzeugungsanlage in einem vom Verteilnetz getrennten Teilnetz. Hierfür erfolgt die Abschaltung durch Wirkung des NA-Schutzes auf einen Kuppelschalter bei unzulässigen Spannungs- und Frequenzänderungen im Netz. Es sind in den einzelnen folgenden Funktionen zu realisieren (**Tabelle 12.2**):

Schutzfunktion	Schutzrelais-Einstellwerte bei Umrichter EZE	
Spannungssteigerungsschutz $U >>$	1,25 U_n	≤ 100 ms
Spannungssteigerungsschutz $U >$	1,1 U_n	≤ 100 ms
Spannungsrückgangsschutz $U <$	0,8 U_n	3,0 s
Spannungsrückgangsschutz $U <<$	0,45 U_n	300 ms
Frequenzrückgangsschutz $f <$	47,5 Hz	≤ 100 ms
Frequenzsteigerungsschutz $f >$	51,5 Hz	≤ 100 ms
Inselnetzerkennung		

Tabelle 12.2 Einstellwerte für den NA-Schutz gemäß VDE-AR-N 4105

Es muss sichergestellt sein, dass am Netzanschlusspunkt die Spannung $1{,}10 \cdot U_n$ nicht überschritten wird. Wird diese Anforderung durch einen zentralen NA-Schutz sichergestellt, ist es zulässig, den Spannungssteigerungsschutz an der dezentralen Erzeugungseinheit/-anlage auf bis zu $1{,}15 \cdot U_n$ einzustellen. Der Anlagenerrichter sollte in diesem Fall mögliche Auswirkungen auf die Kundeninstallation berücksichtigen. Die Kombination von zentralem NA-Schutz ($U > : 1{,}1 \cdot U_n$) und integriertem NA-Schutz ($U > : 1{,}1 \cdot U_n$ bis $1{,}15 \cdot U_n$) ist dann zu empfehlen, wenn der Spannungsfall in der Hausinstallation nicht zu vernachlässigen ist. Dies ist typischerweise bei längeren Anschlussleitungen der Fall.

Für die Spannungsschutzeinrichtung ist eine Auswertung der Grundschwingung (50 Hz) ausreichend. Die Überwachung der Spannungssteigerungs-/Spannungsrückgangsschutzrelais sind logisch ODER zu verknüpfen. Bei Über-/Unterschreitung eines Werts über/unter den Ansprechwert muss eine Abschaltung über den Kuppelschalter erfolgen.

Der Spannungssteigerungsschutz ist über den gleitenden 10-Minuten-Mittelwert im maximalen zeitlichen Abstand von 3 s zu bilden. Bei Überschreitung der nach DIN EN 50160 festgelegten Spannungsgrenze von

1,1 · U_N muss der NA-Schutz ansprechen und eine Abschaltung der Erzeugungsanlage über den Kuppelschalter erfolgen. Die Toleranz zwischen Auslöse- und Einstellwert darf bei höchstens ± 1 % U_N liegen.

- Bei EZA ≤ 30 kVA ist die Messung der Spannung zwischen Außenleiter und Neutralleiter erforderlich.
- Bei EZA > 30 kVA ist eine Messung der Spannungen zwischen Außenleiter und Neutralleiter erforderlich. Die Außenleiterspannungen sind zudem entweder messtechnisch zu erfassen (2 x 3 Spannungswerte) oder rechnerisch zu ermitteln.

Zur messtechnischen Erfassung der Frequenz ist eine einphasige messtechnische Erfassung ausreichend. Die Toleranz zwischen Einstell- und Auslösewert darf bei höchstens ± 0,1 % der Nennfrequenz liegen.

Einstellwerte der Schutzfunktionen sowie die letzten fünf datierten Fehlermeldungen (relativer Zeitstempel ist ausreichend) müssen am NA-Schutz gespeichert werden und müssen ablesbar sein. Spannungsunterbrechungen von bis zu 3 s dürfen zu keinem Datenverlust führen. Die Fehlerauslesung kann beim integrierten NA-Schutz über eine Datenschnittstelle erfolgen. Eine Anzeige, wie beim zentralen NA-Schutz, ist nicht erforderlich.

12.2.1 Zentraler NA-Schutz

Der zentrale NA-Schutz kann am zentralen Zählerplatz in einem Zählerschrank nach DIN VDE 0603-1 oder in einem dafür vorgesehenen Verteiler untergebracht werden. Der Anschluss ist entsprechend den nach VDE-AR-N 4105 Anhang B vorgegebenen Anschlussbeispielen auszuführen:

- B.4: Anschluss von drei dreiphasigen Erzeugungseinheiten mit Überschusseinspeisung,
- B.5: Anschluss einer Erzeugungsanlage mit Anschlussscheinleistung $S_{A\,max}$ > 30 kVA mit $P_{AV,E}$-Überwachung,
- B.6: neue Erzeugungseinheit parallel zu einer Bestandsanlage $S_{A\,max}$ > 30 kVA,
- Anschluss einer Erzeugungsanlage mit Anschlussscheinleistung $S_{A\,max}$ > 30 kVA mit Volleinspeisung,
- B.10: Anschluss einer Erzeugungsanlage mit Zähleranschlusssäule bei einer Anschlussscheinleistung $S_{A\,max}$ > 30 kVA.

Der zentrale Kuppelschalter ist als galvanische Schalteinrichtung auszuführen. Zulässig sind Schütze, Motorschutzschalter und mechanische Leistungsschalter.

Beim zentralen NA-Schutz (**Bild 12.2**) müssen die Betriebszustände ohne Hilfsmittel an einem Display ablesbar sein. Der NA-Schutz und Schutz vor Unsymmetrie nach VDE-AR-N 4100 Abs. 5.5.3 oder $P_{AV,E}$-Überwachung darf in einem Gerät realisiert werden.

Der Nachweis an die technischen Anforderungen nach VDE-AR-N 4105 erfolgt über

- das Zertifikat für den NA-Schutz nach VDE-AR-N 4100 Anhang E.6 oder
- den Prüfbericht zum NA-Schutz nach VDE-AR-N 4100 Anhang E.7.
- Die Funktion des Auslösekreises (zentralen NA-Schutzes – Kuppelschalter) ist vom Errichter durch Betätigung der Prüftaste zu erproben. Die Auslösung muss am Kuppelschalter visualisiert sein.

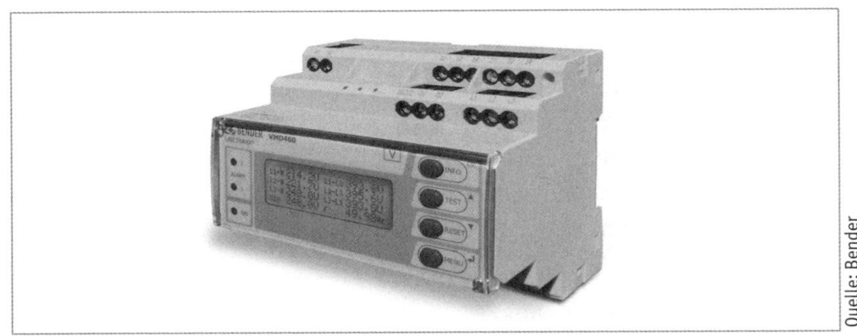

Bild 12.2 Zentraler NA-Schutz VMD 460

12.3 Energieflussrichtungssensor

Mit Anwendungsbeginn der neuen VDE-AR-N 4100 mit Ausgabe vom April 2019 wurden Anforderungen an Energieflussrichtungssensoren aufgenommen. Ein Energieflussrichtungssensor ist nach VDE-AR-E 2510-2 Abs. 3.1.5 eine technische Einrichtung, die den Energiefluss mit kommunikativer Kopplung zum Speichersystem erfasst. Hintergrund der Anforderung ist, dass eine galvanische Kopplung mehrerer Hausanschlüsse grundsätzlich gemäß VDE-AR-E 2510-2 Abs. 6.101 auszuschließen ist.

Der Energieflussrichtungssensor ist eine technische Einrichtung zur Ermittlung der Energieflussrichtung mit kommunikativer Kopplung zum Speicher. Der Energieflussrichtungssensor überwacht den Strom und die Stromrichtung nach dem Zähler (Zweirichtungszähler). Er minimiert die ins öffentliche Stromversorgungsnetz eingespeiste elektrische Energie und erhöht somit die Eigenverbrauchsquote der Erzeugungsanlage. Seit Anwendungsbeginn der VDE AR-N 4100 April 2019 sind Energieflussrichtungssensoren bei Speichern verbindlich in der Kundenanlage zu installieren. Der Energieflussrichtungssensor kann sowohl im Speicher, als separate Einheit im Stromversorgungspfad oder in einem Gerät mit mehreren Funktionen – wie NA-Schutz, $P_{AV,E}$-Überwachung oder Unsymmetrieschutz – integriert sein.

Der Einbau ist entsprechend den Herstellervorgaben sowie den vom Netzbetreiber vorgegebenen Anschlussschemata nach VDE AR-N 4105 Anhang B: B.11 anzuschließen.

Der Nachweis der Erfüllung der technischen Anforderungen nach VDE AR-N 4100 Abs. 10.5.10 (Speicher) erfolgt über

- die Herstellererklärung des EnFluRi-Sensors,
- den Funktionsnachweis des Herstellers,
- die Anwendung des PV-Speicherpasses,
- den Funktionstest, der durch den Errichter im Inbetriebsetzungsprotokoll für EZA und Speicher nach VDE AR-N 4105 E.8 zu bestätigen ist.

12.4 Anschluss und symmetrischer Betrieb

Speicher sind grundsätzlich als symmetrische dreiphasige Erzeugungseinheiten am Niederspannungsnetz anzuschließen. Bei Schieflasten über 4,6 kVA ist eine Symmetrieeinrichtung an der Übergabestelle erforderlich. Diese muss auf Basis des 1-Minuten-Leitungswerts innerhalb von 100 ms die Schieflasten auf 4,6 kVA begrenzen.

Die Begrenzung der Schieflasten darf über

- kommunikative Kopplung zwischen EZA und Speicher über eine Begrenzung der Summenleistung oder
- Messung und Regelung der Netzaustauschleistung am Netzanschlusspunkt erfolgen.

Die Einhaltung des symmetrischen Betriebs gegenüber dem Netzbetreiber obliegt dem Anschlussnehmer (**Tabelle 12.3**). Bei Ausfall der Symmetrieeinrichtung müssen die eingebundenen Geräte auf 4,6 kVA in Summe begrenzt werden. Beim Anschluss einphasiger Erzeugungsanlagen, Speicher und Ladeeinrichtungen für Elektrofahrzeuge darf der Netzbetreiber den Außenleiter zum Anschluss vorgeben. Ab einer Bemessungsleistung von 4,6 kVA je Außenleiter ist die Summenanschlussleistung auf 13,8 kVA je Außenleiter begrenzt.

Geräte an Kundenanlagen				Bemessungsleistung	Ausführung			Anmerkung
Verbrauchsmittel	EZA	Speicher	Ladeeinrichtung für EV		einphasig (L – N)	zweiphasig (L1,2,3 – L2,3,1)	dreiphasig (L1 – L2 – L3)	
X	X	X	X*	> 4,6 kVA	X*		X	mit Symmetrieeinrichtung
X	X	X	X	≤ 4,6 kVA	X			bei Anschlussschränken im Freien nur bei Sonderanwendungen zulässig (öffentliche Beleuchtung, Nahverkehr, Telekom)
	X**	X**	X**	≤ 4,6 kVA	X			max. 3 Geräte je Außenleiter
X**				≤ 6,5 kVA		X	X	bei Geräten mit Kurzzeitverhalten (z. B. Durchlauferhitzer)
X**	X**	X**	X**	einphasige Geräte mit Dauerlastverhalten	Vorgabe Netzbetreiber			Außenleiter, Messung und Betriebsspannung nach Festlegung des Netzbetreibers
	X**			k. A.			X	

* Symmetrieeinrichtung bei Ladeeinrichtungen immer erforderlich
** Drehstrom-Umrichteranlagen (VDE AR-N 4105 5.6)

Tabelle 12.3 Anschluss und symmetrischer Betrieb gemäß VDE-AR-N 4100

Die Symmetrieanforderungen an Speicher sind über eine kommunikative Kopplung zwischen EZA und Speicher sowie einer Begrenzung der EZA und Speicher oder durch eine Symmetrieeinrichtung am Netzanschlusspunkt zu realisieren.

Anschlussschema nach VDE AR-N 4105:

- B.3 Erzeugungsanlage mit Symmetrieeinrichtung der einphasigen Umrichter und integriertem NA-Schutz,
- B.9 PV-Anlage $S_{E,max} = 6$ kVA mit Speicher $P_{E,max} = 3$ kW und Symmetrieeinrichtung.

12.5 Netzanschluss und Umschalteinrichtungen

Im Inselbetrieb erfolgt eine Umschaltung über eine Einrichtung zur Netzabschaltung (**Tabelle 12.4**). Nach VDE-AR-E 2510-2 Abs. 6.537 kann bei Speichern, die eine Alternative zur allgemeinen Stromversorgung darstellen, die Einrichtung zur Umschaltung als Kuppelschalter mit einer Überwachung gemäß VDE-AR-N 4100 Abs. 6.4.1 mit den Anforderungen an den NA-Schutz oder als Trenneinrichtung ausgeführt werden. Hier erfüllt der Kuppelschal-

Netzform	Betriebsart	Leiter
TN-System	Netzbetrieb	alle Außenleiter
TN-System		alle aktiven Leiter
TN-, TT-, IT-Systeme	Netzbetrieb/Inselbetrieb	

Tabelle 12.4 Trennen der Leiter gemäß den Netzformen

ter zusätzlich die Funktion einer Netztrenneinrichtung, wodurch die Abschaltung aller aktiven Leiter erforderlich ist.

Die Netztrenneinrichtung muss der Herstellernorm DIN EN 60947-6-1 (VDE 0660-114) entsprechen. Die Netztrenneinrichtung ist in der Regel unmittelbar nach dem Zähler in der Anschlussnutzeranlage anzuordnen, sodass die gesamte Anschlussnutzeranlage einschließlich der Verbraucherstromkreise vom öffentlichen Stromversorgungsnetz getrennt sind. Die unterschiedlichen Systembilder wurden im informativen Anhang der VDE-AR-E 2510-2 überarbeitet. Neben der Abbildung der unterschiedlichen Netzformen umfassen die Anschlussbeispiele auch einphasig angeschlossene Speicher sowie Beispiele für DC-Kopplungen von Erzeugungsanlagen und Speicher.

12.6 Zählerverteilungen mit Speicher

12.6.1 Belastungs- und Bestückungsvarianten

Die interne Verdrahtung von Zählerplätzen sind gemäß der vorgegebenen Belastungs- und Bestückungsvarianten nach VDE-AR-N 4100 Abs. 7.3 auszuführen (**Tabelle 12.5**). Erzeugungsanlagen und Speicher weisen ein nicht haushaltsübliches Lastverhalten auf, sodass hier grundsätzlich mit einem

<table>
<tr><th rowspan="2"></th><th colspan="3">interne Verdrahtung</th></tr>
<tr><th colspan="2">10 mm² nach DIN VDE 0603-1</th><th>16 mm² nach DIN VDE 0603-2-1</th></tr>
<tr><td>Betriebsstrom in A</td><td>≤ 63</td><td>≤ 32</td><td>≤ 44</td></tr>
<tr><td>Anwendung</td><td>Bezugsanlagen für haushaltsübliche Anwendung</td><td>– EZA
– Speicher
– Ladeeinrichtungen für EV</td><td>– EZA
– Bezugsanlage
– Ladeeinrichtungen für EV
mit nicht haushaltsüblichen Lastverhalten</td></tr>
<tr><td rowspan="2">Überlast- und Kurzschlussschutz</td><td rowspan="2">Gleichzeitigkeitsfaktor nach DIN 18015-1 A.1 Kurve 1 beachten</td><td colspan="2">Trenneinrichtung der Anschlussnutzeranlage</td></tr>
<tr><td>SH-Schalter
E 35 A</td><td>SH-Schalter
E 50 A</td></tr>
</table>

Tabelle 12.5 Belastungs- und Bestückungsvarianten für Zählerverteiler gemäß VDE-AR-N 4100

Gleichzeitigkeitsfaktor $g = 1$ zu rechnen ist. Interne Verdrahtungen mit Leiternennquerschnitten von 10 mm^2 nach DIN VDE 0603-1 sind für Betriebsströme bis 32 A geeignet. Der Überlast- und Kurzschlussschutz ist mit einem SH-Schalter mit einem Bemessungsstrom von 35 A und einer E-Charakteristik auszuführen. Ist der Zählerschrank im Freien errichtet, ist ein Reduktionsfaktor der Strombelastbarkeit von 0,94 anzusetzen. Weitere abweichende Betriebsbedingungen können u. a. durch einen Erwärmungsnachweis nach DIN EN 61439-3 (DIN VDE 0660-600-3) „Installationsverteiler für die Bedienung von Laien“ erbracht werden.

12.6.2 Anschlussraum

Die Nutzung des Anschlussraums als Stromkreisverteiler ist unzulässig. Es sind jedoch bis zu drei Stromkreise mit einer Absicherung von maximal 16 A je Anschlussnutzanlage sowie SPDs vom Typ 1 und 2 zulässig. Diese dürfen ausschließlich für Schutzeinrichtungen von Stromkreisen, die im Keller des Anschlussnutzers vorgesehen sind, wie die Kellerbeleuchtung, der Trockner oder die Waschmaschine, verwendet werden. Aufgrund von Stromwärmeverlusten (max. 10 W nach der zurückgezogenen VDE-AR-N 4101) der Schutzeinrichtungen und Betriebsmittel sind diese auf eine höchst zulässige Belegung von sechs Teilungseinheiten und einphasigen Stromkreisen bis zu 16 A begrenzt.

In der VDE-AR-N 4100: 2019-04 wurden im Zuge der neuen Anwendungen durch Ladeeinrichtungen für EV sowie die Installation von EZA, die Anforderungen angepasst. Es sind demnach im Anschlussraum folgende Anschlussvarianten zulässig:

- einphasige Erzeugung und Ladeeinrichtungen für EV bis 16 A (3,7 kW),
- bei einfach belegten Zählerfeldern, die zur Messung von steuerbaren Verbrauchseinrichtungen (z. B. Wärmepumpen) oder EZA dienen, dürfen anlagenseitig für bis zu 3 · 16 A (11 kW) dreiphasig bestückt werden.

12.7 Netzrückwirkungen und Flicker

Elektrische Betriebsmittel einer Kundenanlage sind nach VDE-AR-N 4100 Abs. 5.4 so zu planen, zu bauen und zu betreiben, dass Rückwirkungen auf das Niederspannungsnetz oder andere Kundenanlagen durch schnelle Spannungsänderungen, Flicker und Oberschwingungen auf ein zulässiges Maß begrenzt wird. Die Inbetriebsetzung der elektrischen Anlage nach den Maßgaben des Netzbetreibers hat u.a. zum Ziel, unzulässige Rückwirkungen nach NAV § 13 (2) auszuschließen.

12.7.1 Spannungsänderungen

Im ungestörten Betrieb des Netzes darf bei netzgekoppelten Erzeugungsanlagen und Speicher am Netzanschlusspunkt des Niederspannungsnetzes die langsame Spannungsänderung, sofern die Vorgabe des Netzbetreibers nicht abweichen, Δu_A höchstens 3 % betragen.

12.7.2 Oberschwingungen und Flicker

Zur Gewährleistung ist die elektrische Anlage bei Errichtung, Änderung und Erweiterung gemäß den Rechtsvorschriften und behördlichen Bestimmungen sowie den anerkannten Regeln der Technik nach § 49 EnWG Abs. 2 Nr. 1 durch den Netzbetreiber oder durch ein in ein Installateurverzeichnis eingetragenes Installationsunternehmen durchzuführen. Erfüllen die Betriebsmittel nicht die nachweislich einzuhaltenden Grenzwerte oder übersteigt die gleichzeitig benötigte Leistung 12 kVA, ist eine Beurteilung durch den Netzbetreiber durchzuführen. Netzrückwirkungen bestehen im Einzelnen aus Oberschwingungen und dem Flicker.

Oberschwingungen werden durch nicht lineare Verbraucher, wie getaktete Energiewandler, Phasenanschnittsteuerungen o.ä., im Netz verursacht. Dadurch entstehen auf dem Netz sinusförmige Schwingungen, deren Frequenz ein ganzzahliges Vielfaches der Grundfrequenz von 50 Hz ist.

Der Flicker entsteht durch Spannungsschwankungen im Netz. Er tritt meist bei Schaltvorgängen, Laständerungen und Lastabwürfen auf. Der Flicker ist als subjektive Wahrnehmung einer ändernden Leuchtdichte definiert. Der Begriff „Flicker“ leitet sich demnach von „flackern“ ab. Die Änderungen der Leuchtdichte, und damit in der Wahrnehmung, sind durch Spannungsschwankungen im Netz hervorgerufen. Es wird in der Betrachtung der Netzrückwirkungen zwischen Kurzzeit-Flickerstärke, die innerhalb eines Zeitintervalls von 10 min auftreten, und Langzeit-Flickerstärke, die innerhalb eines Zeitintervalls von 120 min auftreten, unterschieden.

Nach VDE-AR-N 4100 Abs. 5.4 dürfen Netzrückwirkungen das Niederspannungsnetz oder andere Kundenanlagen nicht unzulässig beeinträchtigen. Treten Störungen auf, greift das sogenannte Verursacherprinzip. Demnach hat der Verursacher der Netzrückwirkungen für dessen Begrenzung auf ein zulässiges Maß zu sorgen und die Maßnahmen mit dem Netzbetreiber abzustimmen. Nach VDE-AR-N 4100 Abs. 5.4.2 sind bei Erzeugungseinheiten und Speichern zukünftig die Anforderungen in folgenden Normen festgelegt:

- DIN EN 61000-3-16 für Oberschwingungen,
- DIN EN 61000-3-17 für Flicker.

Bei Speichern und Erzeugungsanlagen mit einem Eingangsstrom von >75 A ist der Nachweis über Netzrückwirkungen gemäß VDE-AR-N 4100 Abs. 5.4 zu erbringen. Bei Anschlussnutzeranlagen sind bei Eingangsströmen unterhalb 75 A der Nachweis der Konformität in Übereinstimmung der in VDE-AR-N 4100 Abs. 5.4 gelisteten Normen ausreichend.

Allerdings ist die Harmonisierung zurzeit in Vorbereitung, sodass bis dahin die harmonisierten Normen für Geräte mit einem Eingangsstrom bis 75 A angewendet werden dürfen (**Tabelle 12.6**). Kompaktspeicher im Anwendungsbereich der VDE-AR-E 2510-2 werden von einem Hersteller gemäß den zutreffenden Richtlinien, darunter auch der EMV-Richtlinie 2014/30/EU, in Verkehr gebracht, sodass hierfür normalerweise keine weiteren Bewertungen hinsichtlich Netzrückwirkungen erforderlich sind.

Werden allerdings mehrere Speicher in einer Kundenanlage angeschlossen, kann der Eingangsstrom die Grenze von 75 A schnell überschreiten. Ist dies der Fall, sind die maximal zulässigen Netzrückwirkungsgrenzwerte vom zuständigen Netzbetreiber individuell zu prüfen.

Einhaltung der Herstellernormen	
Geräte bis 75 A	**EZA und Speicher**
DIN EN 61000-3-2 (VDE 0838-2)	DIN EN 61000-3-16 (Oberschwingungen)
DIN EN 61000-3-3 (VDE 0838-3)	DIN EN 61000-3-17 (Flicker)
DIN EN 61000-3-11 (VDE 0838-11)	DIN EN 61000-3-2 (VDE 0838-2)
DIN EN 61000-3-12 (VDE 0838-12)	DIN EN 61000-3-3 (VDE 0838-3)
DIN EN 61000-4-7 (VDE 0847-4-7)	DIN EN 61000-3-11 (VDE 0838-11)
DIN EN 61000-4-15 (VDE 0847-4-15)	DIN EN 61000-3-12 (VDE 0838-12)

Tabelle 12.6 Herstellernormen für Erzeugungsanlagen

12.8 Netzsicherheitsmanagement

Das Netzsicherheitsmanagement (**Tabelle 12.7**) beeinflusst die Leistungsabgabe von Erzeugungsanlagen bis zur kompletten Abschaltung. Das Netzsicherheitsmanagement wird auf der Grundlage von § 14 EnWG und § 14

EZA und Speicher				Bemessungsleistung $P_{A\,max}$ in kWp	Ausführung			Bemerkung
PV-Anlage	KWK	Speicher	weitere EZA		Leistungsbegrenzung dauerhaft auf 70 % von P_{G0}	Möglichkeit der Leistungsreduzierung durch Netzbetreiber	Abrufung der IST-Einspeiseleistung	
X				≤ 30	X	X		wahlweise
X				> 30 … ≤ 100		X		
X				> 100		X	X	
	X*			> 100		X	X	
		X*		> 100		X	X	Die Anforderung ist einzuhalten, wenn der Speicher oder die KWK-Anlage zur Pufferung verwendet wird.
		X	X	> 100		X	X	
* Puffer								

Tabelle 12.7 Anforderungen an das Netzsicherheitsmanagement – Übersicht

EEG (Einspeisemanagement) und § 13 EnWG (Systemsicherheitsmanagement) zur Verhinderung und Beseitigung von Netzengpässen im Rahmen der Systemsicherheit im Verantwortungsbereich des Netzbetreibers eingesetzt. Es gelten für Erzeugungsanlagen und Speicher am Niederspannungsnetz die Anforderungen nach VDE-AR-N 4105 Abs. 5.7.4.2.

12.8.1 Umsetzung des Netzsicherheitsmanagements

Die Leistungsreduzierung der Erzeugungsanlage und des Speichers erfolgt ohne Trennung vom Netz. In der Praxis haben sich die Reduzierstufen 100 %, 60 %, 30 %, 0 % von $P_{A\,max}$ bewährt. Alternativ kann die Bezugsleistung der Kundenanlage erhöht werden. Die höchstzulässige Abweichung vom Sollwert liegt bei ± 5 %. Es ist die technische Möglichkeit zu schaffen, dass die Erzeugungsanlage im Falle eines Redispatch der Netzbetreiber die Leistung der Erzeugungsanlage bis $P_{A\,max}$ erhöhen kann.

12.8.2 Redispatch

Unter Redispatch versteht man Eingriffe in die Erzeugungsleistung von Kraftwerken, um Leitungsabschnitte vor einer Überlastung zu schützen. Droht an einer bestimmten Stelle im Netz ein Engpass, werden Kraftwerke diesseits des Engpasses angewiesen, ihre Einspeisung zu drosseln, während Anlagen jenseits des Engpasses ihre Einspeiseleistung erhöhen müssen. Auf diese Weise wird ein Lastfluss erzeugt, der dem Engpass entgegenwirkt.

- Bei Mischanlagen ist das Verhalten von Erzeugungsanlage und Bezugsanlage am Netzanschlusspunkt relevant.
- Es kann die Leistung direkt an der Erzeugungsanlage reduziert werden oder
- durch Zuschaltung von Verbrauchern erfolgen.

Die Wirkleistungsvorgabe erfolgt bei Mischanlagen vom Netzbetreiber für jeden Primärenergieträger gesondert.

12.8.3 Wirkleistungsanpassung bei Über- und Unterfrequenz

Über- und Unterfrequenzen sind ein Indikator für Dysbalancen zwischen Erzeugung und Verbrauch im Netz. Bei Überfrequenzen steht ein Überschuss an Erzeugungsleistung einem Defizit an Bezugslast gegenüber, während bei Unterfrequenz ein Defizit an Erzeugung einem Überschuss an Bezugslast gegenübersteht. Weicht die Netzfrequenz um mehr als ± 0,2 Hz von der Nennfrequenz ab, liegt ein kritischer Netzzustand vor. Hierzu müssen Erzeugungsanlage und Speicher bei einer Abweichung der Netzfrequenz von ± 0,2 Hz von 50 Hz zur Stützung der Netzfrequenz beitragen.

- Die Genauigkeit der Frequenzmessung im eingeschwungenen Zustand muss ≤ 10 mHz sein.
- Für Speicher im Stromsparmodus (Stand-by-Betrieb) ist die Einhaltung der Anforderungen nach 4100 Abs. 5.7.4.3 nicht erforderlich.

13 Prüfung, Wartung und Instandhaltung von Speichern

13.1 Erstprüfung gemäß DIN VDE 0100-600

Der Speicher ist Teil der ortsfesten elektrischen Anlage. Bei Neuerrichtung eines Speichers ist eine Erstprüfung durch den Errichter nach DIN VDE 0100-600 durchzuführen. Eine Nachrüstung eines Speichers in bestehenden ortsfesten elektrischen Anlagen entspricht einer Erweiterung. Demnach sind die von der Änderung und Erweiterung betroffenen Anlagenteile ebenfalls zu prüfen. Die Prüfung besteht aus Besichtigen, Erproben und Messen.

Im Betrieb ist der Speicher nach DIN VDE 0105-100 bzw. DIN VDE 0105-100/A1 im ordnungsgemäßen Zustand zu erhalten. Der Umfang sowie die Prüffristen können sich durch Verlangen des Netzbetreibers sowie aus weiteren gesetzlichen oder privatrechtlichen Obliegenheiten des Betreibers ergeben. Der Speicher wird i. d. R. als Teil einer Erzeugungsanlage wie Photovoltaikanlage, BHKW oder Kleinwindanlage betrieben. Erzeugungsanlage und Speicher sind hier teilweise im Gesamtkontext der Anlage nicht voneinander trennbar. Deshalb sind die Speicher und auch die Erzeugungsanlagen wie Photovoltaik hinsichtlich der Prüffristen wie eine Anlage der DIN VDE 0100-7XX-Gruppe zu betrachten.

Zusätzlich zu den Anforderungen nach DIN VDE 0100-600 und DIN VDE 0105-100 sind die nachfolgend beschriebenen Prüfungen vorzunehmen. Die Prüfungen sind für den Netzparallelbetrieb und den Netzersatzbetrieb durchzuführen. Die Prüfung besteht aus:

- Besichtigen,
- Prüfung der Dokumentation und Kennzeichnungen,
- Funktionsprüfung (Erproben),
- Messen.

Für die Prüfungen sind vor der Inbetriebnahme die zum Zeitpunkt der Errichtung, Änderung, Instandsetzung gültigen Normen, Richtlinien und Verordnungen zu berücksichtigen. Als Bewertungskriterium sind u. a. folgende Anforderungen zu beachten:

- DIN VDE 0100-551 (VDE 0100-551) Errichten von Niederspannungsanlagen – Teil 5-55: Auswahl und Errichtung elektrischer Betriebsmittel –

Andere Betriebsmittel – Abschnitt 551: Niederspannungsstromerzeugungseinrichtungen,
- DIN VDE 0100-600 (VDE 0100-600):2017-06 Errichten von Niederspannungsanlagen – Teil 6: Prüfungen,
- VDE-AR-E 2510-2 Stationäre Speicher am Niederspannungsnetz,
- VDE-AR-E 2510-50 Stationäre Energiespeichersysteme mit Lithium-Batterien – Sicherheitsanforderungen,
- VDE-AR-N 4100:2019-04 Technische Regeln für den Anschluss von Kundenanlagen an das Niederspannungsnetz und deren Betrieb (TAR Niederspannung),
- VDE-AR-N 4105 Erzeugungsanlagen am Niederspannungsnetz – Technische Mindestanforderungen für Anschluss und Parallelbetrieb von Erzeugungsanlagen am Niederspannungsnetz.

13.2 Dokumentation

Grundsätzlich sind nach DIN VDE 0100-510 Abs. 514.5 Schaltpläne und eine Dokumentation zu erstellen. Schaltpläne und Zeichnungen müssen in geeigneter Form Auskunft über Art und Aufbau der Ladeeinrichtung und des Stromversorgungssystems geben. Der Einbauort, die Einstellwerte und die vorgesehenen Funktionen der Schutz-, Trenn- und Schalteinrichtungen müssen ersichtlich sein. Bei inselnetzbildenden Systemen ist eine Systemdokumentation mit folgenden Angaben und Unterlagen bereitzustellen:

- Angaben zur Verwendung des Speichers nach Betriebsart, z. B. nur Netzparallelbetrieb, Inselbetrieb,
- technische Spezifikationen und Anleitungen des Herstellers der Speicher,
- Anleitungen für Wartung, Betrieb und Service,
- Unterlagen und erforderliche Datenblätter nach VDE-AR-N 4100, insbesondere der Anforderungen an den Betrieb von Speichern nach Abs. 10.5,
- Anmeldung bzw. die erforderliche Zustimmung des Netzbetreibers gemäß NAV § 19 (2),
- Unterlagen und erforderliche Datenblätter nach VDE-AR-N 4105,
- Übergabeprotokoll zur Einweisung des Anlagenbetreibers,
- Übersichtsschaltplan, in dem alle Schalt- und Sicherheitseinrichtungen enthalten sind,
- Angaben zur verwendeten Speichertechnologie,

- Einhaltung der allpoligen Trennung am Netzanschlusspunkt bei Inselbetrieb,
- Sicherheitshinweise des Herstellers,
- Messprotokoll nach DIN VDE 0100-600 für den Netzparallelbetrieb und den Inselbetrieb,
- ein Hinweis auf ein inselnetzfähiges Speichersystem ist durch den Anlagenerrichter am Hausanschlusskasten oder am jeweiligen zentralen Zählerplatz anzubringen, um auf die Gefahr einer anliegenden Spannung trotz ausgeschaltetem Versorgungsnetz hinzuweisen,
- Schaltpläne und Übersichtspläne,
- Nutzerinformationen und Vollständigkeit der Beschilderung,
- Errichterbescheinigung nach DGUV Vorschrift 3 (falls erforderlich).

13.3 Besichtigen

Das Besichtigen dient der Feststellung der korrekten Auswahl, Montage und Anordnung der Betriebsmittel in Übereinstimmung mit den zutreffenden Teilen der Normenreihe DIN VDE 0100. Die elektrische Anlage ist vor dem Messen und Erproben zu besichtigen. Im Rahmen der Erstprüfung elektrischer Anlage ist durch Besichtigen festzustellen, dass die Betriebsmittel der elektrischen Anlage

- den zutreffenden Betriebsmittelnormen entsprechen,
- korrekt ausgewählt und installiert sind,
- keine sichtbaren Beschädigungen oder Fehler aufweisen.

Der Nachweis kann durch Überprüfung der Informationen, Kennzeichnungen oder Zertifikate des Herstellers nachgewiesen werden. Beim Besichtigen sind mindestens folgende Punkte zu überprüfen:

- Schutzmaßnahme gegen elektrischen Schlag nach DIN VDE 0100-410,
- Vorkehrungen gegen die Ausbreitung von Feuer und Schutz gegen thermische Einflüsse,
- Auswahl der Kabel, Leitungen und Stromschienen hinsichtlich der Strombelastbarkeit und des Spannungsfalls,
- Auswahl, Einstellung, Selektivität und Koordinierung von Schutz- und Überwachungsgeräten,
- Auswahl, Anordnung und Errichtung von geeigneten Überspannungs-Schutzeinrichtungen (SPDs),
- Auswahl, Anordnung und Errichtung von geeigneten Trenn- und Schaltgeräten,

- Auswahl der elektrischen Betriebsmittel und der Schutzmaßnahmen unter Berücksichtigung der äußeren Einflüsse und mechanischen Beanspruchungen,
- ordnungsgemäße Kennzeichnung von Neutral- und Schutzleitern,
- Vorhandensein von Schaltungsunterlagen, Warnhinweisen und anderen ähnlichen Informationen,
- Kennzeichnung der Stromkreise, Überstrom-Schutzeinrichtungen, Schalter, Klemmen u. dgl.,
- ordnungsgemäße Klemmen und Verbindungen von Kabeln und Leitern,
- Auswahl und Errichtung von Erdungsanlagen, Schutzleitern, einschließlich Schutzpotentialausgleichsleitern und ihre Anschlüsse an die Haupterdungsschiene (siehe DIN VDE 0100-540 (VDE 0100-540),
- leichte Zugänglichkeit der elektrischen Betriebsmittel zur Bedienung, Kennzeichnung und Instandhaltung,
- Maßnahmen gegen elektromagnetische Störungen,
- Anschluss der Körper an die Erdungsanlage,
- geeignete Auswahl und Errichtung von Kabel- und Leitungssystemen.

Beim Besichtigen des Speichers sind auch die von der Änderung und Erweiterung betroffenen Anlagenteile einer Erstprüfung im Inselbetrieb zu unterziehen. Es sind insbesondere folgende Bereiche unter Berücksichtigung folgender Aspekte zu besichtigen:

- Einhaltung der Anforderungen an den Schutz gegen elektrischen Schlag im Inselbetrieb und im Netzparallelbetrieb hinsichtlich der korrekten Auswahl und Anordnung der Schutzeinrichtungen;
- Auslegung und Anordnung der Überstrom-Schutzeinrichtungen hinsichtlich der Strombelastbarkeit und des Spannungsfalls nach DIN VDE 0100-430 und DIN VDE 0298-4;
- Aufstellung der Batterien hinsichtlich des Aufstellorts und der Umgebungsbedingungen;
- Wird die elektrische Anlage im Inselbetrieb als Ersatz-TN-System betrieben, ist festzustellen, ob die Sternpunktnachbildung auf den Kurzschlussstrom des inselnetzbildenden Systems ausgelegt ist;
- Beim Ersatz-IT-System ist zu prüfen, ob die Verbraucher für den Betrieb im IT-System geeignet sind;
- Es ist anhand der Montage- und Bedienungsanleitungen bzw. aus den Sicherheitsdatenblättern die Erfordernis einer Lüftungsanlage festzustellen und bei Bedarf die Anordnung der Lüftung sowie der erforderliche Luftwechsel anhand der Planungsunterlagen zu überprüfen.

Weitere Anforderungen hinsichtlich des Aufstellorts und anwendungsspezifische Regeln sind zu beachten (z. B. VDE-AR-E 2510-50 bei Lithium-Batterien).

13.4 Erproben

Das Erproben umfasst nach DIN VDE 0100-600 Abs. 6.4.3.10 u. a. eine Funktionsprüfung. Hierbei sind seitens der ortsfesten elektrischen Anlage und des Speichers folgende Funktionen zu erproben:

- Funktionsprüfung des Energieflussrichtungssensors (EnFluRi-Sensor),
- Funktionsprüfung des zugehörigen Energiemanagements,
- die Funktion von Fehlerstrom-Schutzeinrichtungen (RCDs) durch Betätigen der Prüftaste,
- Schutzeinrichtungen/Schutzrelais,
- die Funktion der Isolationsüberwachungseinrichtungen (IMDs) durch Betätigen der Prüftaste,
- Melde- und Anzeigeeinrichtungen,
- Erproben aller Not-Aus-Betätigungselemente (falls vorhanden),
- Erproben der Sternpunktnachbildung.

13.5 Messen

Die Erstprüfung umfasst, sofern zutreffend, nach DIN VDE 0100-600 folgende Messungen:

- Durchgängigkeit der Leiter,
- Isolationswiderstand,
- Isolationswiderstand zur Bestätigung der Wirksamkeit des Schutzes durch SELV, PELV oder durch Schutztrennung,
- Isolationswiderstand/-impedanz von isolierenden Fußböden und isolierenden Wänden
- Prüfung der Spannungspolarität
- Prüfung zur Bestätigung der Wirksamkeit des Schutzes durch automatische Abschaltung der Stromversorgung,
- Prüfung zur Bestätigung der Wirksamkeit des zusätzlichen Schutzes,
- Prüfung der Phasenfolge der Außenleiter,
- Funktionsprüfungen,
- Spannungsfall.

13.5.1 Isolationswiderstand

Bei der Isolationswiderstandsmessung ist das Batteriespeichersystem als Verbraucher zu prüfen. In sämtlichen Schaltzuständen, wie Netzparallel- oder Inselbetrieb, müssen die Werte nach DIN VDE 0100-600, Tabelle 6A eingehalten werden. Bei Wiederholungsprüfungen gelten bei Batteriespeichersystemen, die wechselstromseitig angeschlossen sind, die Grenzwerte nach DIN VDE 0105-100.

13.6 Nachweis der Wirksamkeit der Schutzmaßnahme im IT-Inselbetrieb

Im Ersatz-IT-System sind alle Körper in ihrer Gesamtheit mit einem Schutzleiter oder Erdungsleiter verbunden. Die Funktion der Isolationsüberwachungseinrichtung (IMD) ist zu erproben durch:

- Betätigen der Testtaste und/oder
- Einbringen eines Prüfwiderstands zwischen einem aktiven Leiter und dem Schutzleiter.

Die Abschaltung durch die Isolationsüberwachungseinrichtung muss beim ersten Fehler innerhalb einer Minute erfolgen.

13.7 Nachweis der Wirksamkeit der Schutzmaßnahme im TN-Inselbetrieb

Im Inselbetrieb muss der Speicher zur Einhaltung der Abschaltbedingungen im TN-System den erforderlichen Kurzschlussstrom bereitstellen. Ist der am Speicher angegebene kleinste einpolige Kurzschlussstrom I_k abzüglich des Betriebsstroms mindestens so hoch wie der erforderliche Abschaltstrom I_a der Schutzeinrichtung und verfügt der Speicher über einen Tiefentladeschutz, ist die Schutzmaßnahme im Inselbetrieb wirksam.

Ist der vom Speicherhersteller angegebene Kurzschlussstrom I_k abzüglich des Betriebsstroms kleiner als der für die automatische Abschaltung erforderliche Abschaltstrom I_a, ist anhand der Herstellerangaben des Speichers festzustellen, ob der Umrichter des Speichers ersatzweise die Ausgangsspannung am Netzanschlusspunkt (POC) entsprechend den Anforderungen nach DIN VDE 0100-410 Anhang D innerhalb der geforderten Abschaltzeit auf unter 50 V reduziert und innerhalb von 5 s die Stromversorgung abschaltet.

Vor der Messung ist durch Besichtigen festzustellen, dass

- die Schutzeinrichtungen entsprechend den Anforderungen nach DIN VDE 0100-530 so angeordnet sind, dass diese nicht aufgrund der Betriebsbeanspruchungen unwirksam werden,
- der vom Hersteller angegebene Kurzschlussstrom abzüglich dem Betriebsstrom der Anschlussnutzeranlage größer ist als der erforderliche Abschaltstrom I_a,
- der Speicher über einen Tiefentladeschutz verfügt,
- der Speicher laut Herstellererklärung den Anforderungen hinsichtlich der funktionalen Sicherheit nach DIN EN 61508 entspricht bzw. die Steuerung entsprechend den Anforderungen an die funktionale Sicherheit nach DIN EN 61511 errichtet ist,
- der PEN-Leiter sowie die Sternpunktnachbildung den zu erwartenden Kurzschlussstrom führen können und den mechanischen und thermischen Beanspruchungen standhalten,
- der PEN-Leiter ausschließlich fest installiert ist,
- der PEN-Leiter einen Leiterquerschnitt von mindestens 10 mm^2 (Kupfer) oder 16 mm^2 (Aluminium) aufweist,
- eine allpolige Trennung zum Netz vorhanden ist.

13.8 Arbeitsschutz in Batterieräumen

Bei Arbeiten im Batterieraum und an Batterien können Elektrolyte austreten. Diese können starke Verätzungen von Haut und Augen verursachen. Im Batterieraum ist deshalb in greifbarer Nähe der Batterien ein Wasseranschluss oder ein Wasservorrat vorzusehen, um sich von Elektrolyten zu reinigen. Neben den Unfallverhütungsvorschriften sind die Herstellervorgaben der Batterien zu beachten. Die Informationen sind aus den Batteriedatenblättern zu entnehmen. Vor Beginn der Arbeiten hat sich das Wartungs- und Instandhaltungspersonal z. B. im Rahmen einer LMRA (last minute risk analyse) mit den Gegebenheiten vertraut zu machen.

Es ist bei Arbeiten im Batterieraum und an den Batterien in greifbarer Nähe eine Handaugendusche (Augenspritzer) vorzuhalten. Zudem ist in der Nähe ein Wasseranschluss oder ein ausreichender Wasservorrat vorzusehen. Gelangt Elektrolyt in die Augen, sind diese mindestens 15 min zu spülen. Es ist in jedem Fall umgehend ein Arzt hinzuzuziehen.

Gelangt bei Arbeiten Elektrolyt auf die Haut, sind die betroffenen Stellen sofort mit Wasser oder neutralisierenden, wässrigen Lösungen auszuwaschen. Bei anhaltender Hautreizung ist ein Arzt hinzuzuziehen.

Der Batterieraum ist hinsichtlich des Arbeitsschutzes mit geeigneten Vorkehrungen auszustatten und das Personal durch Informationen in die Lage zu versetzen, diese sicher anzuwenden:

- Es ist eine Hinweistafel „Erste-Hilfe im Notfall“ mit eingetragenen Kontaktdaten von Ersthelfer, Ort und dem nächsten gelegenen Krankenhaus anzubringen.
- Es ist ein(e) Augenspritzer/Augendusche im Raum vorzuhalten, den das Personal in greifbarer Nähe zum Arbeitsort mitführen kann.
- Es ist ein Wasseranschluss oder ein ausreichender Wasservorrat in der Nähe vorzusehen.
- Es ist eine Hinweistafel zum Umgang mit Augenduschen/Augenspritzern anzubringen.
- Die zusammen mit den Batterien ausgelieferten Gebrauchsanleitungen bzw. Batteriedatenblätter sind im Raum vorzuhalten und müssen dem Personal zugänglich sein. Es müssen folgende Angaben enthalten sein:
  a) Name des Herstellers oder Lieferanten,
  b) Typbezeichnung des Herstellers oder des Lieferanten,
  c) Nennspannung der Batterie,
  d) Nennkapazität oder Bemessungskapazität der Batterie mit Angabe der Entladezeit,
  e) Name des Errichters,
  f) Datum der Inbetriebnahme,
  g) Hinweise auf Sicherheitsempfehlungen, Bedienung und Wartung,
  h) Informationen zur Entsorgung und Wiederaufarbeitung.

13.8.1 Werkzeuge und Kleidung

Bei Arbeiten in Batterieräumen können durch elektrostatische Ausgleichsvorgänge zwischen aufgeladener Kleidung bei Berührung leitender Teile Funken entstehen. Liegt die Wasserstoff-Sauerstoff-Konzentration innerhalb der unteren und oberen Explosionsgrenze, können diese Funken das Gemisch zünden. Es kommt zur Explosion.

Bei Arbeiten kann der erforderliche Sicherheitsabstand zu den Batterien nicht eingehalten werden. Der Armbereich beträgt 1,25 m. Der einzuhaltende Abstand ist anzugeben.

- Beim Arbeiten in Batterieräumen ist darauf zu achten, dass keine Kleidungsstücke getragen werden, die sich elektrostatisch aufladen.
- Es sollte elektrostatisch ableitfähiges Schuhwerk getragen werden.
- Für Reinigungszwecke dürfen ausschließlich mit Wasser befeuchtete Reinigungstücher verwendet werden. Reinigungsmittel können zu elektrostatischer Aufladung führen und sind demnach unzulässig.
- Das verwendete Werkzeug und die Hilfsmittel müssen gegen Korrosion widerstandsfähig sein oder dagegen geschützt werden.
- Werkzeuge für Wartungen, wie Trichter, Hydrometer, Thermometer, die mit Elektrolyten in Berührung kommen, sind eindeutig den Blei- oder NiCd-Batterien zuzuordnen und dürfen nicht anderweitig verwendet werden.

Anhang

Anhang 1 Begriffe

1.1 Hersteller und Errichter

Hersteller: Hersteller ist jede natürliche oder juristische Person, die ein elektrisches Betriebsmittel herstellt oder entwickeln oder herstellen lässt und dieses elektrische Betriebsmittel unter ihrem eigenen Namen oder ihrer eigenen Handelsmarke vermarktet. [vgl. 1.ProdSV § 2, 3]

Errichter: Der Errichter ist eine Person oder ein Unternehmen, die/das eine elektrische Anlage errichtet, erweitert, ändert oder instand hält. [vgl. VDE-AR-N 4105: 2018-11 Abs. 3.1.2]

1.2 Begriffe nach VDE-AR-N 4100 und VDE-AR-N 4105

Kundenanlage: Die Kundenanlage ist die Gesamtheit aller elektrischen Betriebsmittel hinter der Übergabestelle mit Ausnahme der Messeinrichtung. Sie besteht aus dem Hauptstromversorgungssystem und der/den Anschlussnutzeranlage(n) (**Bild 1**). [vgl. VDE-AR-N 4100]

Hauptstromversorgungssystem: Das Hauptstromversorgungssystem ist Teil der Kundenanlage. Es umfasst die Hauptleitungen und Betriebsmittel hinter der Übergabestelle (Hausanschlusskasten) des Netzbetreibers, die nicht gemessene Energie führen, und endet an den Eingangsklemmen

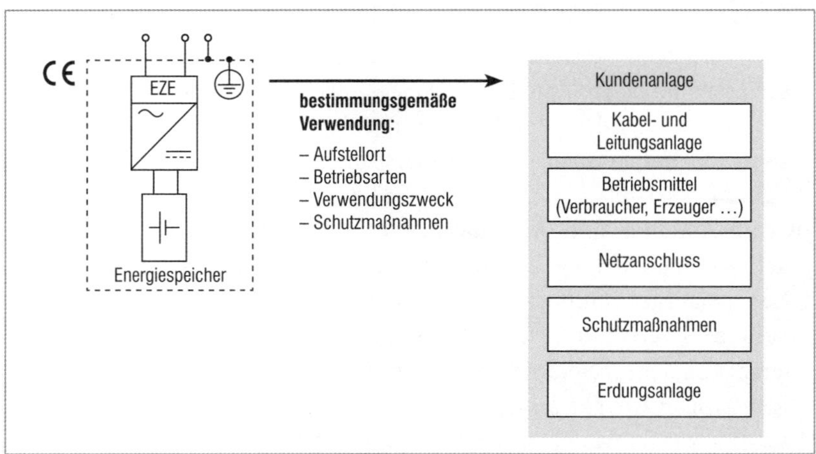

Bild 1 Zusammenhang zwischen Herstellung und Integration in eine Kundenanlage

des Zählers. Unter Anschlussnutzeranlage wird die Gesamtheit aller elektrischen Betriebsmittel hinter der Messeinrichtung zur Entnahme oder Einspeisung von elektrischer Energie verstanden. Es kann sich dabei um eine elektrische Anlage oder eine Erzeugungsanlage handeln. [vgl. VDE-AR-N 4100]

Anschlussnutzeranlage: Der Anschlusspunkt am Zählerplatz ist die Schnittstelle zwischen Hauptübergabepunkt (HÜP) und Zählerplatz. In der Anschlussnutzeranlage sind je nach Ausführung folgende Betriebsmittel und Anlagen angeschlossen:
- elektrische Anlagen zu allgemeinen Zwecken,
- Erzeugungsanlagen (PV-Anlagen, BHKW, Klein-Windkraftanlagen etc.),
- Speicher,
- Ladeeinrichtungen zum Laden von Elektrofahrzeugen.

Netzanschluss: Der Netzanschluss ist die Verbindung des öffentlichen Verteilnetzes mit der Kundenanlage. Der Netzanschluss endet am Netzanschlusspunkt. Dies ist der Punkt, an dem die Kundenanlage über den Netzanschluss an das Netz der allgemeinen Versorgung angeschlossen ist. [vgl. VDE-AR-N 4100]

Netzverknüpfungspunkt: Der Netzverknüpfungspunkt ist die nächstgelegene Stelle im Netz des Netzbetreibers, an dem die Kundenanlage angeschlossen ist. Der Netzverknüpfungspunkt der Kundenanlage ist der an der nächstgelegenen Stelle im Netz der allgemeinen Stromversorgung, an den weitere Kundenanlagen angeschlossen sind oder angeschlossen werden können. Netzverknüpfungspunkt und Netzanschlusspunkt können je nach örtlichen Ausführungen an derselben Stelle sein. Am Netzanschlusspunkt beginnt die Kundenanlage. Bei Tarifkunden am Niederspannungsnetz ist i. d. R. der Hausanschlusskasten mit der Übergabestelle zwischen Kundenanlage und Niederspannungsnetz gleichzusetzen. [vgl. VDE-AR-N 4100]

Anschlussnehmer und Anschlussnutzer: Die VDE-AR-N 4100 definiert den Anschlussnehmer als eine natürliche oder juristische Person, dessen Kundenanlage unmittelbar über einen Anschluss mit dem Netz des Netzbetreibers verbunden ist. Der Anschlussnutzer ist eine natürliche oder juristische Person, die im Rahmen des Anschlussnutzerverhältnisses einen Anschlusspunkt an das Niederspannungsnetz zur allgemeinen Versorgung zur Entnahme oder Einspeisung nutzt. Damit sind die Zuständigkeiten von Kundenanlage und Anschlussnutzeranlage klar definiert:

– Kundenanlage: der Anschlussnehmer,
– Anschlussnutzeranlage: der Anschlussnutzer.
[vgl. VDE-AR-N 4100]

1.3 Begriffe nach VDE-AR-E 2510-2

Batterieeinheit: Die Batterieeinheit umfasst das Batteriemanagementsystem (BMS) und den elektrochemischen Speicher. Das Batteriemanagementsystem enthält u. a. die erforderlichen Regel-, Steuer- Sicherheitseinrichtungen, welche zu gefährlichen Situationen und Zuständen der Batterie durch z. B. Überladen, Tiefentladung, zu hohe Temperaturen etc. führen kann. Das Batteriemanagementsystem (kurz BMS) kann sowohl hardwaretechnisch als auch softwaretechnisch realisiert sein.

Erzeugungseinheit (kurz EZE): Die Erzeugungseinheit (EZE) (**Bild 2**) ist eine einzelne Einheit zur Erzeugung elektrischer Energie aus Sicht des Netzanschlusspunkts (kurz POC). Sie umfasst im Sinne der VDE-AR-E 2510-2 den Umrichter mit Laderegler, die Synchronisationseinrichtung, die Sternpunktnachbildung sowie die dort vorhandenen Schutzeinrichtungen. Umrichter und Laderegler ist das Bindeglied zwischen Batterieeinheit und dem Netzanschlusspunkt (kurz POC). Während des Ladevorgangs agiert er als AC/DC-Wandler zum Laden des elektrochemischen Speichers. Beim Entladevorgang dreht sich der Stromfluss um, sodass aus der aus der Batterieeinheit entladene Gleichstrom über die DC/AC-Wandlung in Wechselstrom umgewandelt wird. Die Erzeugungseinheit (EZE) umfasst bei kompakten Speichern zudem eine Synchronisationseinrichtung und eine Sternpunktnachbildung.

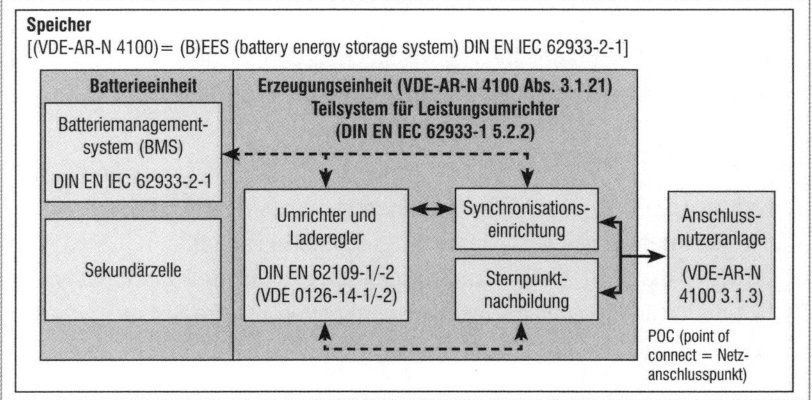

Bild 2 Übersicht über die Komponenten eines Speichers gemäß VDE-AR-E-2510-2

Synchronisationseinrichtung: Die Synchronisationseinrichtung überprüft vor und während des Netzparallelbetriebs die Einhaltung der Synchronisationsbedingungen am Niederspannungsnetz. Im Netzparallelbetrieb gibt quasi das Niederspannungsnetz den „Takt" über die Netzfrequenz an. Eine Zuschaltung ist, ähnlich bei einer Synchronmaschine, nur „leistungslos" möglich. Hierfür ist die Synchronisationseinrichtung erforderlich.

Eine Zuschaltung am öffentlichen Stromversorgungsnetz darf erst bei Einhaltung der Synchronisationsbedingungen an den Netzanschlussklemmen des Umrichters erfolgen. Diese sind:
- gleiche Spannungshöhe,
- gleiche Frequenz,
- gleiche Phasenfolge.

Liegen diese nicht vor, erfolgt keine Zuschaltung. Ebenso erfolgt eine Abschaltung bei Wegfall der Synchronisationsbedingungen z. B. bei Ausfall eines Außenleiters im Netzparallelbetrieb.

Sternpunktnachbildung: Temporäre Verbindung des Sternpunkts der Erzeugungseinheit (Umrichter) mit der Haupterdungsschiene der Kundenanlage.

Zweck der Sternpunktnachbildung:
- definiertes Potential des Sternpunkts des Inselnetzbildenden Stromversorgungssystems,
- definierte Netzform (TN-System) im Inselbetrieb,
- Schließen der Fehlerschleife bei Körperschluss im Inselbetrieb.

Anhang 2 Checkliste Speicher am Niederspannungsnetz

VDE-AR-E 2510-2 Stationäre elektrische Energiespeicher vorgesehen zum Anschluss an das Niederspannungsnetz; Ausgabe Februar 2021

2.1 Anwendungsbereich

- Gilt für komplette Energiespeichersysteme eines Herstellers.
- Gilt für Energiespeichersysteme eines Systemherstellers.
- Gilt für Netzparallelbetrieb und Inselbetrieb sowie die Umschaltung.
- Gilt nicht für rückspeisefähige Ladepunkte von Elektrostraßenfahrzeugen.

Weitere Anwendung:

- Ergänzung zu den Anforderungen der DIN VDE 0100-Reihe,
- Speicher sind wie Anlagen besonderer Art wie Anforderungen aus der DIN VDE 0100-700-Gruppe zu betrachten,
- Sicherheitsanforderungen für netzintegrierte EES-Systeme siehe VDE 0520 – 933-X-Reihe,
- Sicherheitsanforderungen für Lithium-Batterien siehe VDE-AR-N 2510-50,
- VDE-AR-N 2510-2 ist im VDE Auswahlordner für das Elektrohandwerk enthalten.

Aspekte der Anwenderregel:

- Transport
  - Bleibatterien,
  - Lithium-Batterien.
- Einsatz und Betrieb,
- Aufstellort,
- elektrische Installation
  - Symmetrie und Spannungsqualität,
  - Schutz gegen elektrischen Schlag (Inselbetrieb),
  - Schutz bei Überstrom (im Inselbetrieb),
- Prüfungen,
- Dokumentation.

2.2 Betriebs- und Kopplungsarten

Betriebsarten:

- Laden des Speichers im Netzparallelbetrieb,
- Entladen des Speichers im Netzparallelbetrieb,
- Laden des Speichers im Inselbetrieb,
- Entladen des Speichers im Inselbetrieb.

2.3 Kopplungsarten

- AC-gekoppelte Systeme,
- DC-gekoppelte Systeme.

Anhang 3 Anmeldungs- und Zustimmungsverfahren

Verfahren nach VDE-AR-N 4100 und VDE-AR-N 4105

3.1 Verhältnisse zwischen Anschlussnehmer und Netzbetreiber

- Handelt es sich beim Anschlussnehmer und Grundstücksbesitzer um unterschiedliche juristische Personen, ist nach NAV § 2 (3) die schriftliche Zustimmung des Eigentümers erforderlich.
- Die Herstellung des Netzanschlusses erfolgt nach NAV § 6 (1) durch den Netzbetreiber.
- Der Anschlussnehmer hat den Auftrag dem Netzbetreiber schriftlich zu erteilen.

3.2 Dokumente

Erforderliche Unterlagen für die Anmeldung/Zustimmung beim Netzbetreiber:

- Antragstellung zur Anmeldung zum Netzanschluss,
- Lageplan mit Flurstücknummer, aus denen der Aufstellort des Speichers hervorgeht,
- Datenblatt für jede Erzeugungseinheit,
- Datenblatt für Speicher,
- Einheitenzertifikate der Erzeugungseinheiten,
- bei Erzeugungseinheiten mit einem Eingangsstrom ab 75 A ist der Prüfbericht über „Netzrückwirkungen" für Erzeugungseinheiten gemäß VDE-AR-N 4100 Abs. 5.4 erforderlich,
- Beschreibung der Schutzeinrichtungen des Netz- und Anlagenschutzes (NA-Schutz),
- Zertifikat des Netz- und Anlagenschutzes (NA-Schutz),
- Prüfbericht zum NA-Schutz, sofern vom Netzbetreiber gefordert,
- Zertifikat der Leitungsüberwachung am Netzanschlusspunkt,
- $P_{AV,E}$ – Überwachung, 70 %-Begrenzung nach VDE-AR-N 4105 Abs. 5.7.4.2,
- Symmetrieeinrichtung nach VDE-AR-N 4100 Abs. 5.5,
- Übersichtsschaltplan des Anschlusses des Speichers am Niederspannungsnetz mit den Daten der eingesetzten Betriebsmittel, Anordnung der Mess- und Schutzeinrichtungen und Anordnung der Zählerplätze.

3.3 Zertifizierungsverfahren

- Netzanschlussleistung bis 135 kW:
  - Zustimmung des Netzbetreibers nach VDE-AR-N 4100 und VDE-AR-N 4105 (Einheitenzertifikate nach VDE V 124-100).
- Netzanschlussleitung ab 135 kW:
  - Zustimmung der endgültigen Betriebserlaubnis durch den Netzbetreiber nach VDE-AR-N 4110. Das erforderliche Anlagenzertifikat ist nach VDE-AR-N 4110 zu erstellen.

3.4 Unterlagen und Dokumente für Speicher in der Kundenanlage

Dokumentation nach VDE-AR-E 2510-2 Abs. 7.2 (ergänzend zu Netzanmeldung)

- Betriebsart(en): Netzparallelbetrieb/Inselbetrieb,
- technische Spezifikationen des Herstellers (Montage- und Bedienungsanleitungen),
- Angaben zu Wartung, Betriebs- und Instandsetzung,
- Übergabeprotokoll mit Einweisung des Betreibers,
- Sicherheitshinweise und Batteriedatenblätter.

Dokumente für die Inbetriebnahme:

- Messprotokoll/Prüfbericht nach DIN VDE 0100-600
  - Netzparallelbetrieb,
  - Inselbetrieb,
- für die Verbrauchspfade im Inselbetrieb,
- Schaltungsunterlagen nach DIN VDE 0100-510 Abs. 514,
- Nachweis über die Wirksamkeit der Erdungsanlage nach DIN 18014.

Anhang 4 Anschluss von Speichern am Niederspannungsnetz

4.1 Zählerplätze mit Speicher

Es sind folgende Aspekte zu beachten:

- Belastungs- und Bestückungsvarianten (VDE-AR-N 4100 Abs. 7.3),
- Gleichzeitigkeitsfaktor $g = 1$ (kein haushaltsübliches Lastverhalten),
- interne Verdrahtung 10 mm^2 nach DIN VDE 0603-1: $I_{b,\,max} = 32$ A,
- Überstromschutz (Überlast/Kurzschluss): SH-Schalter E 35,
- Zählerplätze im Freien: Reduktionsfaktor $f = 0{,}94$,

- Erbringung Erwärmungsnachweis nach VDE 0660-600-3 bei Abweichungen.

4.2 Energieflussrichtungssensor (EnFluRi-Sensor)

- Überwacht und steuert den Energiefluss am Netzanschlusspunkt, damit überschüssiger Strom gespeichert und nicht ins Netz eingespeist wird.
- EnFlRi-Sensor: im Speicher, im NA-Schutz oder in der $P_{AV,E}$-Überwachung integriert.

4.3 Netzrückwirkungen

- Beachte NAV § 13 (2)
- VDE-AR-N 4100 Abs. 5.4

4.4 Netz- und Anlagenschutz (NA-Schutz)

- Zweck: Inselerkennung und Verhindern ungewollter Einspeisung.
- Erfasst Spannungsgrenzen nach DIN VDE 0175.
- Bis 30 kW Netzanschlussleistung ist ein integrierter NA-Schutz zulässig.
- Ab 30 kW Netzanschlussleistung ist ein zentraler NA-Schutz erforderlich.

4.5 Symmetrischer Anschluss

- Bemessungsleistung > 4,6 kVA: Dreiphasiger Anschluss mit Symmetrieeinrichtung, wobei der Verteilnetzbetreiber den zu verwendenden Außenleiter vorgibt,
- Bemessungsleistung ≤ 4,6 kVA: Einphasiger Anschluss mit maximal drei Speicher je Außenleiter,
- Basis ist der 1-Minuten-Leistungswert,
- Abschaltung innerhalb von 100 ms.

Anhang 5 Aufstellung von Speichern

5.1 Zulässige Aufstellorte

- Räume,
- Schränke,
- Behälter.

5.2 Allgemeine Aufstellbedingungen

Folgende Aspekte sind zu beachten:

- Herstellerangaben:
  - Bemessungsgrößen,
  - Betriebsarten,
  - Aufstellort,
  - Umgebungsbedingungen,
  - Zugang von Personen (EFK, EuP, Laien),
  - Verwendungszweck (Notstrom, Sicherheitsstromversorgung, USV).
- Die Aufstellung in Flucht- und Rettungswegen (notwendige Flure und Treppenräume) ist unzulässig.
- Die Aufstellung in Wohnbereichen sollte vermieden werden.
- Bevorzugte Aufstellorte in Gebäuden zu Wohnzwecken:
  - Nebenräume,
  - Keller,
  - Hauswirtschaftsräume.
- Lüftungsschlitze von Schränken und Behältern sind freizuhalten.
- Die Abstände von Speichern zu Wänden oder gelagerten Gegenstände sind gemäß den Herstellerangaben einzuhalten.

5.3 Umgebungsbedingungen

- IP-Schutzart,
- (Umgebungs-)Temperaturen,
- Luftfeuchtigkeit,
- Sonneneinstrahlung,
- Fremdkörper (Staub),
- Wasser,
- mechanische Einwirkungen (Erschütterung/Vibrationen),
- korrosive und brennbare Stoffe bzw. Materialien,
- die Lüftung (Abluft) in Batterieräumen muss ins Freie führen, der Abluftkanal muss direkt in Fortluftöffnung geführt sein,
- Hochwassergefährdungen sind bei der Wahl des Aufstellortes zu beachten.

5.4 Batterieräume

- Tür muss ein Anti-Panik-Schloss haben,
- Tür muss nach außen öffnen,

- Boden muss elektrolytbeständigen Schutzanstrich haben,
- alternativ kann eine Auffangwanne verwendet werden,
- Aufstellung in feuergefährdeten Betriebsstätten ist unzulässig,
- Aufstellung in explosionsgefährdeten Bereichen ist unzulässig,
- Räume sind als Batterieräume auszuweisen.

Anhang 6 Kennzeichnungen

6.1 Kennzeichnung von Speichern

- am Speisepunkt der elektrischen Anlage in der NSHV am Raum bzw. direkt zur Stromkreiskennzeichnung,
- am Zählerplatz bzw. auf dem Einspeiseverteiler,
- am Stromkreisverteiler, an dem der Speicher angeschlossen ist,
- an der Gebäudeaußenseite z. B. an Zugangspunkten für Feuerwehr und Rettungskräfte (sofern im Brandschutzkonzept festgelegt),
- weitere Kennzeichnungen z. B. Brandmeldezentralen und Eintragung der Örtlichkeiten in Feuerwehrlaufkarten etc.,
- Schild ist z. B. in Zusammenhang mit einer PV-Anlage nach DIN VDE 0100-712 anzubringen (**Bild 3**).

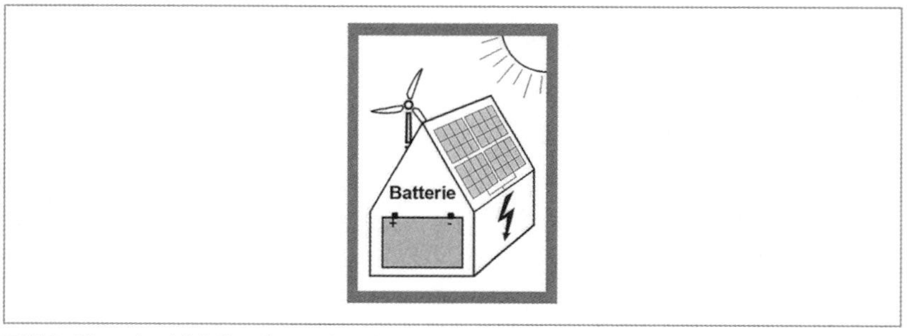

Bild 3 Hinweisschild über das Vorhandensein einer Erzeugungsanlage mit Speicher nach VDE-AR-E 2510-2

6.2 Warnhinweise und Raumbeschilderung

Warnhinweise, Gebots- und Verbotsschilder sind gemäß folgenden Vorgaben anzubringen:

- Gefährdungsbeurteilung des Betreibers gemäß ASR (Arbeitsstättenrichtlinie) und BetrSichV,
- weitere Festlegung der Maßnahmen durch den Betreiber.

6.2.1 Warnzeichen

	Warnung vor gefährlicher elektrischer Spannung bei DC-Spannungen > 60 V (ISO 7010-W012)
	Explosions- und Brandgefahr, Kurzschlüsse vermeiden Elektrostatische Auf- bzw. Entladungen/Funken vermeiden (ISO 7010-W002)
	Warnung vor Gefahren durch Batterien Hinweis auf ätzende Elektrolyte, explosive Gase, gefährliche Spannungen und Ströme (ISO 7010-W026)
	Elektrolyt ist stark ätzend! optionale Zusatzinformation bei VRLA-Batterien (ISO 7010-W023)
	hohe Temperaturen (> 60 °C) (ISO 7010-W017)

6.2.2 Gebotszeichen

	Gebrauchsanweisung beachten und sichtbar in der Nähe der Batterie anbringen. Arbeiten an Batterien nur nach Unterweisung durch Fachpersonal. (DIN 4844 M018)
	Schutzhandschuhe tragen (ISO 7010-W009)
	Schutzbrille und Schutzkleidung tragen (ISO 7010-W007)

6.2.3 Verbotszeichen

	Feuer, offenes Licht und Rauchen verboten (ISO 7010-P003)

6.2.4 Rettungszeichen

	Ausweisung von Augenduschen Ausweisung Verbandskasten (ISO 7010-E011)

Anhang 7 Quellenverzeichnis

7.1 Gesetze, Verordnungen und Richtlinien

EnWG Gesetz über die Elektrizitäts- und Gasversorgung (Energiewirtschaftsgesetz – EnWG) Stand: Zuletzt geändert durch Art. 6 G vom 21. Juli 2014 I 1066

Erste Verordnung zum Produktsicherheitsgesetz (Verordnung über elektrische Betriebsmittel – 1. ProdSV)

Gesetz über die Durchführung von Maßnahmen des Arbeitsschutzes zur Verbesserung der Sicherheit und des Gesundheitsschutzes der Beschäftigten bei der Arbeit (Arbeitsschutzgesetz – ArbSchG)

Verordnung über Allgemeine Bedingungen für den Netzanschluss und dessen Nutzung für die Elektrizitätsversorgung in Niederspannung (Niederspannungsanschlussverordnung – NAV)

2014/35/EU RICHTLINIE 2014/35/EU DES EUROPÄISCHEN PARLAMENTS UND DES RATES vom 26. Februar 2014

2014/30/EU RICHTLINIE 2014/30/EU DES EUROPÄISCHEN PARLAMENTS UND DES RATES vom 26. Februar 2014

EltBauRL-M-V (Richtlinie über den Bau von elektrischen Betriebsräumen für elektrische Anlagen)

AGI-Arbeitsblatt J31-1 Elektrotechnische Anlagen. Bautechnische Ausführung von Räumen für stationäre Batterien. Batterieräume. Ausgabe Juni 2020

7.2 Normen und Regelwerke

DGUV Vorschrift 3: Unfallverhütungsvorschrift Elektrische Anlagen und Betriebsmittel vom 1. April 1979 in der Fassung vom 1. Januar 1997 mit Durchführungsanweisungen vom Oktober 1996, Januar 1997 – aktualisierte Nachdruckfassung Januar 2005

DGUV Information 211-041 Sicherheits- und Gesundheitsschutzkennzeichnung, April 2016

VDE-AR-E 2510-2 Stationäre Speicher am Niederspannungsnetz

VDE-AR-E 2510-50 Stationäre Energiespeichersysteme mit Lithium-Batterien

VDE-AR-N 4100:2019-04 Technische Regeln für den Anschluss von Kundenanlagen an das Niederspannungsnetz und deren Betrieb (TAR Niederspannung)

VDE-AR-N 4105:2018-11 Erzeugungsanlagen am Niederspannungsnetz – Technische Mindestanforderungen für Anschluss und Parallelbetrieb von Erzeugungsanlagen am Niederspannungsnetz

DIN EN IEC 62933-1 (VDE 0520-933-1) Elektrische Energiespeichersysteme (EES-Systeme) – Teil 1: Terminologie, August 2019

DIN EN IEC 62933-2-1 (VDE 0520-933-2-1) Elektrische Energiespeichersysteme – Teil 2-1: Einheitsparameter und Prüfverfahren – Allgemeine Festlegungen, Februar 2019

DIN EN 62933-3-1 (VDE 0520-933-3-1) Elektrische Energiespeichersysteme – Teil 3-1: Planung und Installation – Allgemeine Festlegungen, Entwurf August 2017

DIN EN IEC 62485-1 (VDE 0510-485-1) Sicherheitsanforderungen an Sekundär-Batterien und Batterieanlagen – Teil 1: Allgemeine Sicherheitsinformationen, Januar 2019

DIN EN IEC 62485-2 (VDE 0510-485-2) Sicherheitsanforderungen an Sekundär-Batterien und Batterieanlagen – Teil 2: Stationäre Batterien, April 2019

DIN EN 62477-1 (VDE 0558-477-1) Sicherheitsanforderungen an Leistungshalbleiter-Umrichtersysteme und -betriebsmittel – Teil 1: Allgemeines, Oktober 2017

DIN VDE 0100-100 Errichten von Niederspannungsanlagen – Teil 1: Allgemeine Grundsätze, Bestimmungen allgemeiner Merkmale, Begriffe, Juni 2009

DIN VDE 0100-200 Errichten von Niederspannungsanlagen – Teil 200: Begriffe, Juni 2006

DIN VDE 0100-410 (VDE 0100-410) Errichten von Niederspannungsanlagen – Teil 4-41: Schutzmaßnahmen – Schutz gegen elektrischen Schlag, Oktober 2018

DIN VDE 0100-420 (VDE 0100-420):2019-10 Errichten von Niederspannungsanlagen – Teil 4-42: Schutzmaßnahmen – Schutz gegen thermische Auswirkungen, Oktober 2019

DIN VDE 0100-430 (VDE 0100-430) Errichten von Niederspannungsanlagen – Teil 4-43: Schutzmaßnahmen – Schutz bei Überstrom, Oktober 2010

DIN VDE 0100-443 Errichten von Niederspannungsanlagen – Teil 4-44: Schutzmaßnahmen – Schutz bei Störspannungen und elektromagnetischen Störgrößen – Abschnitt 443: Schutz bei transienten Überspannungen infolge atmosphärischer Einflüsse oder von Schaltvorgängen, Oktober 2016

DIN VDE 0100-510 (VDE 0100-510):2014-10 Errichten von Niederspannungsanlagen – Teil 5-51: Auswahl und Errichtung elektrischer Betriebsmittel – Allgemeine Bestimmungen, Oktober 2014

DIN VDE 0100-520 (VDE 0100-520) Errichten von Niederspannungsanlagen – Teil 5-52: Auswahl und Errichtung elektrischer Betriebsmittel – Kabel- und Leitungsanlagen, Juni 2013

DIN VDE 0100-530 (VDE 0100-530) Errichten von Niederspannungsanlagen – Teil 530: Auswahl und Errichtung elektrischer Betriebsmittel – Schalt- und Steuergeräte, Juni 2018

DIN VDE 0100-534 (VDE 0100-534) Errichten von Niederspannungsanlagen – Teil 5-53: Auswahl und Errichtung elektrischer Betriebsmittel – Trennen, Schalten und Steuern – Abschnitt 534: Überspannungsschutzeinrichtungen (SPDs), Oktober 2016

DIN VDE 0100-540 Errichten von Niederspannungsanlagen – Teil 5-54: Auswahl und Errichtung elektrischer Betriebsmittel – Schutzleiter, Juni 2012

DIN VDE 0100-551 Errichten von Niederspannungsanlagen – Teil 5-55: Auswahl und Errichtung elektrischer Betriebsmittel – Andere Betriebsmittel – Abschnitt 551: Niederspannungserzeugungseinrichtungen, Februar 2017

DIN VDE V 0100-551-1 Errichten von Niederspannungsanlagen – Teil 5-55: Auswahl und Errichtung elektrischer Betriebsmittel – Andere Betriebsmittel – Abschnitt 551: Niederspannungsstromerzeugungseinrichtungen – Anschluss von Stromerzeugungseinrichtungen für den Parallelbetrieb mit anderen Stromquellen einschließlich einem öffentlichen Stromverteilungsnetz, Mai 2018

DIN VDE 0100-557 (VDE 0100-557) Errichten von Niederspannungsanlagen –Teil 5-557: Auswahl und Errichtung elektrischer Betriebsmittel – Hilfsstromkreise, Oktober 2014

DIN VDE 0100-560 Errichten von Niederspannungsanlagen – Teil 5-56: Auswahl und Errichtung elektrischer Betriebsmittel – Einrichtungen für Sicherheitszwecke, März 2011

DIN VDE 0100-600 Errichten von Niederspannungsanlagen – Teil 6: Prüfungen, Juni 2017

DIN VDE 0100-712 Errichten von Niederspannungsanlagen – Teil 7-712: Anforderungen für Betriebsstätten, Räume und Anlagen besonderer Art – Photovoltaik-(PV)-Stromversorgungssysteme, Oktober 2016

DIN VDE 0100-731 Errichten von Niederspannungsanlagen – Teil 7-731: Anforderungen für Betriebsstätten, Räume und Anlagen besonderer Art – Abgeschlossene elektrische Betriebsstätten, Oktober 2014

DIN VDE 0100-801 Errichten von Niederspannungsanlagen – Teil 8-1: Funktionale Aspekte – Energieeffizienz, Oktober 2015

DIN VDE 0100-802 Errichten von Niederspannungsanlagen – Teil 8-2: Kombinierte Erzeugungs-/Verbrauchsanlagen, Oktober 2021

DIN VDE 0105-100 Betrieb elektrischer Anlagen – Allgemeine Festlegungen, Oktober 2015

DIN VDE 0105-100/A1 Betrieb elektrischer Anlagen – Allgemeine Festlegungen; Änderung A1: Wiederkehrende Prüfungen, Juni 2017

VDE V 124-100 Netzintegration von Erzeugungsanlagen – Niederspannung – Prüfanforderungen an Erzeugungseinheiten, vorgesehen zum Anschluss und Parallelbetrieb am Niederspannungsnetz, Juni 2020

DIN EN 62446-1 VDE 0126-23-1:2019-04 Photovoltaik (PV)-Systeme – Anforderungen an Prüfung, Dokumentation und Instandhaltung, April 2019

DIN EN 62305-3 Beiblatt 5 (VDE 0185-305-3 Beiblatt 5) Blitzschutz – Teil 3: Schutz von baulichen Anlagen und Personen; Beiblatt 5: Blitz- und Überspannungsschutz für PV-Stromversorgungssysteme, Februar 2014

DIN VDE 0298-4 (VDE 0298-4) Verwendung von Kabeln und isolierten Leitungen für Starkstromanlagen – Teil 4: Empfohlene Werte für die Strombelastbarkeit von Kabeln und Leitungen für feste Verlegung in und an Gebäuden und von flexiblen Leitungen, Juni 2013

DIN EN 60445 (VDE 0197):2007-11, Grund- und Sicherheitsregeln für die Mensch-Maschine-Schnittstelle – Kennzeichnung der Anschlüsse elektrischer Betriebsmittel und angeschlossener Leiterenden, November 2007

DIN EN 60446 (VDE 0198):2008-02, Grund- und Sicherheitsregeln für die Mensch-Maschine-Schnittstelle – Kennzeichnung von Leitern durch Farben oder alphanumerische Zeichen, Februar 2008

DIN EN 61508 Funktionale Sicherheit sicherheitsbezogener elektrischer/elektronischer/programmierbarer elektronischer Systeme – Teil 1: Allgemeine Anforderungen (IEC 61508-1:2010); Deutsche Fassung EN 61508-1:2010, Februar 2011

DIN EN 51611 Funktionale Sicherheit – Sicherheitstechnische Systeme für die Prozessindustrie – Teil 1: Allgemeines, Begriffe, Anforderungen an Systeme, Software und Hardware, Februar 2011

VDE 0022 Satzung für das Vorschriftenwerk des VDE Verband der Elektrotechnik Elektronik Informationstechnik e. V., August 2008

DIN 820-2 Normungsarbeit – Teil 2: Gestaltung von Dokumenten (ISO/IEC-Direktiven – Teil 2:2018, modifiziert); Deutsche und Englische Fassung CEN/CENELEC-Geschäftsordnung – Teil 3:2019, März 2020

DIN EN ISO 12100:2011-03 Sicherheit von Maschinen – Allgemeine Gestaltungsleitsätze – Risikobeurteilung und Risikominderung (ISO 12100:2010), März 2011

CENELEC Guide 32 – Guidelines for Safety Related Risk Assessment and Risk Reduction for Low Voltage Equipment, Edition 1, Juli 2014

DIN EN 50160 Merkmale der Spannung in Öffentlichen Elektrizitätsversorgungsnetzen, Februar 2021

DIN EN 60038 (VDE 0175-1) CENELEC-Normspannungen, April 2012

DIN 4844-1 Graphische Symbole – Sicherheitsfarben und Sicherheitszeichen – Teil 1: Erkennungsweiten und farb- und photometrische Anforderungen, Juni 2012

7.3 Literatur

Holzt, A.: Die Schule des Elektrotechnikers, Band 1–4, Leipzig: Verlag Moritz Schäfer, 1. Aufl. 1896

Cichowski, R. R., Cichowski, A.: Lexikon der Elektroinstallation, VDE Schriftenreihe 52. Berlin: VDE-Verlag, 2020

Schuft, W.: Taschenbuch der elektrischen Energietechnik. München: Carl Hanser Verlag, 2007

Knies, W., Schierack, K., Berger, M.: Elektrische Anlagentechnik – Kraftwerke, Netze, Schaltanlagen, Schutzeinrichtungen. München: Carl Hanser Verlag, 7. Aufl., 2021

Stichwortverzeichnis

S